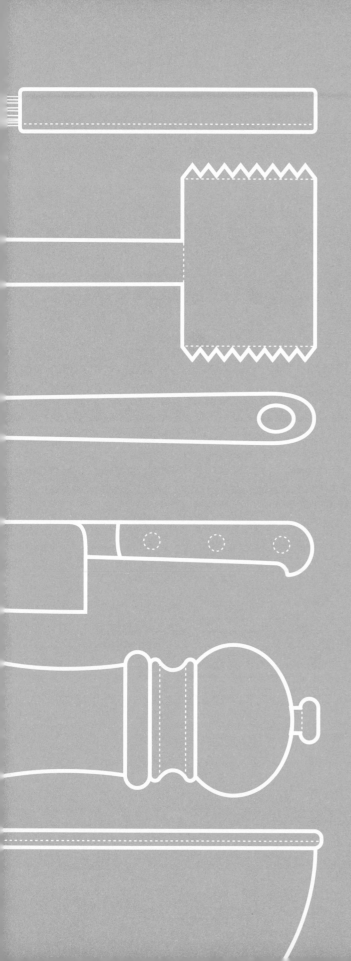

the SCIENCE of COOKING

烹饪的科学

[英] 斯图尔特·法里蒙德（Stuart Farrimond）　编著

张舜尧　译

华中科技大学出版社
http://press.hust.edu.cn
中国·武汉

有书至美
BOOK & BEAUTY

图书在版编目(CIP)数据

烹饪的科学 ／（英）斯图尔特·法里蒙德（Stuart Farrimond） 编著 ；张舜尧译.—— 武汉：华中科技大学出版社，2022.8（2024.7重印）
ISBN 978-7-5680-8487-1

Ⅰ．①烹… Ⅱ．①斯… ②张… Ⅲ．①烹饪 – 方法 Ⅳ．①TS972.11

中国版本图书馆CIP数据核字（2022）第132492号

Original Title: The Sicence of Cooking

简体中文版由Dorling Kindersley Limited授权华中科技大学出版社有限责任公司在中华人民共和国境内（但不含香港、澳门和台湾地区）出版、发行。

湖北省版权局著作权合同登记 图字：17-2021-094号

烹饪的科学
Pengren de Kexue

[英] 斯图尔特·法里蒙德（Stuart Farrimond） 编著
张舜尧 译

出版发行：华中科技大学出版社（中国·武汉）　　　　　电话：（027）81321913
　　　　　华中科技大学出版社有限责任公司艺术分公司　　（010）67326910-6023
出 版 人：阮海洪

责任编辑：谭晰月
责任监印：赵　月　黄鲁西
装帧设计：北京予亦广告设计工作室

印　　刷：惠州市金宣发智能包装科技有限公司
开　　本：889mm×1194mm　　1/16
印　　张：15.5
字　　数：220千字
版　　次：2024年7月第1版第2次印刷
定　　价：198.00元

www.dk.com

目录

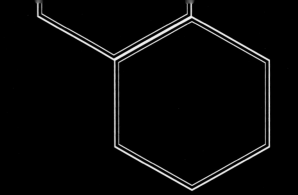

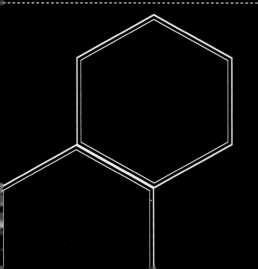
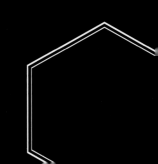

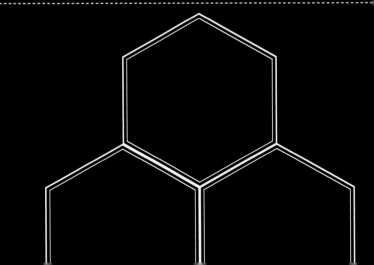

前言

斯图尔特·法里蒙德博士

精心准备的餐食令他人满足，是每个厨师最大的幸福。

烹饪被视为一种"艺术"，源于其蕴含着的丰富的传统文化，以及被历代厨师奉为圭臬的众多准则。而这些所谓的准则造成了极大的误解并扼杀了厨师自身的创造力。借助科学和逻辑，我们不难发现许多传统和习惯实际上并不正确。例如，将豆类烹饪至软糯无须提前浸泡；煎好的牛排无须额外的静置以锁住肉汁；腌制时间的长短也不会从根本上影响食物的风味。

在本书中，我利用最新的科学研究成果解答了160多个烹饪过程中最常见的疑问和难题。这些答案皆可证明，科学可以解释日常发生在厨房中的一切奇迹。

借助显微镜，我们可以观察到原本呈淡黄色，质地黏稠的蛋清通过搅拌转变为如棉花般雪白柔软的蛋白霜；只要做一个简单的化学实验，便可以说明经过高温烤制的牛排如何逐渐会变成鲜嫩多汁的美味佳肴。

本书通过大量图像和图表，深入浅出地介绍了烹饪的各种流程和技巧，展示了各类烹饪所需的主要食材，例如肉类、鱼类、乳制品、调味品、面粉和蛋类，以及厨房中必不可少的工具和设备。

在撰写本书的过程中，我力求以最通俗易懂的语言搭配少量专业术语，目的是使读者更好地了解食物和烹饪背后的科学，从而帮助你发掘自身的创造力。掌握了这些科学知识，你便不再被食谱绑住手脚，而是以食谱为起点出发，创造全新的菜肴。我真诚地希望本书可以启发灵感，并为你打开一道崭新的大门。相信我，推开这扇门，你将看到一个无法用语言描绘的绚烂多姿的新世界。

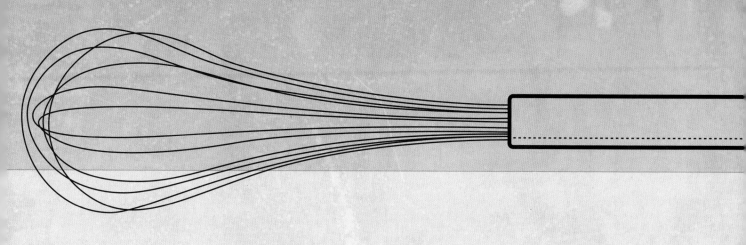

"帮助你更好地了解
食物和烹饪所蕴含的科学本质,
发掘自身的创造潜力,
是我最大的心愿。"

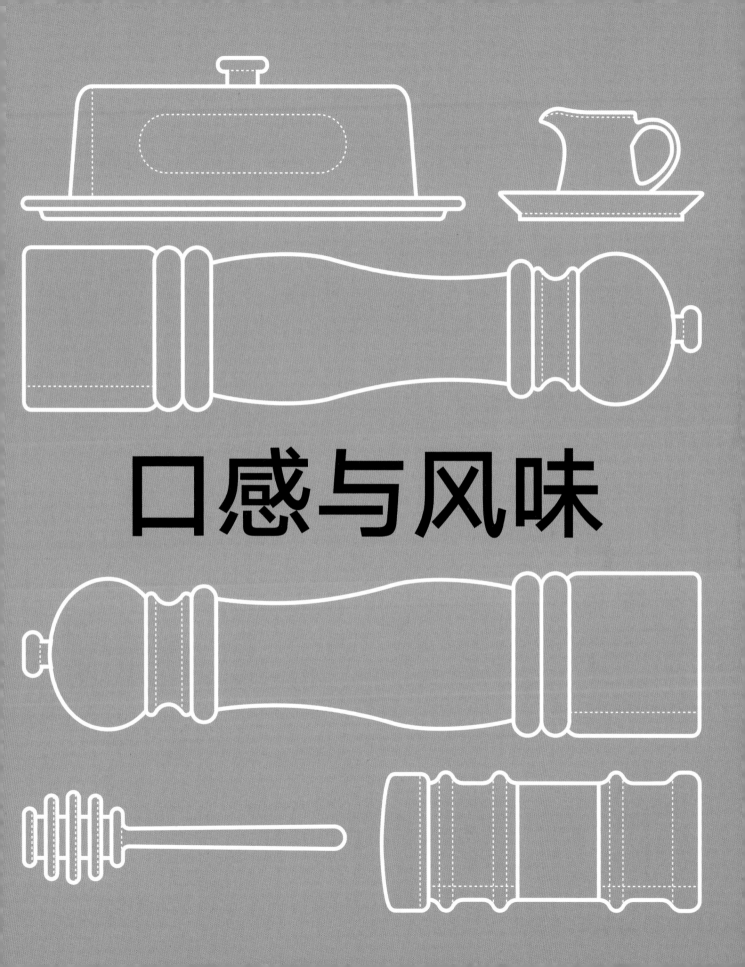

口感与风味

为什么烹饪？

将烹饪单纯视为满足温饱的技能是非常片面的想法。

烹饪的原因各异，但其核心本质是我们烹饪的能力。烹饪不仅使食物变得更加柔软且易于咀嚼，也加速了代谢的过程，使能量的获取变得更有效率。远古时期，类人猿每天需要花费80%的时间咀嚼并消化食物。人类的祖先通过不断学习，掌握了磨碎、搅打、风干和腌制等技巧，将食物转变为有助于消化的形式。直至100万年前烹饪出现，人类才得以缩短咀嚼和消化食物的时间，并节省出精力做其他事情。时至今日，我们每天只需花费5%的时间进食。但除此之外，烹饪还有其他的好处吗？

烹饪使饮食更安全，烹饪可以有效地消灭细菌、微生物及其产生的多种毒素。将肉类和海鲜加热至一定温度后食用会更安全，此外，加热过程还能破坏植物中的毒素，例如芸豆中所含的致命毒素——植物血凝素（phytohaemagglutinin，一种存在于豆科植物中的凝集素。食用未经煮熟的含此毒素的豆类会引起恶心、呕吐，严重时可致死。译者注）。

烹饪使风味更多样，烹饪可以使食物的风味得到最大限度的释放。烤架上滋滋冒油的烤肉、炒锅中上下翻腾的时蔬、烤得金黄的面包和蛋糕、令人垂涎的焦糖，还有炙烤过的香草和香料散发出的诱人香气……成就这些美味的是美拉德反应（Maillard reaction，见第16—17页）。

烹饪有助消化，脂肪在烹饪过程中熔化，肉类中难以咀嚼的结缔组织会软化成富有营养的明胶，蛋白质紧密的结构分解或"变性"，变成更易被消化酶分解的单一结构。

烹饪使淀粉更柔软，蔬菜与谷物中的碳水化合物在未煮熟之前难以被消化，但是在加热之后，其成簇的颗粒会逐渐散开并软化。这种将高能量淀粉"糊化"的反应，可以转化蔬菜和谷物中的淀粉，使其更容易被消化。

烹饪有助于释放营养物质，未经烹饪的食物中有大量营养成分被牢牢锁定在"抗性"淀粉中，难以被人体吸收。加热使一些被锁在细胞内的脂溶性维生素和矿物质被释放，提高了人体对这些必需物质的吸收。

烹饪是一种社交方式，与家人或是好友相聚，一起烹饪和分享美食的仪式早已深植人心，成为传统。研究表明，经常与他人聚餐可以提高幸福感。

"经过烹饪的食物美妙得令人难以置信。烹饪的魅力在于其能够释放食材最深处的美味，并变幻出全新的口感。"

增强风味

帮助消化

食品安全

社交形式

软化淀粉

释放营养

如何品尝出食物的味道？

品尝食物的味道是一个复杂且令人惊奇的过程。

味觉是一种涉及香气、质地和温度的多感官体验。

首先，在食物送到唇边，未触碰到舌头之时，你便能够闻到香气。随着牙齿将食物切开磨碎，更多的香气得以释放，同时食物的质地，或者说口感，也在进一步诠释其味道。其次，携带着香气的微小粒子会飘散至口腔的后部，直达嗅觉感受器，这个过程使我们感觉到，我们是通过舌头品尝出食物的味道的。当我们在进食时，甜、咸、苦、酸、鲜和油腻的味觉感受器（即味蕾，见对页）受到刺激，一连串的味觉信息便会重新编码并传递至大脑，告诉我们口中是什么味道。除了味道本身，温度同样会影响味蕾的工作能力，经研究表明，食物的温度为30~35℃时，味蕾最为活跃和敏感。

味觉信号首先会传递至丘脑，丘脑再将这一信号传递至大脑的其他区域

当你吸气时，食物释放到空气中的分子被吸入鼻腔

当味觉信号到达大脑额叶时，我们便能够分别自己闻到的或吃到的是什么

丘脑

额叶

舌头

味觉感受器接收不同的味觉信号

神经将味觉信号传送至大脑

味觉传导通路

气味分子穿过鼻腔后部，被嗅觉感受器接收，大脑会将其判定为口中的味道

流言终结者

流言
舌头的不同区域对各种味道的敏感度存在差异。

真相
1901年，德国科学家埃德温·G.波林在他的论文中首次提出，舌头的不同区域对各种味道的敏感度存在差异。这套理论之后被用于创建家喻户晓的味觉地图。而今我们知道，舌头不同区域敏感度的差异几乎可以忽略不计。

咸

咸味感受器由钠（通常是盐）触发，这对于保持体内盐的平衡很重要。

甜

甜味感受器主要由糖触发，信号表明：此类食物是易于消化的能量来源。

酸

感受器检测到水果中的酸味时，通常说明水果中富含维生素C（抗坏血酸），或预示着食物正在腐坏。

苦

苦味感受器由预示着潜在有害物质的大量天然毒素触发，向人体发出危险食物的警报。

油腻

研究表明，味觉感受器可以识别食物中的脂肪分子，并间接表明食物中蕴含丰富能量。

鲜

鲜味感受器可检测到肉类的鲜味和咸味，由谷氨酸触发，说明食物富含蛋白质。

为什么经过烹饪的食物更美味？

烹饪过程中，食材在分子层面发生多种变化。

　　1912年，法国医学研究员路易斯卡米尔·美拉德的一项发现对烹饪科学产生了深远的影响。他在分析蛋白质（氨基酸）和糖的反应时发现，当富含蛋白质的食物，例如肉类、坚果、谷物以及多种蔬菜，被加热至140℃，会发生一系列复杂的化学反应。

　　我们现在称这种分子变化为"美拉德反应"，它解释了食物在烹饪过程中上色和风味释放之间的关系。煎得焦香的牛排、酥脆的鱼皮、面包的脆皮，甚至烤坚果和香料所散发出的香味都是此反应的产物。糖和蛋白质的相互作用创造了每种食物特有的风味。了解美拉德反应对厨师颇有裨益：在腌料中加入富含果糖的蜂蜜能够促进反应；将奶油倒入文火炖煮的糖中，可以提供制作奶油糖果或焦糖风味所需的牛奶蛋白和糖；将蛋液刷在糕点上，可以提供额外的蛋白质，帮助糕点更好地上色。

美拉德反应

氨基酸——蛋白质的基本组成部分——与附近的糖分子（肉类中也含有少量的糖）发生碰撞，融合成新的物质。融合而成的分子会继续分裂并和其他分子发生碰撞，以无限的方式结合、分离和重组。数以百计的新物质得以生成，其中一部分会产生色变，即上色，更多的则是香味的释放。随着温度的升高，食材会发生更多变化。烹饪至上色的食物会产生美妙的味道和香气，这些都来自食物中蛋白质和糖分的独特组合。

反应发生之前

发生何种变化？

加热至140℃

烹饪开始

烹饪的温度须达到约140℃，以确保糖分子和氨基酸有足够的能量发生反应。同时还要确保食物的表面足够干燥，否则潮湿的表面会使烹饪的温度低于水的沸点（100℃）。褐变反应产生的风味和香气源于食物中蛋白质和糖的独特组合。

发生何种变化？

 +

氨基酸（蛋白质）　　　　　　糖分

140℃

是反应开始的温度，食物的风味和香气也于此温度开始释放。

反应之中	反应发生之后
加热至140~160℃或更高	**加热至180℃或更高**

140℃

温度约为140℃时，食物因美拉德反应开始上色，即发生"褐变反应"。但颜色的变化只是诸多变化之一，在高温下，氨基酸和糖发生碰撞并融合，在这一过程中生成无数的风味和芳香化合物。

150℃

随着温度进一步升高，美拉德反应加剧。当食物温度达到150℃时，食物风味的形成速率是140℃时的2倍，此时更多的风味得以形成。

160℃

随着温度不断升高，美拉德反应持续发生，更多的风味被创造出来。食物的风味在这一阶段达到了巅峰，形成一种融合了麦芽、坚果、肉香和焦糖风味的醉人香气。

180℃

当食物温度达到180℃，热解反应将取代美拉德反应，换言之，食物马上要烧焦了，风味被破坏，并留下苦涩和刺鼻的味道。食物中的碳水化合物、蛋白质、脂肪依次分解，并生成一些有害物质。所以在烹饪时若发现食物开始变黑，须及时停止。

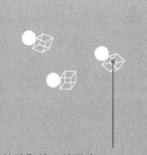

氨基酸和糖开始融合，并创造出新的风味

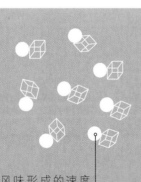

风味形成的速度是之前的2倍

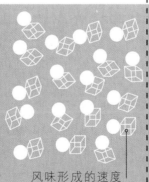

风味形成的速度达到峰值

碳水化合物和蛋白质开始变黑，并生成刺鼻的味道

为什么有些风味是最佳搭配？

五味调和乃烹饪艺术之最高境界。

每一种食物都有其独特的风味化合物。包括果味酯、辛辣酚醛、花类和柑橘类萜烯，以及辛辣的含硫分子在内的各种风味化合物赋予每种食物以特有的芳香，或使其具有刺激性，由此成就了食物的千滋百味。时至今日，食物之间的良性搭配，都是人们长时间反复试验获得的经验性成果，但随着"科学厨房"的兴起，一种新的食物搭配"科学"应运而生。研究人员对数百种食物的风味化合物进行了分析，发现被奉为经典的食物组合确实包含许多相同的风味化合物，同时还找到了更多不同寻常的搭配。但是，这些理论上的"最佳组合"并未考虑食物的质地，也不适用于亚洲美食。亚洲美食所习惯使用的众多香料之间几乎没有任何风味的联系。

此处我们以牛排为例，看看哪些食物与基于共同的风味化合物的牛肉搭配得更好。连接线越粗，即表明共有的风味化合物越多。

色卡

肉类　谷物　香料
海鲜　蔬菜　酒精
蛋和乳制品　植物加工品

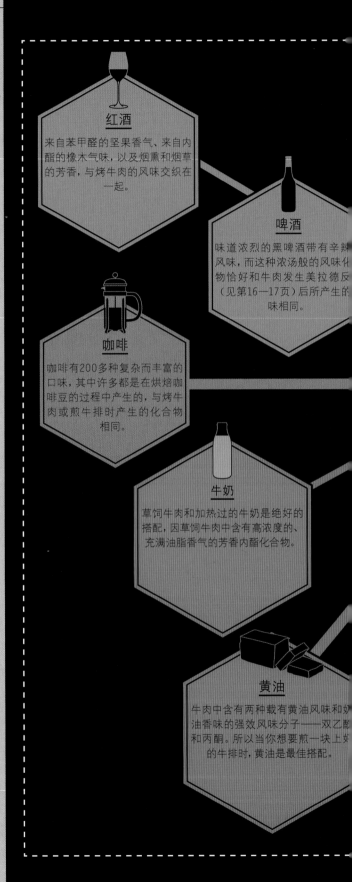

红酒 来自苯甲醛的坚果香气、来自内酯的橡木气味，以及烟熏和烟草的芳香，与烤牛肉的风味交织在一起。

啤酒 味道浓烈的黑啤酒带有辛辣风味，而这种浓汤般的风味化合物恰好和牛肉发生美拉德反应（见第16—17页）后所产生的味相同。

咖啡 咖啡有200多种复杂而丰富的口味，其中许多都是在烘焙咖啡豆的过程中产生的，与烤牛肉或煎牛排时产生的化合物相同。

牛奶 草饲牛肉和加热过的牛奶是绝好的搭配，因草饲牛肉中含有高浓度的、充满油脂香气的芳香内酯化合物。

黄油 牛肉中含有两种载有黄油风味和奶油香味的强效风味分子——双乙酰和丙酮。所以当你想要煎一块上好的牛排时，黄油是最佳搭配。

红茶

茶中的烟熏成分是红茶采后经晾晒、炒制及熟成所产的，与烤牛肉的烟熏成分很以，两者相互融合后会使味道变得更加浓郁。

牛肉

烤制牛肉的过程会产生多种香味：肉质的鲜嫩、肉汁的香甜、夹杂着青草和大地香味，以及令人垂涎的香料的香气……数据分析表明，烤牛肉时所产生的风味化合物非常多，可与之搭配的食物更是不胜枚举。

小麦

小麦面包的褐色外壳与烤牛肉有很多相同的风味化合物（均源自美拉德反应，见第16—17页）。其所含的几十种化合物，包括具有麦芽香气的甲基丙醛，以及具有泥土味、烧烤风味和爆米花香味的吡咯咪分子。

葫芦巴

葫芦巴的咖喱味主要来自一种名为葫芦巴内酯的化合物，此化合物便会产生枫糖浆的风味。同样的分子也存在于烤牛肉中。如果将葫芦巴叶加入酱汁中，或作为调味料与牛肉一同烤制，便可以增强这种微妙的香味，甚至还会为最后的成品增加一丝辣味和花香。

洋葱

熟洋葱和棕色洋葱（或称之为焦糖洋葱）含有多种含硫的"洋葱"味分子，这种分子也存在于熟牛肉中。

鸡蛋

煮熟的鸡蛋黄中的脂肪会分解出各种各样的新风味。例如味似青草的己醛和带有炸物香气的芳香分子癸二烯醛，这两种分子也都存在于熟牛肉中。

花生酱

制作黄油的过程中加入经加热和研磨的花生酱会产坚果味的吡嗪和烟熏的香气，非常适合与牛肉搭配。

毛豆

毛豆是一种带有清新风味的绿色豆子，但经过烹饪，其也可产生不亚于牛肉的坚果香气。

鱼子酱

鱼子酱和牛肉的搭配宛如天作之合，富含蛋白质与脂肪的鱼子酱非常鲜美（鲜味来自谷氨酸），同时还含有类似肉类的胺类芳香化合物。

大蒜

大蒜的浓郁风味来自一种含硫芳香化合物，其与很多肉类或肉制品都非常契合。

蘑菇

蘑菇的汁水富含谷氨酸，烹饪时会产生类似肉味的含硫芳香化合物。

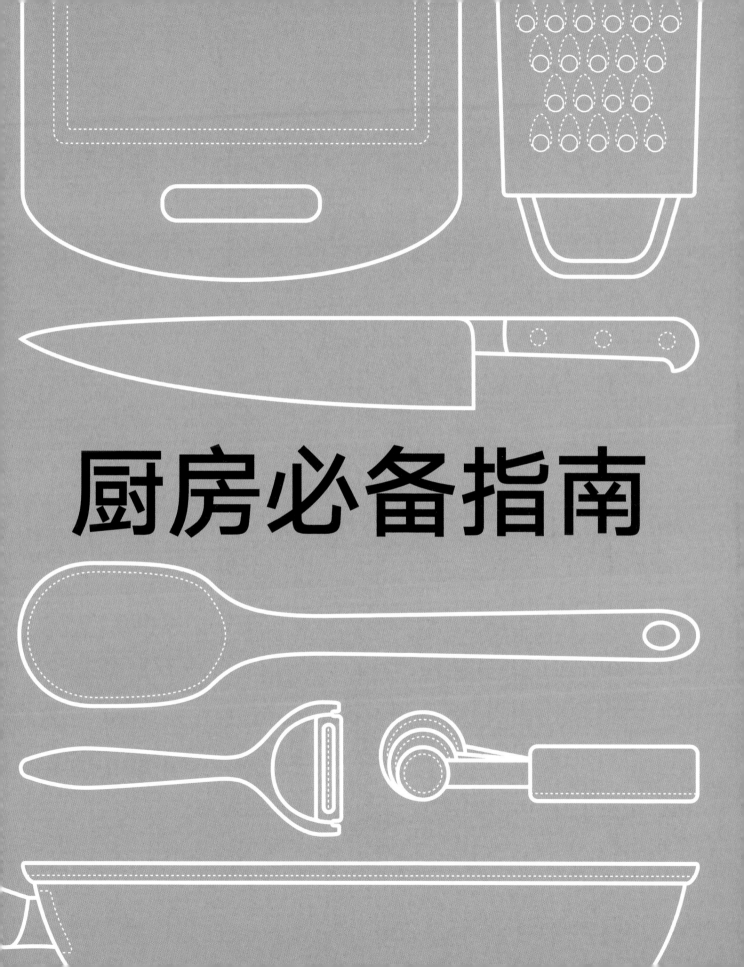

厨房必备指南

一把刀最锋利的部分被称为刀刃

必备刀具指南

需求因选择而异

工欲善其事，必先利其器。

制造工艺

　　刀具的制作工艺分为压切法和锻造法两类。所谓压切法，是在一块平整的钢材上切割出刀的形状，再经过热处理、打磨、装柄等工序，才能制成可供销售的刀具。锻造法则是通过对金属加热、敲打、淬火，使金属原子重新排列整合，从而创造出一种更为耐用的"钢"质金属。以下介绍的是每位厨师都应该拥有的基本刀具。

碳钢

碳钢是铁和碳的简单混合物（与添加额外元素的其他种类钢不同）。以这样的钢材锻造出的刀具锋利无比，却极易生锈，所以碳钢制作的刀具需要细心维护和清洁，并时刻保持干燥，甚至还要定期上油。

不锈钢

在碳钢混合的基础上再加入一定比例的铬，由此创造出的钢材便是不锈钢。其材质更柔韧，且永不生锈。优质不锈钢具有精细的晶粒、良好的锋利度，且可以和其他金属合成更为耐用的合金。不锈钢刀具易打磨，能够满足家庭厨房的绝大多数操作需求。

陶瓷

使用锋利、轻盈，且质地极为坚硬的陶瓷刀具切割肉类是上佳的选择。陶瓷刀片通常由氧化锆制成，再经打磨形成锋利的刀刃。陶瓷刀极难打磨但不会生锈，其不具有钢铁的柔韧性，因此切到骨头或掉到地上时容易破损。

锯齿刀
功能

常用于处理外皮坚硬或光滑，且极易碎的食物或食材，如面包、蛋糕或番茄。由于外形特殊，锯齿刀很难精确切割。

特点

狭长的刀身、舒适的握柄，以及特有的尖锐锯齿。

为了使切口更细致，切肉刀的刀身比主厨刀更为扁平

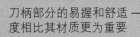

刀柄部分的易握和舒适度相比其材质更为重要

刀身通常会延伸至握柄处，即人们常说的"刀柄"，全尺寸的刀柄会让刀具更为坚韧和耐用

主厨刀
功能
适用于将大块的肉切片或切碎，拍压蒜瓣等操作。

特点
具有舒适的握柄，平衡的刀身，同时具备一定的重量，以便完成去骨、斩件等操作。

刀身后半段大曲率部分便于厨师进行更高频率的切割，相对平滑的弧线则便于拉切

削皮刀
功能
适用于拉切、削皮、去核或更为精细的操作，例如刮出香草籽。

特点
具有纤细的刀身，尖锐的刀尖。为满足迅速且精细的操作需求，刀刃的设计更为平滑。

锻造刀具的刀身从刀柄到刀尖呈锥形，逐渐变得尖细；冲压刀具的刀身则厚度统一

较短的刀身（6~10厘米）可以满足更为精细的操作需求

刀身接近握柄处相对厚实的部分被称为"指撑"，通常由锻造法打造的刀具才有指撑

切肉刀
功能
适用于将大块的肉切割为小份。

特点
拥有更长且更薄的刀身，刀刃尖锐。刀刃的弧度相对平缓，所以更适合切片，而非拉切。

为了在食材或食物上留下干净的切口并便于操作，刀身设计更为纤细，且刀刃上的锯齿一般少于40个

锯齿状的刀刃可以对食材表面施加更大的压力，进而刺穿表面，例如将刀片滑入扇贝缝隙，通过往复拉动将其切开

直径20厘米的煮锅适合 ——
烹煮大量的米饭、意面、
汤、烩菜和高汤

不锈钢包铝材质易于保
养，导热效率也更高

直径18厘米的煮锅
适合烹煮小份的食
物或煮蔬菜

必备炊具指南

不打无准备之仗。

　　炊具材质的选择直接影响食物的烹饪方式，
但实际上更重要的是锅底的厚度；锅底越厚，受
热便会更加均匀。碳钢和铸铁等易被腐蚀的材
质，在首次使用前应提前"炙锅"：确保锅的表面
形成一层不粘的"铜绿"。市面上出售的不粘锅
一般采用蜡状树脂涂层，以确保锅的不粘性能，
但这种材料超过260℃便会失效，因此不粘锅更
适合烹饪无须高温且易碎的食物，例如鱼类。

不锈钢

重且耐用的不锈钢材质炊具适用于日常炖锅，但导热性较
差（除非包裹铝或铜），并且非常容易粘锅。此外，不锈
钢炊具表面光亮，能够帮助我们观察到烧汁或熬制酱汁时
发生的褐变反应。

铜

重而昂贵的铜炊具导热效率极高。铜和酸在一起会发生化学
反应，因此铜制锅具通常附带涂层，以避免食物变色或附着
金属的味道。因为材质太重，不适合制成煎锅或炒锅。

铝

铝制炊具导热性极佳，对温度的变化非常敏感，但散热的速
度更快。铝锅一般非常轻，适于制成各种规格的炊具。但铝
容易和酸发生反应，所以通常经过"阳极氧化"处理，以避
免和酸性食物发生反应。

炒锅

功能

适用于高温翻炒、蒸和油炸。

特点

锅盖贴合紧密，锅底薄，手柄长而结实。碳
钢一般无不粘涂层，因此是制作炒锅最理
想的材料；"炙锅"指将铁锅以火加至一定
温度时（冒烟）关火，倒入适量油擦拭，重
复这一过程3~4次即可。

—— 碳钢坚固
且耐热

铸铁锅

功能

适于烹饪根茎类蔬菜、肉类或黏性食
物，可搭配烤架或烤箱使用。

特点

长且耐热的手柄（由导热性良好的铸铁
制成）至关重要。

直径16厘米的煮锅适用于熔化黄油、制作焦糖、酱汁，也可以用于煮水波蛋

珐琅锅

功能

适用于炖菜、烩煮或炖煮。

特点

贴合紧密的盖子和易握的手柄。铸铁虽然重，但可以保持稳定的温度，因此是制作珐琅锅的理想材料。珐琅涂层经久耐用，不会与酸发生反应。

煮锅

功能

适用于制作酱汁、炖菜、浓汤、高汤煮蔬菜，煮米饭和意大利面。

特点

锅盖可以防止水蒸气逸出。手柄便于取放，一般选择可以放入烤箱的耐热材质。

铸铁材质可以确保炖煮时锅内的温度

圆形的底座会比椭圆形的底座受热更加均匀

24厘米不粘平底煎锅

功能

煎鱼、煎蛋，制作可丽饼。

特点

购买有不粘涂层的厚底锅时，应选择口碑良好的品牌。

长手柄

碳钢

碳钢的导热性比不锈钢好，但它与铁一样会生锈，且容易与酸性食物发生反应，所以需要炙锅，以延长其寿命。碳钢最适合用于制作炒锅和煎锅。

铸铁

铸铁重且密度大，加热慢，但是一旦加热到位，可以有效地保持温度，是促使食材发生褐变反应的理想材料。但铸铁同样会生锈，且会与酸性食物发生反应，所以也需要炙锅，以形成防止粘锅的保护层，并小心维护。

轻质钢铝复合煎锅使掂锅变得更加容易

厚底使受热非常均匀，从而避免局部过热

带有一定弧度的锅壁便于搅拌和制作肉汁

铸铁经过炙锅，可以达到不粘的效果，但清洗时要避免使用粗糙的清洁工具

小手柄

30厘米煎锅

功能

适合煎炸大分量的食物、制作酱汁和大尺寸食物。

特点

锅盖的主要作用是抑制水蒸气逸出。长手柄和厚锅底也非常重要。

◀量杯

透明钢化玻璃量杯可以准确地称量液体的体积。但由于存在表面张力，水面下凹的程度很难判断。

电子秤▶

质量好的数字电子秤比模拟电子秤更精确。电子秤应有可盛放大型容器的底座、至少5千克的承重，以及清晰的显示屏，称重应可精确到小数点后一位。

必备工具指南

各种款式和材质的工具适合特定的烹饪技术。

　　合适的工具可以使烹饪变为一种享受。只要能够在恰当的时候选择恰当的工具，你离大师也就只有一步之遥了。

必备工具

　　时至今日，厨房中的工具可谓五花八门，所以在选择时，要仔细考量每一件工具的优缺点。特别需要提醒的是，新产品并不一定是对上一代的优化——要透过现象看本质，辨明不同材质工具的用途，以及其对食材的影响。

磨刀棒▲

磨刀棒主要用于调整和拉直磨损的刀刃，而非将刀磨得更锋利。一般选用25厘米长，较重的钢质磨刀棒。带有金刚石涂层的或陶瓷质地的产品能够打磨掉一些金属，所以也有部分磨刀石的作用。

擀面杖▲

应该选用无柄锥形的木质擀面杖。木质擀面杖可以有效地附着面粉，同时避免将手的热量传至食物上。

其他有用的工具

- "Y"形削皮刀，左、右手皆可操作。刀刃应足够锋利，和手柄之间须有2.5厘米的间隙，以防止削下来的皮造成堵塞。
- 需要翻动或盛取食物时，末端装有弹簧，头部呈贝壳状的钳子格外有用，耐热的硅胶材质是理想的选择。
- 选择刀片锋利且坚硬，并由电机（而非皮带）驱动的食品处理机，通常附带和面刀头、切片及搅碎刀头。
- 压泥器的金属手柄应长而坚固，并配有带小圆孔的圆形捣盘（而非波浪形）。
- 好的蛋糕模具应易脱模，且底部可拆卸。
- 应选择质地坚硬且表面略粗糙的杵臼，花岗岩是不错的选择。

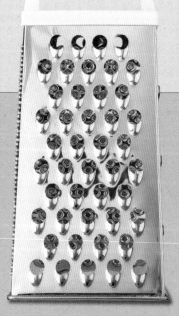

打蛋器▲

选择10线以上的气球状打蛋器，以保证通用性和效率。金属质地的打蛋器边缘坚硬，能够有效地搅打入空气并分解脂肪。硅胶材质的打蛋器适合搭配带有不粘涂层的容器或炊具使用，是一种理想的替代品。

◀刨子

为了提高效率，应选择大格栅的器具。有4个刨面的刨子可以进行擦丝、研磨、刮皮、粉化等多种操作。

◀金属滤网

金属滤网的网格须足够小，才可以帮助我们过滤掉所有大颗粒的杂质，从而使高汤、菜泥等食物质地变得更顺滑。手柄对侧的挂钩便于将滤网架在容器上。

漏勺▲

应选用长柄的深漏勺。相比笨重的塑料或硅胶材质漏勺，轻而坚实的不锈钢制漏勺更适合捞取漂浮在液体中的食物。

汤勺▲

要撇去锅中漂浮的油脂和浮沫，一把长柄深汤勺就显得尤为重要。一体成型的不锈钢汤勺通常比焊接的更耐用。

金属锅铲▲

宽头长柄的带孔锅铲轻薄且灵活，便于铲起易碎的食物。对于带有不粘涂层的容器和炊具，坚固的塑料或硅胶材质则是更为适合的选择。

橡胶刮刀▲

橡胶刮刀是精细工作的理想选择，适用于翻拌打发蛋白或巧克力调温等操作。耐热的硅胶刮刀则尤其适合接触热食。

温度计▲

厨房中通常选择带有较长探针的温度计。制作焦糖时可以读取至210℃。

木勺▲

木头适用于带有不粘涂层的或金属材质的炊具，且由于其是热的不良导体，手柄部分不会因接触热食而变烫。木头材质有气孔，易吸附食物颗粒和味道，因此在每次使用过后都要彻底清洗。

盆

不锈钢盆非常耐用，但是无法在微波炉中使用；钢化玻璃盆耐热并且可放入微波炉；陶瓷和粗陶器具十分易碎，但升温缓慢，因此非常适合用于制作面团。

案板

木案板最为耐用，首先它不像花岗岩或玻璃等材质会对刀具造成磨损；其次，木材中含有具有杀菌效果的单宁酸，因此相比缝隙中容易藏匿污垢的塑料，木制案板更卫生。

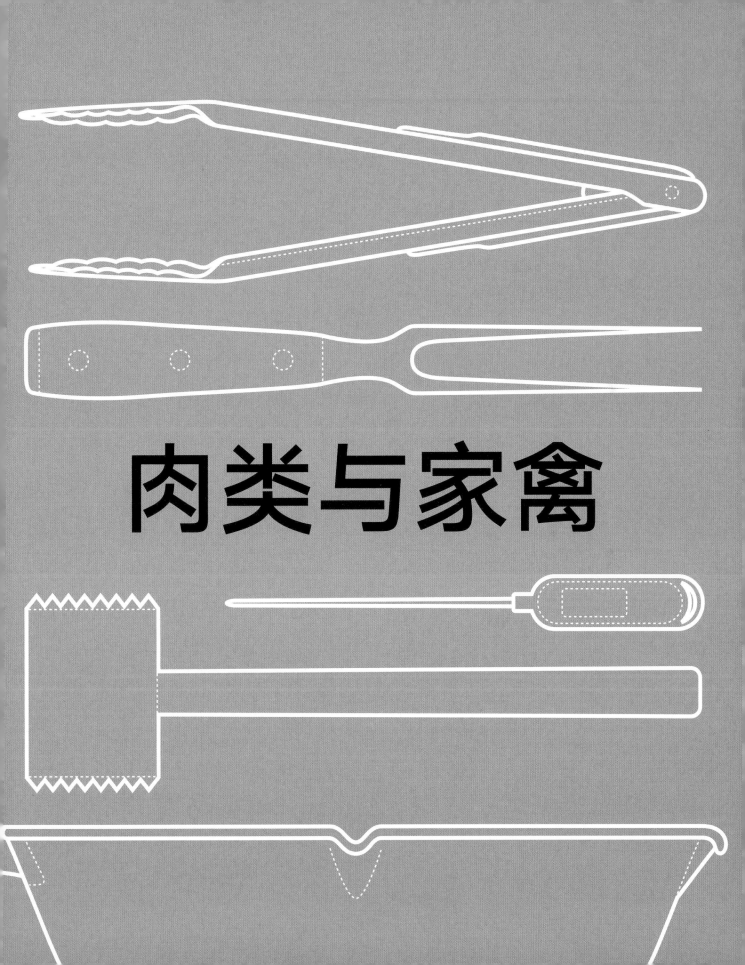

肉类与家禽

聚焦肉类

肉类的处理是大多数传统烹饪的核心——了解肉的结构和组成可以更好地帮助你掌握烹饪技巧。

肉类虽然品种繁多，但均由三种组织构成：肌肉、结缔组织和脂肪。肌肉的类型与三种组织在肉中的比例决定着肉的质地和风味，也决定了其最佳烹饪方式。为动物提供行动力的肌肉通常呈红色或粉色，是可供人类食用的大部分肉类的来源。肌肉肉含有70%~85%的水分，保存住这些水分，肉的口感就会多汁。

结缔组织在肌肉纤维周围形成鞘，负责连接肌肉和骨骼——在烹饪过程中，结缔组织会慢慢分解，为菜肴增加风味。然而，在较高的温度下，结缔组织反而会收缩，并挤压肉中的水分导致其流失。脂肪耐嚼且生食无味。但当脂肪细胞在烹饪过程中遇热破裂时，会散发出大量的香气。

了解肉类

各种肉类的构成——脂肪与肌肉的相对比例，结缔组织的数量，以及肌肉的类型——决定了脂肪和蛋白质的比例。所有肉类都含有丰富的蛋白质，以下是它们的区别。

白肉

鸡肉
鸡肉的颜色较淡。脂肪含量较低，过度烹饪会使鸡肉口感变干。巧妙地运用汤汁或者酱汁可以为其补充水分。
脂肪：中等　蛋白质：高

鸭肉
鸭肉的颜色较深，富含结缔组织，表皮下更是有一层厚厚的脂肪。非常适合烘烤，油炸或烧烤等烹饪方式；提前划破鸭皮有助于脂肪在烹煮过程中更快地熔化。
脂肪：中等　蛋白质：中等

火鸡肉
火鸡肉中肌肉比例高，脂肪极少。因此非常适合猛火快炒和烧烤。火鸡腿肉颜色较深，并含有较多的结缔组织，所以炖煮或炖煮的效果会更好。
脂肪：低　蛋白质：高

科学
结缔组织主要由蛋白质组成，被加热至52℃时，便会开始软化。

烹饪
小火慢炖可以将结缔组织转换成柔滑的明胶，并使肉变得更为多汁。

结缔组织
坚韧的结缔组织将肌肉纤维连接在一起，并将肌肉与骨骼连接起来

带骨肉排
所谓的T骨牛排，是指一块带骨头将菲力和西冷分开。食量较小的可以一次性体会到更多样化的质地

红肉

牛肉

牛天生具备巨大的耐力肌肉，因而其肉颜色较深且极具风味。牛肉适合各种烹饪方式。脂肪呈大理石花纹状的牛排口感更多汁。

脂肪：高
蛋白质：中等

羊肉

脂肪为羊提供日常所需的能量，因此分布在羊身体的各个部位。羊肉适合大多数烹饪方式，但是肌肉发达的肩膀和腿部关节肌肉更适合小火慢炖。

脂肪：中等
蛋白质：中等

猪肉

不同部位的猪肉颜色各异，从浅粉玫瑰色。猪肉通常含有一层厚厚的脂肪，这有助于在烹饪时保持肉的湿润度。肉质瘦的部位和猪排适合快速的烹饪方式，以防变干。

脂肪：高
蛋白质：最低

鹿肉

鹿肉中所含的肌肉和结缔组织比脂肪多。将精瘦的鹿肉切成小块以小火慢炖可以最大限度地保持水分。大块的关节结缔组织较多，也可以烤制。

脂肪：低
蛋白质：高

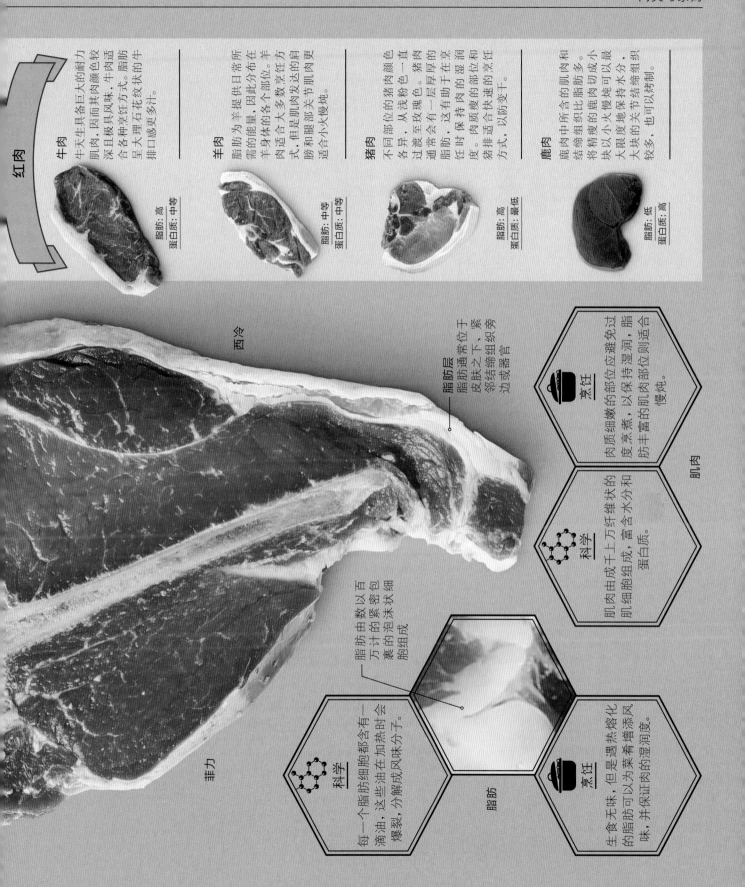

西冷

菲力

脂肪层
脂肪通常位于皮肤之下，紧邻结缔组织或器官边缘

脂肪由数以百万计的紧密包裹的泡沫状细胞组成

肌肉

烹饪
肉质细嫩的部位应避免过度烹煮，以保持湿润，脂肪丰富的肌肉部位则适合慢炖。

科学
肌肉由成千上万纤维状的肌细胞组成，富含水分和蛋白质。

脂肪

科学
每一个脂肪细胞都含有一滴油，这些油在加热时会爆裂，分解成风味分子。

烹饪
生食无味，但是遇热熔化的脂肪可以为菜肴增添风味，并保证肉的湿润度。

如何判断肉类品质?

在超市令人炫目的灯光下，包装精美的肉类琳琅满目，
自然很难发现最好的那一块!

人们通常认为最新鲜、最美味的牛排呈鲜艳的樱桃红色，但事实果真如此吗？如果请肉铺老板帮忙选一块上好的牛排，他可能会选经过长时间熟成、颜色较深的给你，因为经过陈化的牛排具有更浓郁的风味和更柔软的质地（见下页）。但等你读完这一页，判断肉的好坏便再也难不倒你了。

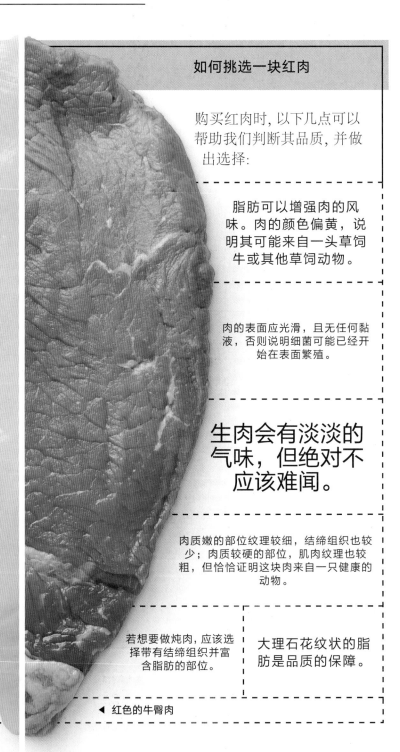

如何挑选一块红肉

购买红肉时，以下几点可以帮助我们判断其品质，并做出选择：

脂肪可以增强肉的风味。肉的颜色偏黄，说明其可能来自一头草饲牛或其他草饲动物。

肉的表面应光滑，且无任何黏液，否则说明细菌可能已经开始在表面繁殖。

生肉会有淡淡的气味，但绝对不应该难闻。

肉质嫩的部位纹理较细，结缔组织也较少；肉质较硬的部位，肌肉纹理也较粗，但恰恰证明这块肉来自一只健康的动物。

若想要做炖肉，应该选择带有结缔组织并富含脂肪的部位。

大理石花纹状的脂肪是品质的保障。

如何挑选一块白肉

一块新鲜的白肉应具备以下几个特征：

胸肉应紧实饱满。

骨头应完整，切口整齐。

肉应无瑕疵，无裂痕。

皮应该光滑柔软。

白色的鸡胸肉 ▶

◀ 红色的牛臀肉

是否应避免购买已变色的肉？

肉类的颜色并不能作为判断其新鲜程度或品质的依据。

肉的天然颜色来自肌肉组织中含有血红素的肌红蛋白（myoglobin，见第34页）。不同动物的肌红蛋白水平不同，红肉比白肉含有更多的肌红蛋白，动物年龄越大，所含肌红蛋白的水平越高，因而肉的颜色更深。真空包装的肉具有一种自然的紫红色。一旦接触到空气，肌红蛋白便会将肉变成鲜红色。如果一直保持紫色，这表明动物在被宰杀时比较紧张，肉质较干硬。经过烘干熟成处理的肉，表面颜色会变暗，风味增强，并因水分流失而收缩。所以肉呈棕色并不代表肉已经变质，应该利用触觉和嗅觉来判断肉是否可以食用（见上页）。

刚切好的肉
新鲜宰杀并立即真空包装的肉，应呈自然的紫红色。

真空封装时，食品袋中的氧气会被全部抽空，所以肉的颜色会较深

0小时

3小时
若肉暴露在空气中，其颜色会逐渐变成鲜红色。

将肉从真空袋中取出后，肌红蛋白接触到氧气，肉的颜色会逐渐变成鲜红色

3小时

颜色增强剂
在真空包装时加入一氧化碳，使其与肌红蛋白发生反应，使肉的颜色变得鲜亮。

7小时
若持续暴露在空气中，肉的颜色会逐渐变成深红色。

7小时

氧化作用会逐渐改变肌红蛋白的结构

9天
随着暴露在空气中的时间变长，肌红蛋白逐渐变黄，使肉呈棕红色。

9天

氧气如何改变肉的颜色
当肉开始接触到氧气时，肌红蛋白会先使肌肉变红，然后变成棕色。经过熟成的肉表面颜色会逐渐变暗，肉中的酶会慢慢软化其质地，同时提升风味。

在温控设备的监控下，经过烘干熟成处理的肉颜色最终会变暗，边缘甚至会开始发灰

不同肉类的外观和味道为何如此不同？

肉类的颜色差异会影响厨师对于烹饪方式的选择。

肉类的颜色与动物肌肉中红色的供氧蛋白质——肌红蛋白的水平有关。肌红蛋白水平越高，肉色就越深越红，而肌红蛋白水平越低，肉的颜色就越浅。

一些动物不同部位肌肉中的肌红蛋白水平不同，这与这些肌肉被使用的方式有关，所以它们的肉有鲜亮的部分，也有暗沉的部分。颜色较深的是"慢收缩"耐力型肌肉，例如腿部肌肉。这些肌肉需要稳定的氧气供应，因此需要更

多的肌红蛋白。颜色较浅的是"快速收缩"型肌肉，意味着这块肌肉仅需要较少的氧气以支持短时间的能量爆发，比如鸡胸肌，只用于拍打翅膀。

浅色区域和深色区域的比例会影响肉的风味和质地。深色的、经过良好锻炼的肌肉通常含有更多的蛋白质、脂肪、铁和能够产生风味的酶。

肉类的颜色差异对比

不同动物的肌红蛋白水平

本图表比较了不同的动物的肌红蛋白水平，并解释了这些数值会对肉类产生何种影响，较高的肌红蛋白水平会增强肉的风味，而较低的肌红蛋白水平会使肉的味道变得相对寡淡。

不同肉类中肌红蛋白的平均百分比（%）

0.05% 肌红蛋白 肉：粉红—白	**0.2%** 肌红蛋白 肉：红—粉红	**0.3%** 肌红蛋白 肉：红—粉红	**0.6%** 肌红蛋白 肉：红—粉红
鸡肉	猪肉	鸭肉	羔羊肉

鸡肉的肌红蛋白含量？

鸡肉的肌红蛋白含量不足0.05%，因此呈粉白色。

不同部位有何区别？

缓慢收缩的腿部肌肉为鸡每天的行走提供动力，所以腿部的肌肉比鸡胸肉颜色更深。

产生何种影响？

深色的腿部肌肉含有更多的肌红蛋白、产生风味的酶、铁和脂肪，本身已足够鲜美。而不经常运动的鸡胸肉，需要额外调味以提升风味。

猪肉的肌红蛋白含量？

猪肉的平均肌红蛋白含量为0.2%，所以颜色多为红色或粉色。

不同部位有何区别？

猪肉脊背部既有深色肉也有浅色肉，而腿部则是深色肉。

产生何种影响？

精瘦的浅色猪肉需要更多的调味以提升风味。

鸭肉的肌红蛋白含量？

鸭肉的平均肌红蛋白含量为0.3%，肉的颜色因此比鸡肉或其他家禽的颜色深。

不同部位有何区别？

鸭子是经常运动的家禽，它们需要借助脂肪含量高的深色肌肉保持体力。

产生何种影响？

鸭肉中富含脂肪，本身就已足够鲜美，所以烹饪时仅需少量调味。

羔羊肉的肌红蛋白含量？

羔羊肉的平均肌肉蛋白含量为0.6%，颜色为浅红色。

不同部位有何区别？

从羊腿部上端切下来的肉，比如羊腿肉，是缓慢收缩的耐力肌肉，因此呈深红色。

产生何种影响？

高肌红蛋白和脂肪含量使羊肉拥有很好的质地和风味，烹饪时仅需简单调味即可。

有机肉类
真的更好吗?

人们认为有机肉类比非有机的更美味、更健康,甚至更人道,但事实果真如此吗?

科学研究表明,充足的运动、优质的喂养和适时减压可以产生优质的肌肉和美味的脂肪。有机肉类也应该具备这些特质。但决定肉类品质的要素却不仅如此。所以确认肉的产地尤为重要(见底部框内文字)。

何为有机饲养

只有符合以下指标的产品才能贴上有机标签。

- 有机饲养的动物需要精心照料,户外活动空间和无忧无虑的生活会使肉质更上称,品质更优良。

- 动物食用不含人工添加剂的有机饲料,但这一点其实对肉类品质的影响并不大。

- 有机饲养的动物不应使用抗生素或促生长激素,尽管滥用药物的现象在许多国家已司空见惯。

- 鼓励有机农场主维护农场环境。

- 宰杀过程更人道,从而使出产的肉更优质。若动物在被宰杀前感到紧张,飙升的肾上腺素会导致肉的颜色暗沉,口感干硬。

年龄问题
随着动物年龄的增长,肌红蛋白水平随着肌肉的增强和脂肪的增加而提高,风味因而得以提升。

可见的肌红蛋白
肉产品包装的底部往往会看到一些"血水",那实际上是肌红蛋白与水的混合物

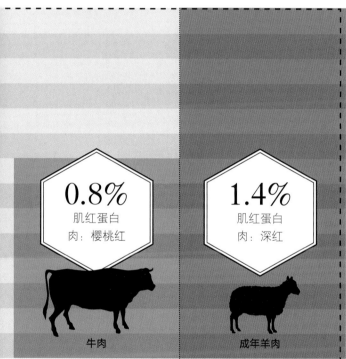

0.8%
肌红蛋白
肉:樱桃红

牛肉

1.4%
肌红蛋白
肉:深红

成年羊肉

牛肉的肌红蛋白含量?
牛肉的平均肌红蛋白含量为0.8%,因此呈鲜艳的樱桃红色。

不同的部位有何区别?
牛是一种活动量很大的动物,因此几乎全身都是颜色较深色的"慢收缩"耐力型肌肉。

产生何种影响?
肌红蛋白水平较高的耐力型肌肉风味极佳,因此烹饪时只需少量的调味即可。

羊肉的肌红蛋白含量?
成年羊(1岁以上)的平均肌肉蛋白含量约为1.4%,因此其肉呈深红色。

不同的部位有何区别?
成年羊的肌肉得到了更多的锻炼,因此结缔组织较坚韧,肉质也更紧实。

产生何种影响?
成年羊的脂肪含量远超羔羊肉,风味独特。如若不习惯膻味,可以用香料和香草调味。

其他影响肉类品质的因素

除了有机饲养外,还有一些因素会影响肉类的品质。

例如,草饲还是谷饲对味道的影响更大。谷物喂养的动物肌肉中含有更多美味的脂肪,酸性较低,并含有一种会令人愉悦的化学物质——内酯,而草饲的肉则有一种苦涩味。

除此之外,肉类的储存和运输也会对其品质产生深远影响。符合有机饲养标准的肉产品,通常意味着更远的运输距离和更长的储存时间。考虑到性价比,采取人道宰杀方式的本地非有机农场可能是更好的选择。

传统的纯种牛的肉是否更美味？

传统的纯种牛的肉售价非常高，
消费者自然会好奇钱到底花在哪里了。

自肉类养殖业成为全球产业以来，传统的纯种牛品种已经减少了很多。100年前，"北德文"（North Devon）和"加洛韦"（Galloway）等几十种牛在牧场上游荡，如今只有少数品种得以延续。以安格斯牛（Angus）为例，其凭借庞大的身躯和大理石花纹状的肌肉在北美备受青睐。而在英国，人们认为利木赞牛（Limousin）的肉质较为鲜嫩。

纯种牛的肉更加美味吗？

牛肉的风味很复杂，其中基因差异带来的变化十分微妙。研究结果一致表明，脂肪在牛肉中的分布状况相比品种更重要，对风味的影响更大。当然，如果屠宰得当，并精心烹饪，传统品种的牛肉的确会有更浓郁的风味和更多汁的口感。但为了这微妙的差异，你需要更高的预算。

总体而言，传统的纯种牛更有可能得到精心的饲养，肉产品也会得到妥善的处理、储存和熟成，而这一切最终会在唇舌间得以体现。

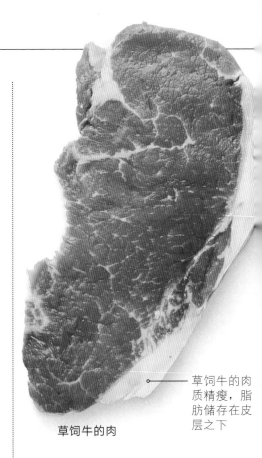

草饲牛的肉质精瘦，脂肪储存在皮层之下

草饲牛的肉

鸡肉风味是"浓缩即精华"吗？

鸡的体型大小可以表明其品种，
进而成为一种风味的标签。

现代的"肉鸡"（"broiler"）是当今最常见的种类，其是数十年积极选择性育种的结果。肉鸡由多个品种杂交形成，它们的体型非常大，生长迅速。如今，工业化养殖鸡可以在35天内达到宰杀标准（不到传统品种的一半时间），其体型是50年前的4倍大，且因性别比例异常而饱受健康问题困扰。

体型超大的鸡

现代工业化养殖的鸡的体型是50年前的4倍。

现代的肉鸡养殖使所有人都吃得起肉，但这种鸡的肉味道寡淡也是不争的事实。

传统品种的鸡需要更长的时间才能达到宰杀标准，且价格相当高。但研究表明，传统方式饲养的鸡的肉确实比集中饲养的具有更丰富的风味和更好的口感。

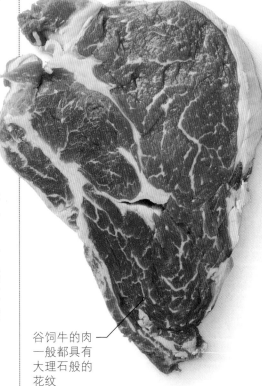

谷饲牛的肉一般都具有大理石般的花纹

谷饲牛的肉

饲料如何影响肉类的味道和质地？

草饲或谷饲，会影响牛摄入的热量和其生活方式，
而这两方面恰恰是决定肉产品品质的核心因素。

大多数的牛一生以草为食，只有在寒冬和被宰杀之前，农场主才会提供谷物作为饲料。待宰杀的牛在其生命的最后阶段，体重会因高热量的饮食迅速增长。谷饲牛的肉具有浓郁风味，这种风味向来受到人们的青睐。然而最近的研究表明，人们的口味正在发生变化，开始喜欢相对"清淡"的草饲牛的肉。下方表格展示了谷饲和草饲对牛肉产品的品质产生的各种影响。

了解区别

草饲牛的饲料

- 草饲牛为了获取食物必须努力工作，因此它们体形更小、更瘦，肉质更硬。在牧草贫瘠的地方，草饲牛和谷饲牛的体型会有明显的差异。

- 草饲牛的脂肪大多储存在皮层之下，部分脂肪在加工成肉产品时会被提前切除。草饲牛的脂肪因为食草的缘故会发黄。

- 由于草饲牛的油脂较少，烹饪时间越长，肉会变得越有嚼劲，甚至开始发柴。有些人喜欢草饲牛的肉，因为它的风味没有那么浓郁。草饲牛的脂肪中有一种广泛存在于植物中的天然碳氢化合物——萜烯，它具有类似肉蔻的芳香，又带有轻微的苦涩味。

谷饲牛的饲料

- 高热量饮食意味着谷饲牛比草饲牛增重更快、更稳定，而草饲牛的品质受牧草质量变化的影响。

- 通常，相比草饲牛的肉，谷饲牛的肉会有更多大理石花纹状纹理（肌肉中流动的脂肪），质地也更加柔滑。

- 许多人发现谷饲牛的肉的鲜美风味源于其如大理石花纹般分布的脂肪，这使谷饲牛的肉在经过烹饪后口感更加柔软多汁。谷饲牛经常被描述为"牛味十足"。

你知道吗？

草饲牛体内含有更多的Ω-3脂肪酸

草饲牛的肉中脂肪含量通常比谷饲牛低4%，其脂肪一般堆积在皮层之下，而非形成大理石花纹。

尽管草饲牛的肉中脂肪含量较低，却含有更多对健康有益的Ω-3脂肪酸。相比油脂丰富的鱼类等众多其他食材，草饲牛的肉中Ω-3脂肪酸含量并不高，但其营养价值相比谷饲牛还是略胜一筹。

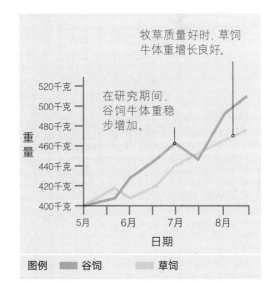

牧草质量好时，草饲牛体重增长良好。

在研究期间，谷饲牛体重稳步增加。

重量：520千克 / 500千克 / 480千克 / 460千克 / 440千克 / 420千克 / 400千克

日期：5月 6月 7月 8月

图例　谷饲　草饲

奶牛增重研究

图中显示了以牧草和谷物喂养的奶牛在被宰杀前体重增量的变化。以优质牧草为食的草饲牛与谷饲牛相比，前者每天增长的体重比后者少0.2千克。

来自内腰里脊的菲力牛排是不是
牛身上最好的肉？

牛就像一个长着四条腿的证券市场，不同部位的价格差异极大。

菲力牛排（法文称作filet mignon）是一种广受欢迎的稀缺牛肉产品。其备受追捧的原因是：它来自牛身上运动最少的一块肌肉，且是这块肌肉中运动最少的部位——背部的内腰里脊。其口感非常鲜嫩，加之产量极低，进一步刺激了市场需求。但菲力牛排的超高人气究竟是不是炒作的结果呢？

油脂何以使肉变得更美味

菲力牛排的脂肪含量很低，因为后腰里脊是未被充分使用的肌肉群，无须太多能量。我们通常认为饱和脂肪不利于人体健康，同时我们也无法否认，油脂确实能够提升肉类的风味和质地。在烹饪过程中，脂肪

厚切
厚切菲力牛排厚约4厘米，以确保牛排表面充分上色的同时，内部达到理想的熟成度。

受热熔化，肉的口感因此变得更加鲜嫩多汁。同时，大量的化学反应随之发生，生成令人欲罢不能的香气和味道。脂肪分解出风味分子，并将其带给我们的味蕾。

烹饪缺乏油脂的菲力牛排时需要非常小心，以防过度烤制使其变干，进而失去嫩滑口感。如果你喜欢不超过五分熟的牛排，那么菲力牛排会是最佳选择。相对的，如果你喜欢五分至全熟的牛排，则应该选择其他的部位。想了解牛身上6个部位肉的质地和风味，以及分别适用的烹饪方式，请见下页的详细说明。

> "菲力牛排取自牛身上运动最少的一块肌肉，口感软嫩，极受欢迎。"

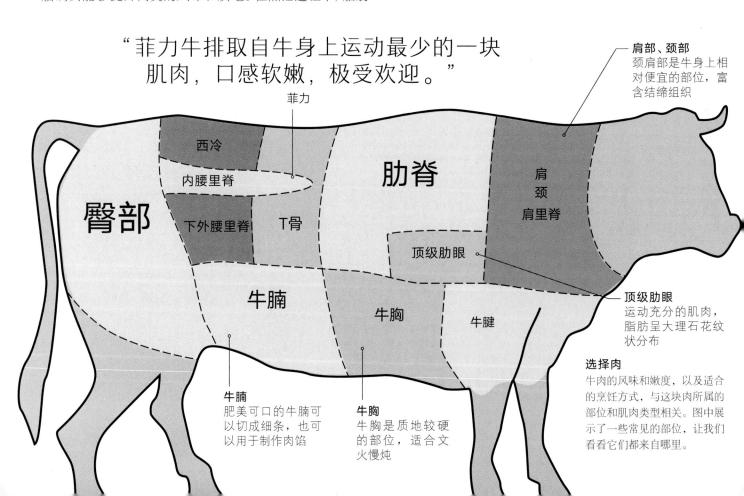

菲力

肩部、颈部
颈肩部是牛身上相对便宜的部位，富含结缔组织

西冷

内腰里脊

肋脊

肩颈 肩里脊

臀部

下外腰里脊 **T骨**

顶级肋眼

牛腩

牛胸

牛腱

顶级肋眼
运动充分的肌肉，脂肪呈大理石花纹状分布

选择肉
牛肉的风味和嫩度，以及适合的烹饪方式，与这块肉所属的部位和肌肉类型相关。图中展示了一些常见的部位，让我们看看它们都来自哪里

牛腩
肥美可口的牛腩可以切成细条，也可以用于制作肉馅

牛胸
牛胸是质地较硬的部位，适合文火慢炖

不同部位的牛肉

内腰里脊（菲力）

质地
以瘦肉为主，口感极软嫩。

风味
含有少量脂肪，主要卖点是其软嫩的口感。

烹饪方法
由于缺乏结缔组织和脂肪，烹饪时应格外注意保持其中的水分，熟成度尽量不要超过五分。

外腰里脊（西冷）

质地
上外腰里脊大理石花纹状脂肪较少，口感更软嫩；下外腰里脊大理石花纹状脂肪较丰富，口感稍硬。

风味
外腰里脊富含脂肪，所以风味极佳。

烹饪方法
猛火快炒，熟成度应介于三分至五分之间。

T-骨

质地
T骨牛排一侧是柔软的内腰里脊，另一侧是富含大理石花纹状脂肪的外腰里脊，风味独具。

风味
由于含有脊骨，其风味格外浓郁。

烹饪方法
煎或烤至一至三分熟。

肋眼

质地
肋眼是相对便宜的部位，与肋骨相连，是一块经常活动的肌肉。

风味
具备最丰富的大理石花纹状脂肪，美味多汁。

烹饪方法
使脂肪和结缔组织软化须烹煮至五分熟以上。

臀部

质地
包含三种不同类型的肌肉，但口感总体不如里脊肉柔嫩。

风味
由于富含油脂，这块肉的风味极为浓郁。

烹饪方法
猛火快炒或煎制，适合介于三分熟至五分熟之间。

肩颈部

质地
含有大量结缔组织，所以口感很硬。

风味
丰富的脂肪令这块肉极具风味。

烹饪方法
文火慢炖，主要目的是软化结缔组织，使其转化为多汁的明胶。

和牛为什么如此昂贵？

和牛肉成为世界上最受追捧的牛肉品种，可谓实至名归。

和牛（Wagyu）本意为"日本牛肉"（在日文中，"Wa"意为"日本"，"gyu"意为"牛"），并非特指某个品种的牛，而是指含有丰富大理石花纹状脂肪的牛。某些品种的和牛脂肪含量甚至高达40%，其肉质因而极其鲜嫩多汁。在和牛肉中，一种名为钙蛋白酶的化学物质非常活跃，它可以帮助肉分解并使肉变得更柔嫩。

在日本，这些牛无须进行任何的劳作，以确保它们的肉可达到最高品质（见下文）。据说，一些农民甚至会为牛按摩以使其肌肉保持柔软，并喂它们喝冰啤酒，以提高脂肪含量。费时费力的饲养，加之肉品优越的风味和质地，最高级别的和牛每千克售价可以达到人民币4000元。

> "一些农民甚至会为牛按摩，以使其肌肉保持柔软，并喂它们喝冰啤酒，以提高脂肪含量。"

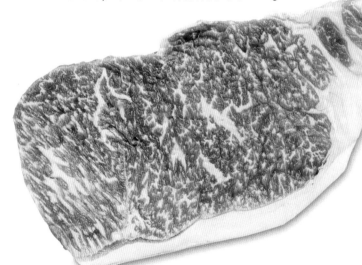

和牛分级系统
和牛（见上图）按其大理石花纹状脂肪、颜色和质地分成A、B、C三级，每一级再分为1、2、3、4、5五等。A级代表现有和牛的最高品质，A5为最佳。A5等级的和牛呈红宝石色，肉质紧密，有闪亮的脂肪带和如天鹅绒般光滑的质地。

有机饲养、散养和笼养的鸡有何区别？

鸡的饲养方式
会影响鸡肉的品质和风味。

在为工业化肉类生产而饲养的动物中，鸡的待遇是最差的。大多数肉鸡（杂交品种的通称，见第36页）的寿命都很短，它们被紧紧地关在不见天日的鸡舍里。尽管这样的现状已经被公众所知，但鸡的饲养环境革命依旧任重道远。"标签"可以有效地帮助我们了解鸡的生活环境。然而，散养和有机饲养是否真的可以令鸡肉的风味与营养更佳，以及它们是否值得拥有更好的生活环境，始终存在争议。

现状如何？

饲料、环境、精神状态和寿命皆会对鸡肉的味道产生影响。标签可能会误导人，但对鸡肉的饲养条件稍作了解确实可以帮助你辨别鸡肉的质量（见右图）。散养鸡的寿命一般更长，但若户外活动量不足，却可能导致鸡的精神压力水平偏高，令肉质变干并使酸性升高。相比之下，在室内笼养的鸡通常在幼年时便被宰杀，以保证肉质鲜嫩。总体而言，从小在养鸡场饲养的、生长缓慢的鸡，肉质更紧实、更美味。

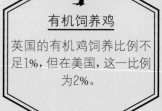

有机饲养鸡

英国的有机鸡饲养比例不足1%，但在美国，这一比例为2%。

散养

散养鸡场应该提供足够的养殖空间，以供鸡户外活动。尽管散养鸡的居住环境优于室内笼养的鸡，但鸡舍出入口往往过于狭窄，大多数散养鸡很难真正地走到室外。

影响

户外活动确实能够提高鸡肉的蛋白质水平。但散养鸡的精神压力水平大多偏高，会影响肉的品质。

喂食玉米并不能保证鸡肉的品质

在不同环境中饲养的鸡均可用玉米喂养，因此此类标签无法作为质量保证。

对味道的影响

鸡的饮食确实会影响它的风味，但肉的质地和味道亦与养殖条件有关。喂食玉米的鸡场通常为室内笼养，但也不排除散养或有机饲养，因此一定要查看标签。

你知道吗？

室内笼养

在工业化规模的农场中，鸡被关在不见天日的大棚中，无法接触到户外。每平方米可能有19~20只鸡，它们可能一生都看不到自然光。

影响

这些鸡在幼年时便被宰杀，缺乏运动意味着其肉质软嫩，同时颜色更浅，味道也比较差。

室内笼养
每平方米
19~20只

散养
每平方米
13~15只

有机饲养

相比之下，有机饲养鸡户外活动的机会更多，室内空间也更宽敞。它们不会被注射常规的抗生素。"有机"这一分类目前是鸡养殖环境的最高标准。

影响

有机饲养鸡通常生长缓慢，饲养规模较小。这种鸡的食物种类多样，这让它们的肉质地更紧实、味道更好，Ω-3脂肪酸含量也略高于其他养殖鸡。

有机饲养

每平方米

2~15只

如何判断
肉类是否注水？

给肉注水很常见，其对肉的风味和质地有着很大的影响。

大型肉类生产商通常会以注水的方式增加肉产品的体积，并声称这样做可以改善肉的质量，而不仅是增加肉的重量。切割好的肉块或整只家禽可以通过小针头注水；培根和火腿可以通过腌渍或泡盐水的方式注水。

以鸡肉为例，一些肉的质地确实可以通过腌渍的方式得到改善，因为在浸泡过程中鸡肉的肌肉纤维会变得更软，但向肉中注水也会折损风味，使肉的颜色发白。

注水肉的迹象

即使是未注水的肉类，也不可避免地会出现滴水的情况，因此，包装袋底部的积水并不能作为判断肉类是否注水的依据。相反，查看配料表可能更有帮助，比如查看"水"作为配料在配料表中所处位置是否靠前，或确认标签上是否写着"添加"或"保留"水，皆可帮助我们做出直观的判断。

37%
市场上超过⅓的家禽都有可能被注过水。

25%
¼的培根可能通过腌渍的方式进行过注水。

冷冻是否会破坏肉的味道和质地？

不可否认，冰箱方便了我们的日常生活，但是功率较低的家用冰箱效率远不及商用冷冻柜，后者的"速冻"能力可以更好地帮助食物锁鲜。

冷冻是一个由外及内的过程。家用冰箱的冷冻过程相对缓慢，这为锋利冰晶的形成提供了时间，这些冰晶会逐渐变大，最终刺穿鸡肉脆弱的结构。解冻后，受损的细胞会失去水分，肉质也会因此不再鲜嫩多汁。

这是一种被称为"冷冻烧伤"的现象，即大块的冰在干燥的冷冻空气中蒸发，留下坚硬的"烧伤"点。冷冻的时间越长，肉就越有可能出现此现象。而将肉密封包装可以有效地避免此类情况的发生。右侧的图表说明了在出现脂肪降解和质量下降的问题前，肉类的极限冷冻时间。

肉的种类		极限冷冻时间
鸡肉	切分鸡	
	整鸡	
牛肉 小牛肉 羊肉 猪肉	去骨肉排	
	带骨肉	
	带骨肉排	
	肉糜	
香肠		
培根		
时长（月）		1 2 3 4 5 6 7 8 9 10 11 12

建议的冷冻时间

此图表提供了不同种类的肉在其味道和质地显著下降之前的极限冷冻时间。肉排或带骨肉块可以耐受更长时间的冷冻，但由于脂肪会逐渐降解（即发生"氧化"）并腐坏，冷冻肉类最好不要超过建议的极限冷冻时间。

肉类是否需要捶打？

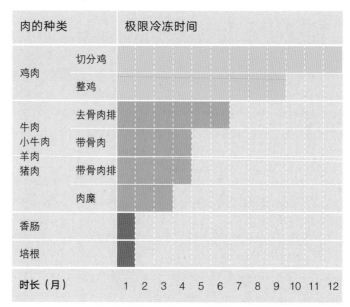

经过捶打的肉厚度为3~5毫米

在烹饪前用松肉锤将肉捶打至软化，听起来似乎不合常理，但确实可带来意想不到的好处。

用松肉锤对一块肉进行反复捶打，以达到破坏肌肉纤维，瓦解结缔组织的效果——这听起来和烹饪似乎没有多大关系，但实际上这种方式可刺穿肌肉纤维和组织，并在烹饪过程中多保留5%~15%的水分。这是因为被捶散的肌肉纤维不会过分收缩，同时纤维中受损的蛋白质会在烹饪过程中吸收更多的水分，令肉变得更为多汁。

此技巧更适合口感较硬的肉排。肉质精瘦的鸡胸肉无须捶打，只需用松肉锤光滑的一面轻轻拍打，使之变得更加扁平，以使其受热更加均匀。否则，呈梭形的鸡胸肉通常会发生较薄的一端已经熟了，而较厚的一端还未熟的情况。

如何用松肉锤捶打肉
用松肉锤捶打肉时没必要太用力，但一定要确保肉的两面受力均匀。

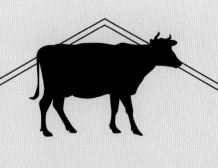

肉类的冻结由表层开始，由外而
内逐渐传递至中心。若使用低功
率的家用冰箱冷冻肉类，彻底冻
实有时需要数天时间。

食物在烧烤过程中发生的变化

工作原理

食物被放置在烧烤架上，热源通常为木炭和天然气，加热形式则是热辐射。

适用食材

肉排、排骨、鸡肉、汉堡肉饼、香肠、整条鱼，以及甜玉米和辣椒等软质蔬菜。

注意事项

在炭火上烹制食物时，要格外注意火候，否则经常会发生表面已经烤焦，内部却仍未熟的情况。

烧烤所产生的独特的风味和香气，部分源于肉在发生褐变反应时释放出的风味分子。

在明火上烧烤看起来很简单，但要做出色香味俱全的烧烤实际上需要大量的知识储备。木炭摆放的位置、烹饪开始的时间，以及木炭和食材之间的距离，都会极大地影响成品的口感和风味。肉类置于木炭上烧烤时，熔化的脂肪滴落在木炭上瞬间蒸发，并释放出诱人的风味分子，这些分子随着蒸腾的热气不断上升，重新包裹在肉类表面，创造出绝妙的风味。脂肪丰富的部位在烧烤时会滴下较多的肉汁，产生大量令人陶醉的风味分子。天然气也可以作为烧烤的火源，但成品风味可能不及木炭烧烤。

最棒的颜色

烤炉内部银色的涂层可以更好地反射辐射，增强热量的传递。银色是最理想的颜色。

木材的效果

当烤制温度超过400℃，木头中的木质素会分解成芳香粒子，为食物添加独特的风味。

一个微不足道的影响

根据辐射热的特性，若使食材远离火源10~20厘米，抵达食物的热量会减少⅓。

放置食材

若使用中等规格的烧烤架，食材与木炭之间的距离以10厘米为宜，此距离可以确保食物整体均匀加热。若距离过近，表面非常容易烤焦。

#3

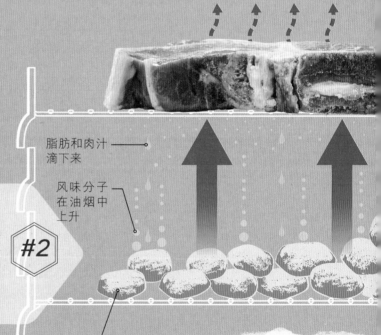

脂肪和肉汁滴下来

风味分子在油烟中上升

加热木炭

木炭被点燃后，须等到火焰熄灭后再将食材放到烧烤架上。此时，一层白色的炭灰覆盖在木炭表面，这层灰使将燃烧的速度更稳定，同时确保热量均匀地扩散至整个烤架。

#2

通风口用于控制空气进入烧烤架的速度

搅动木炭，让更多的空气与木炭接触，加速燃烧

烧烤架底层会积满灰烬

#1

均匀铺开木炭

将木炭铺在烧烤架底部，同时确保空气流通，这样木炭燃烧所释放的热量会更充足。底部的空间也可以接住落下的灰烬。

内部结构

烤制过程中，食材接触火源的一面，其表面会因为水分的蒸发形成一个较硬的外壳。在其上方会有一个温度维持在100℃的"沸腾区"，肉类置于此区域可以保持湿润，同时将热量逐渐传递至肉的内部。

沸腾区

肉的表面已经干燥，通过美拉德反应形成了酥脆的外壳（见第16—17页）

图例

◁••••• 热量从食材表面向内传递

■ 干燥的外壳

若肉类食材厚度超过4厘米，热量很难传递至肉的内部，此时最好加盖烹饪

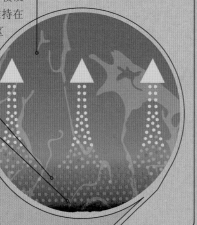

如果不加盖，热量便会从食物表面流失，没有直接接触热源的一面会逐渐冷却

若使用中等规格的烧烤架，食材与木炭之间的理想距离为10厘米

#4

强化风味

烤制过程中，脂肪滴在木炭上，产生充满风味的分子。随着温度升高，蒸腾的烟气会带着风味分子重新附着在食材上，使温度和风味同时得到提升。

烧烤时，热空气会形成循环，对肉进行全方位的加热

关闭盖子，限制空气供给，同时降低温度

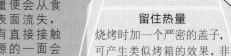

通风口必须半开，以便油烟排出

烧烤体积较大的食材时，应将食物远离木炭，以避免表面已烤焦，内部却未烤熟

留住热量

烧烤时加一个严密的盖子，可产生类似烤箱的效果，非常适合烹饪较厚的部位或各种排骨。

可以使用排气口控制温度，让冷空气进入，加速燃烧反应

了解区别所在

木炭

木炭会提供独特的风味，但火候不易掌握。

 加热木炭需要30~40分钟。控制温度最有效的方式是调整进气口，但是实际上点燃的木炭对于气流变化的反应十分缓慢。

 燃烧的木炭温度最高可达650℃以上。

 更容易引发油烟。

 肉汁和油脂滴在木炭上，会释放出充满风味的分子，所以木炭烧烤的风味比以天然气为火源的烧烤更胜一筹。

天然气

使用天然气作为能源的烧烤操作相对简单。

 用天然气加热仅需5~10分钟。温度也很容易控制与调整，甚至可以建立不同的温区。

 天然气燃烧温度低于木炭，为107~315℃。

 适合作为烤箱的热源使用，但为了安全起见通常不会盖严，因此很难避免油烟。

 在烹制汉堡肉饼等速食品时，风味与木炭烤制的无明显差异。

腌渍肉类有何好处？

在英国，"腌渍"一词意为将食物浸泡在海盐水中腌制。

"腌渍汁"常被曲解。历史上，其指的是一种用于保存肉的咸汤。时至今日，"腌渍（marinate）"已经从传统的保存手法，演变成一种通过将食材浸泡在精心调配的调料中，使风味慢慢渗入肉内部的烹饪技巧。但这其中实际上存在很大的误解（见下方，"流言终结者"）。因为腌制并不会真的令食材"入味"，但这不说明腌制没有任何好处。腌制可以为食材裹上一层风味十足的"外衣"，并可以使食物口感变得更为柔软。

肉类应该腌制多长时间？

肉类的腌制最好不要超过24小时。如果腌制过久，腌料中的盐会使肉的表面变硬，外层的肉质甚至会变得松散。烹饪前将肉腌制30分钟足矣。

软化并增添风味

腌制过程可以提升风味，并让肉类口感更为嫩滑。在烹饪过程中，附着在肉类表面的腌料中所含的糖和蛋白质会使肉更容易上色，并形成酥香可口的外壳。

诱人的色泽

蛋白和小苏打等碱性成分会促进褐变反应，使肉类在烹饪过程中更容易上色。

流言终结者

──── 流言 ────

腌制过程可以令肉入味

──── 真相 ────

从物理学的角度分析，腌料不可能渗透到肉内部。大多数风味分子都太大，无法渗入相对小的肌肉组织细胞。肌肉组织细胞排列紧密，像一块吸满水的海绵，其中约75%都是水。大部分的风味分子会被油脂分子分解，但油脂分子同样无法挤入肌肉的组织细胞中。综上所述，风味分子无论是依靠自身，还是以油脂分子为载体，渗入肌肉组织细胞的深度都不会超过几毫米，因此其大部分只会聚集于食物表面。

腌料的选择

腌料的口味变幻无穷，但成功的配方通常都包含一些特定的关键成分。腌料中应包括以下几种物质：盐、脂肪（如油）、酸性成分（可选，其可以延缓褐变），以及调味料（如糖、香草和各种香料）。

腌料的基本构成

- **盐**：盐是腌料中最重要的成分，因为它不仅可提升整体风味，还会改变肉表层的蛋白质结构（见右侧说明），使少量水分渗入，令肉的口感更嫩滑。

- **油脂**：橄榄油等油脂作为腌料的基础，会在烹饪过程中令风味分子分布更均匀，同时滋润肉类食材，使其口感更嫩滑。在印度，酸奶是腌制时常用的食材。在烹饪过程中，牛奶中的糖和蛋白质会与肉中的糖和蛋白质发生反应，产生独特的芳香化合物。

酸性成分（可选）

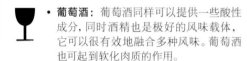
- **柠檬汁**：在腌制过程中，柠檬汁可为食材添加清新而独特的酸味，刺激人们的苦味味蕾。同时它还有助于软化肉质。

- **醋**：有助于软化肉质，其特有的酸味有助于消除肉的腥气，并降低腌料中的油脂或其他脂肪的浓重味道。

- **葡萄酒**：葡萄酒同样可以提供一些酸性成分，同时酒精也是极好的风味载体，它可以很有效地融合多种风味。葡萄酒也可起到软化肉质的作用。

调味料

- **糖**：糖可以降低舌头对苦味的敏感度。除了增加风味，糖还可以促进食材的褐变反应，甚至产生焦糖化。出于健康的考虑，可以使用蜂蜜或天然糖浆取代蔗糖。

- **香草和香料**：自带各种风味的香草和香料是烹饪中常用的调味料，它们可以为腌料添加特有的风味标签：甜、辣、刺激、清新，不一而足。香草的风味大多可通过腌料汁传递给食材。

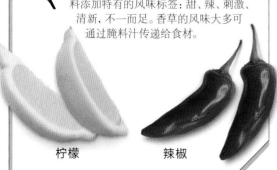

柠檬　　　　　辣椒

何时用盐进行调味？

盐的使用看似微不足道，拿捏调味的准确时机实则极为重要。

如果仅将盐作为烹饪过程中的调味料，那么先加盐还是后加盐并不重要。然而，盐的作用不止于此。尝试将盐撒在红酒中，你便会发现盐具有吸收水分的"超"能力，这种能力被称为"吸湿性"。在烹饪前，将盐撒在肉的表面会产生类似的效果，盐可以从肌肉中吸取水分，使肉的表面变得湿润。

提升口感

右图展示了在烹饪前撒盐会有何种影响。烹饪前撒盐会令肉的表面形成一层盐水混合物，擦干后再煎烤，肉会更容易上色。此外，提前用盐腌制肉类还有其他好处。随着时间的推移，盐通过使肉表层的蛋白质"改性"，将肉质变嫩；大约40分钟后，肉质会明显变软。为了加速褐变反应，可以在烹饪前擦干肉表面的水分。

特殊情况

虽然盐有使肉质变嫩的功能，但肉糜却不可预先加盐，否则会使肉糜软化并完全粘连。这样制作出来的汉堡肉饼会变得非常具有弹性。夸张点说，提前加入盐的汉堡肉饼掉在地上会弹起来。

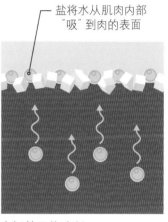

— 盐将水从肌肉内部"吸"到肉的表面

烹饪前用盐腌制
表面撒盐几分钟后，水分会被从内部吸出来，和表面的盐形成一层薄薄的犹如"汗水"一般的盐水混合物。

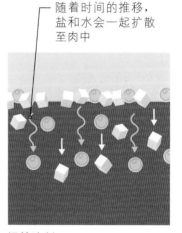

— 随着时间的推移，盐和水会一起扩散至肉中

提前腌制
大约15分钟后，盐和水会重新渗入肉中。肉表层"改性"后的蛋白质会令肉变得柔嫩。

如何在家自制熏肉？

用烟熏制是一种古老的烹饪技巧，最初的目的是保存肉类。如今，熏制食物的目的是使香气得到转化，创造出诱人的风味。

烟熏分为两种：冷熏和热熏。冷熏的温度一般为30℃，木屑燃烧产生的烟雾笼罩住食材，使风味慢慢渗入食材内部，却并不会将其煮熟。热熏的温度通常应达到55~80℃，这意味食材会在熏制过程中直接变熟（见下方图文说明），但相比冷熏，热熏的方式并不会赋予食材更多的烟熏味。

烟熏背后的科学

当木材升温时，木材中的一种被称为木质素的物质会发生分解，进而形成一系列芳香分子，这些分子随气流飘动并附着在肉的表面。当木材温度达到170℃时，木质素开始分解并冒烟。当温度达到200℃时，烟会变得浓厚，颜色也更深，释放出类似焦糖、花香或者烤面包的香气。当温度升高至约400℃时，木材会变黑，烟变得更浓，分子反应的速率达到了最高点，进一步增加了烟熏的香气。当烟雾逐渐消散，则意味着木材的温度过高或者已经燃尽了。

橡木

熏肉

实践

市面上有专门的烟熏设备，冷熏和热熏均可使用，但使用基本的厨具同样可以很轻松地制作出美味的熏制食物。家中常用的炒锅或煎锅便可以作为热熏设备使用，如下图所示，它们的规格非常适合熏制小份的肉，例如鸡胸肉、鸡翅或者排骨。同样的方法也适用于熏制干酪和鱼，例如鲑鱼片。

#1

准备工作

将炒锅的内壁铺一层厚厚的锡箔纸，在锅底留一个直径5厘米的圆形。在锅底部均匀地撒上2汤匙适合烟熏使用的木屑（如山核桃木、橡木、山毛榉）。除此之外你也可以加入其他的调味料，例如茶叶或者香料。最后将一个合适的架子置于锅中。

#2

释放风味分子

调至大火，将锅加热约5分钟，直至木屑开始冒烟（当内部温度达到约170℃），木材中的风味分子便开始释放并堆积在肉的表面。

#3

烟熏进行时

当烟逐渐变浓，便可以将肉置于架子上，在每一块肉周围留出空间，使烟雾能够流通。加盖，小心地用锡箔纸严密包裹住边缘，这有助于制造一个密封的环境，将烟的香味完全封存在锅中。

苹果木

木屑
厨房使用的木屑大多属于质地坚实的硬木，此类木材中含有大量可产生风味的木质素。

甜栗木

170℃
是一般木材的烟点，只有达到此温度，木材才会开始释放香气。

#4

沐浴在烟雾中
将完全密闭的锅继续置于大火上约10分钟，然后将锅从火源移开，而后将食材在烟雾中"沐浴"约20分钟，或者更长的时间，以获得更浓郁的风味。熏好的肉可以直接烤制，或者切片后翻炒。

可否在家自制熟成肉？

熟成可以使肉具备更浓厚的风味和香气，
但时间和精力都所费甚靡。

熟成是一个颇为消耗时间和空间的过程，熟成后的肉因表层硬化，可食用的部分大大减少，这也是熟成肉价格高昂的原因。将肉放置在凉爽、潮湿的环境中，让酶有足够的时间去分解结缔组织和肌肉纤维。此过程会使肉变得柔软，并将无味的大分子变成芳香的小分子。借助专业设备，肉可以在温度和湿度可控的空间中放置数月。使用家用冰箱也可以达到类似的效果。下表展示了肉在熟成过程中的变化。

熟成时间表
熟成的肉会产生更为浓郁的味道，同时肉质也会变嫩。下方的表格总结了牛肉在熟成过程中所发生的变化。

时间	变化
1~14天	**牛肉开始变嫩** 将一大块牛肉放置在架子上，并在下方放一个盛有水的托盘，目的是让冰箱中的空气足够湿润。牛肉所处环境的温度应为3~5℃，只有在这样凉爽的环境中，酶才可以在安全的温度区间里开始工作，软化肉质。第14天时，肉将达到嫩度极值的80%。
15~28天	**风味开始形成** 随着酶不断分解肌肉组织，肉类逐渐发展出甜味和坚果味。须注意检测托盘中的水量，托盘中应始终有足量的水，以确保冰箱中的空气足够湿润，从而控制风干的程度。
29~42天	**最佳嫩度和风味** 熟成肉放置的时间越久，酶的作用就越长，形成的风味也会更浓郁。随着时间的推移，脂肪的分解会带来浓郁的奶酪风味。在烹饪前，需要将熟成肉外层的霉菌和木炭色的表皮切除干净，露出内部可食用的、深红色的肉。

肥肉需要被剔得一干二净吗？

为了健康，应避免过度摄入饱和动物脂肪，但油脂在烹饪中确实发挥着无可取代的作用。

我们知道红肉中的饱和脂肪会影响人们日常的胆固醇水平与热量摄入。但不可否认的是，油脂承载了大部分的风味分子，所以从烹饪的角度考虑，我们还是需要保留一定量的脂肪。

但也有些例外，例如，煎牛排用时较短，脂肪部分常常无法熟透，此时应将脂肪切掉一半。另外，在制作炖肉时，如果没有充裕的时间，应将大块脂肪提前切除，以使剩下的脂肪完全熔化，胶原蛋白充分分解。

加强风味
脂肪会在加热过程中发生氧化，产生新的风味；熔化的脂肪则会使肉更加多汁。

处理肉时应该"顺切"还是"横切"？

可以通过观察表层纤维确定肌肉纤维的方向。

采用"横切"还是"顺切"的方式处理肉，会对成品的口感和湿润度产生影响。"纹理"是肌肉纤维运动的方向。可以通过观察表层肌肉纤维的走向和结缔组织的纹路判断肉内部的纹理。拿起一块肉并撕扯它便会发现，肉会顺着这些纹理撕裂开。上菜前，应采用"横切"切断肉的纹理。由于"横切"的手法能够将包裹在每根肌肉纤维周围的坚韧的结缔组织斩断，入口后，牙齿得以对肉施加最大的作用力，使咀嚼更轻松。同时，当肉块在口中分解，柔软的胶质和脂肪承载的风味在味蕾上绽放。相对应的，用"顺切"手法处理的肉，煮熟后所需的咬合力是咀嚼谷物时的10倍！

成功制作脆皮烤猪的秘诀是什么？

嗜肉的老饕大多最喜欢烤猪那层香脆的猪皮。

将苍白、质地如橡胶一般的猪皮变得轻盈香脆可以说是极大的挑战，但如果提前准备充分，烹饪手法娴熟，这一目标实际不难实现。

如何制作脆皮烤猪？

许多人认为，猪皮不过是一层油腻的脂肪，但实际上整张猪皮除了底层的脂肪（近一半是不饱和脂肪），还含有丰富的结缔组织和蛋白质，即"胶原蛋白"。下方图表展示了我们如何将一块带皮猪肉制作成美味香脆的脆皮烤猪。

实践

制作脆皮烤猪

成功制作出金黄香脆的脆皮烤猪需要几个关键步骤。烹饪前须将猪皮擦干并用刀切出割口。烹饪分为两个重要阶段：首先用低温烤制五花肉，低温烹饪可以使肉

#1

撒盐使猪皮干燥

若想成功制作出脆皮烤猪，需要确保猪皮的干燥。提前将盐均匀地抹在猪肉上，盐的"吸湿性"会将猪肉表面的水全部吸出。将表皮的水分擦干，再将整块猪肉放入冰箱，冰箱中的冷空气将使猪肉进一步风干。

烤整猪

旋转烤架可用于制作脆皮烤猪，炭火的辐射热可以使猪皮均匀受热。

"烤好的猪皮每一寸都焦香酥脆，富含胶原蛋白。"

最大限度保持湿润，令肉质鲜嫩多汁，但此阶段猪皮无法变得香脆。其次，在烹饪的最后阶段加大火力，将猪皮烤至香脆（见下方图文说明）。

#2

增加受热的表面积

在猪皮上切出清晰的割口，以增加入炉烤制时猪皮的受热面积。割口应贯穿整块猪肉，撑开后须够一指宽，且有一定深度，但切勿割透至肌肉部分。烤制过程中，水分会从割口处渗出，油脂会使表皮起泡，达到类似油炸的效果。

#3

文火慢烤，然后静置收汁

将猪肉放入预热至190℃（天然气设置为5挡）的烤箱中，调至中火烤至肉几乎全熟，450克猪肉约需35分钟。将小刀戳入肉中查看，此时应可明显感觉到阻力。这时肉的口感软嫩多汁，猪皮依然保持极大弹性。将猪肉从烤箱中移出，覆盖锡箔纸并静置，同时将烤箱调至240℃（天然气调至9挡）。

#4

高温猛烤

烤箱预热完毕，即可在烤猪的表皮涂抹油脂，然后将烤肉放回烤箱继续烤制约20分钟，不时旋转烤盘，以避免热源对同一位置过度加热。随着时间的推移，猪皮表面会出现诱人的褐色，其内部残留的水分气化成水蒸气，猪皮整体膨胀，形成酥香可口的脆皮。

烹饪前是否应该让肉类恢复室温？

为了节省时间，许多厨师很早就将肉从冰箱里取出。

人们通常认为，将肉提前置于室温下解冻是明智的做法。事实上，这一做法可能有害健康。将一块中等厚度的牛排置于室温中解冻，其内部回温至5℃需要整整2小时，这恰好为细菌的滋生创造了绝佳的环境。尽管高温可消灭表面的细菌，对于内部的毒素却无能为力。

然而事无绝对，如果使用薄底煎锅制作牛排，可以将肉提前解冻（但无须达到室温）。如果牛排入锅时温度过低，会将薄底煎锅的温度降至发生美拉德反应所需的140℃以下，牛排表面便因此无法上色。

煎制牛排能否"锁住"肉汁？

煎制是烹饪牛排的常见方法，其效果可能和你所期待的相去甚远。

人们通常认为，在高温的作用下，牛排表面会迅速转化为一层酥脆且不渗水的外壳，进而产生"封边"的效果，锁住牛排的肉汁。但科学实验告诉我们，事实与我们所期待的正好相反——经高温快速烹饪的牛排，其外壳并不"防水"；一块煎过的牛排比一块生牛排干得更快，因为使外层变焦黄所需的高温会逐渐传递至牛排内部，令水分流失。但是，高温引起的美拉德反应（见第16—17页）使无数的风味分子得以释放，而烤焦的棕色外壳确实会提升牛排的口感。

煎牛排

如何制作完美的牛排？

"完美"是一个主观概念，每个人都有自己的理解，但无可否认的是，一些"客观"标准是真实存在的。

虽然对于"完美"的定义关乎人的主观感受，但一些"客观"的建议有助于操作者不断磨炼技艺，进而制作出个人心目中完美的牛排。动手前，首先要确保你的锅足够热！下方的要点和指导主要针对厚度为4厘米的牛排。

烹饪牛排的最佳指导

想让牛排达到理想的风味和质地，务必记住以下几点：

想要牛排美味多汁，可以选择带有大理石花纹状脂肪的厚切牛排。

想要酥香的外层，可以提前40分钟在牛排表层撒少量盐，并在烹饪前完全擦干表面析出的水分。

炭火烤制的牛排具有其他烹饪方式无法实现的独特烟熏风味。

以高温烹饪才能确保牛排外酥里嫩。

 定时翻动牛排，确保其受热均匀。

煎好的牛排须静置，以确保内部的肉汁变浓稠。

当牛排的厚度超过4厘米时，可以使用烤箱。

为了提升风味，可以在烹饪的最后阶段加入黄油，黄油会覆盖牛排表面。

可以使用煎过牛排的锅制作酱汁，锅内残留的胶质和肉汁会令酱汁更浓郁。

如何判断火候?

检测肉类是否煎制完成最精确的方法是用温度计测量肉排中心的温度,但是如果经验足够丰富,通过颜色和质地也可以判断出肉的熟成度。下方图表所展示的手指测试法,以及各熟成度的外观特征,可以帮助你判断煎牛排所需的时间。

"近生"/半熟("BLEU", EXTRA-RARE)

简单地煎一煎,每面大约1分钟,这种熟成度的牛排无论从质地还是从内部分子结构的角度看,都接近一块生肉。半熟牛排摸起来非常软,触感与拇指底部松弛的大鱼际肌肉相似。此时牛排的内部温度约为54℃。

一分熟(RARE)

一分熟牛排的触感类似拇指和食指接触时的大鱼际肌肉。一分熟的牛排鲜嫩多汁,肉的质地已经相对变硬,颜色更近粉红色,牛肉的大部分水分并未散失。牛排达到一分熟需每面煎制2.5分钟,内部温度通常为57℃。

三分熟(MEDIUM-RARE)

三分熟的牛排和一分熟的牛排口感相似,但颜色会更偏粉色,肉的质地也会相对更硬,三分熟的牛排触感与拇指和中指接触时大鱼际肌肉的触感相似。三分熟的牛排每面需煎制约3.5分钟,内部温度约为63℃。

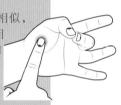

五分熟(MEDIUM)

五分熟牛排的内部温度需要达到约71℃。这时,大部分的蛋白质聚集在一起,肉也逐渐呈浅棕色,肉质紧实且依旧保有湿润度。五分熟牛排的触感与拇指和无名指接触时大鱼际肌肉的触感相似,每面需煎制约5分钟。

全熟(WELL DONE)

全熟牛排的内部温度至少要达到74℃。其质地会更硬、更干,这是因为蛋白质的凝固迫使水分从细胞中流出。全熟牛排的触感与拇指和小指接触时大鱼际肌肉的触感相似。全熟牛排每面需煎制约6分钟。

食物在慢煮过程中发生的变化

以中低温缓慢烹饪，能够使一块坚硬的肉变成入口即化的美味。

采用文火慢煮的方式烹饪，肉类中质地坚韧的胶原蛋白便有充足的时间转变成柔软的胶质。这一转化发生在65~70℃时。此时胶质逐渐分解，令汤汁变得浓稠，同时承载着丰富风味的脂肪乳化，形成鲜美浓郁的肉汁。烹饪过后，将肉留在汤汁中静置冷却，可以使其口感更加柔顺多汁。胶质具有吸水性，因此会在静置的过程中尽可能地吸收周围的汁水。精瘦肉更容易煮熟，由于缺少结缔组织，瘦肉会在慢煮的过程中流失水分。

原理

工作原理
将食物浸在液体中，缓慢煮熟。

适用食材
质地较硬的带有结缔组织的肉、根茎类蔬菜、干豆和豆类。

注意事项
慢煮通常会使用较低的温度，因此在煮芸豆等干豆时，需要提前将其煮沸（见第140页）；预先将肉和洋葱充分煎烤上色，可以为菜品添加烧烤的风味。

慢工出细活
慢煮时应维持在小火。温度达到60℃时，肌肉纤维开始软化，随着温度升高，水分会加速流失。

68°C
是胶原蛋白开始转化成明胶的温度。

收汁
如果希望使汤汁增稠，应该先将肉捞出，再调至大火收汁。

放入食材
将使用的食材依次放入锅中。但应注意，慢煮无法达到美拉德反应（见第16—17页）所需的高温，所以如果有需要，可以将蔬菜和肉提前煎烤上色。

#1

保证内部热量
在烹饪过程中除非需要加入调味料，否则应尽量避免打开锅盖，否则会导致大量的蒸汽和热量的逸出。

#6

热量向上辐射
来自底部的热量从锅底向上方扩散，而后传导至锅的内层，进而以液体为媒介从食材四周直接作用在食物上。

#5

加热元件设置在底座或四周（有些型号两处都有设置）

添加液体

慢炖锅与普通平底锅一样从底部开始加热，所以同样切记不要干烧。加入的液体足以没过食材表面即可，水分太多会令成品的汤汁太稀，味道寡淡。

#2

加盖

加盖盖紧。这将阻止热量和蒸汽逸出，使炖锅内胆内部的温度保持稳定，并防止液体蒸发。

#3

内部结构

白色、坚韧的结缔组织由胶原蛋白和弹性蛋白组成。胶原蛋白在52℃时开始发生变性，当温度达到58℃时，胶原蛋白开始收缩并挤出水分。当温度达到约68℃时，胶原蛋白开始分解并重组成明胶，赋予肉鲜美多汁的口感（见下方图文）。然而，弹性蛋白在正常烹饪温度下并不会自行分解，所以煮熟后仍然咬不动。

图例

胶原蛋白分子
明胶分子

68℃时，胶原蛋白链断裂

锅内会形成蒸汽循环

明胶是由分解的胶原组成的

在生肉中，胶原蛋白以长链的形式存在

热量从锅的底部和侧面向上扩散

外壳装有温度控制器

#4

设置控制

慢煮锅的工作温度通常都低于水的沸点。"低""中""高"各挡位的工作温度通常为80~120℃，使用之前请仔细查阅说明书以确认温度。

陶瓷内胆导热慢，但受热均匀

如何防止鸡肉或火鸡肉变干？

采用各种制备和烹饪技术时，
一些方法可以有效保留瘦肉中的水分。

家禽肉质细腻，其纤维粗大而柔软的"快速收缩"型肌肉（见第34页）可以完成快速而有力的运动，这种类型的肌肉适合快速烹饪。家禽的胸脯肉的脂肪含量很低，几乎不含结缔组织，然而，若要使肉类口感多汁，脂肪和结缔组织的作用不可或缺。

精瘦的部位

鸡胸脯是鸡肉最瘦的部分，在烹饪过程中也最容易变干。

用传统的家用烤箱烹饪鸡肉或火鸡肉非常方便，但是烤箱中的热气会迅速地将这些质地细腻的肉类烤干。下方图表归纳了一些整鸡或鸡块的制备和烹饪方法，这些解决方案可以确保鸡肉和火鸡在烹饪过程中保持鲜嫩多汁。

烧烤	真空低温慢煮	炙烤	腌渍

方法	**方法**	**方法**	**方法**
采用"旋转烧烤"的方式，用烤叉穿起整鸡，然后将其放置烤架上，以明火烤制，其间不停旋转烤叉，直至烤熟。	通常用于处理较小块的鸡肉。将切好的鸡肉放入密封袋中，抽真空并浸入恒温的热水中进行水浴，长时间慢煮。	此法适用于烤制整鸡。将鸡的脊椎骨去除，使整只鸡呈蝴蝶状平铺，胸脯肉在中心，腿分置于左右两侧。	将整鸡浸入盐水中腌渍整晚。
好处	**好处**	**好处**	**好处**
当烤架旋转时，从火焰中辐射出的热量均匀地烘烤着鸡肉表皮的每一处。用这种方式制作的烤鸡，比直接使用传统烤箱烤制的更为鲜嫩。	一种使家禽肉保持湿润的简便方法。将密封的肉浸入精确控温的水中，几乎没有过度烹饪的危险，但无法产生美拉德反应。可以在慢煮完成后将肉置于平底锅中烤制，或用喷火枪处理表面作为补救。	平铺的鸡肉受热更为均匀，效果类似用肉锤敲的鸡胸肉（见第42页）。平铺的鸡肉烹煮速度越快，其外层的水分就越不容易流失。	腌渍的目的是借用盐的特性，迫使水进入生肉中。放置几个小时后，盐便会渗入肉中（此过程被称为扩散），同时将水引入肉的中心（此过程被称为渗透）。当然此法并非完美，因为盐的移动速度缓慢，很可能无法在肉中均匀分布。
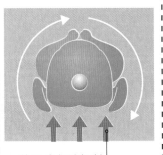	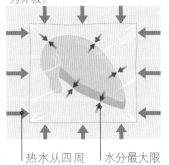	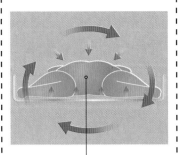	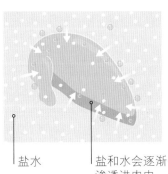
热量均匀地辐射在旋转的肉上	热水从四周包裹住食材　水分最大限度得到保留	将鸡肉铺平能够大幅提高烹饪的效率，使肉保持湿润	盐水　盐和水会逐渐渗透进肉中

煨汁有何作用?

将食材在烹饪过程中溢出的汤汁重新淋在食材上的做法,被称为"煨汁",可以有效地提升菜肴的风味。

人们普遍认为,煨汁会增加食材的湿润度,令成品鲜嫩多汁;然而科学告诉我们,事实并非如此(见下方的"流言终结者")。煨汁确实可以提升食材的质地与风味,因为它提高了食材的表面温度,加速了美拉德反应(见第16—17页),使食材释放出更为诱人的香气,并使表皮酥脆。表皮油亮说明肉鲜嫩多汁,但切记,油脂同样会加速烹饪过程,所以须小心处理避免外层过焦。

制作肉汁的基础

烹饪产生的汤汁,与锅里的碎肉混合,可以制作出鲜香浓郁的肉汁。

煨汁吸管
煨汁吸管可以用于吸取汁水,并均匀地滴在肉上。

添加脂肪	拆分

方法
将切片的鸡胸肉和其他含有脂肪的食物混合。

方法
将整只鸡根据不同的部位拆分开。

好处
即使在理想的烹饪条件下,鸡胸肉的口感仍会偏干,这是因为鸡肉本就缺少脂肪。但如果将鸡胸肉切碎或切成薄片,与湿润、油腻的食物混合并加入浓郁且黏稠度适中的酱汁,便可以最大限度抵消较干的口感,甚至会带来口感嫩滑多汁的错觉。

好处
将整鸡拆开,或直接买切件是避免过度烹饪鸡肉的简单方法。鸡胸肉更易熟,可以与颜色较深的腿肉分开烹饪。鸡大腿和琵琶腿可以采用慢煮的方式烹饪。整只鸡可以分成8块:2个琵琶腿,2个大腿,2块胸脯肉和2个翅膀。

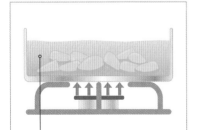

含有脂肪和明胶成分的酱汁,会令鸡肉尝起来鲜嫩多汁

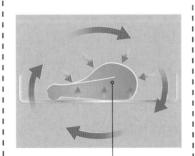

处理相似类型的部位时,烹饪的时间也是相似的

流言终结者

—— 流言 ——
煨汁可以使肉保持湿润。

—— 真相 ——
使用烤箱制作烤肉很容易将肉烤干。传统的说法是,煨汁可以令肉保持湿润,令成品鲜嫩多汁。但事实上,煨汁能够发挥的作用微乎其微,淋在肉上的汤汁并不会被肌肉组织吸收,反而会再次滴落或形成一层釉。这是因为肌肉组织在高温下已经失去了吸收液体的能力,甚至随着温度的逐步升高,肌肉组织还会在胶原纤维的挤压下进一步收缩。

如何判断肉需要煮多久？

烹饪鸡蛋时，时间可以以秒为单位计算。
肉类的烹饪同样是一门时间的艺术。

世界上不存在完全相同的两块肉：厚度、含水量、脂肪密度、结缔组织的数量以及骨头的位置都会影响烹饪时间。脂肪导热性差，所以烹饪较肥的肉用时较长；含有坚韧的白色结缔组织的肉类需要缓慢煮制，才能将结缔组织分解成胶质；骨头可迅速将热量传递至肉的内部，加快烹饪速度。但总体而言，使用温度计是检验肉类是否煮熟的最直观的方法。当然，你也可以通过肉的外观与触感判断（见下方图文与第53页），将肉烹饪至你喜欢的熟成度。鸡肉等白肉须完全煮熟，猪肉则可以煮至恰好带一丝粉红色。下方的指导可以帮助我们检查肉类的熟成度。

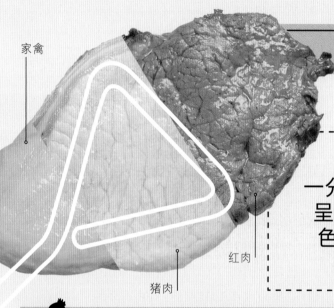

家禽

猪肉

红肉

如何判断红肉的熟成度

红肉，如羊肉和牛肉，可以根据个人的喜好烹饪至一分熟、三分熟、五分熟、七分熟以及全熟。

一分熟的红肉内部呈类似血液的红色，质地很软。

达到五分熟时，肉的质地会变得紧实、多汁，颜色会变成浅棕色。

全熟的红肉颜色暗沉，质地更紧实。

如何判断禽类的熟成度？

将竹扦或小刀的刀尖扎进肉内部，拔出并检查是否有汁液流出。肉不应再有粉红色的部分，此时肌红蛋白已散开，内部已达到安全极限温度74℃。

采用木材或木炭烹饪时，燃烧产生的气体会进入鸡肉的表面，引发一系列反应。肉最外层的红色物质肌红蛋白永久地变成粉红色，但此时肉已经全熟。

未成熟的鸡的骨髓呈红色，所以鸡骨上的红色可能说明这是一只幼年的鸡。

如何判断猪肉的熟成度？

与鸡肉不同，猪肉无须煮至完全发白。可以用数字温度计检测肉的内部温度，以确认猪肉是否煮熟，一般达到62℃即可。

全熟的猪肉大部分呈白色，可略带粉红色。

煎好的牛排
为什么需要静置？

常听说需要将煎好的牛排静置几分钟，
但具体原因是什么呢？

　　将煎好的牛排静置片刻确实有诸多好处：这一做法可有效解决牛排"流血"的问题，切口更干净，味道也更鲜美。对于牛排应该静置多长时间，实际上并没有一定之规——一块中等大小的牛排，在室温下静置几分钟即可。在静置的这段时间内，牛排外层的热量会逐渐渗透到中心，牛排内外的温差使水分由较冷的中心向外部扩散，牛排的温度因而变得更加均匀，口感也会变得柔嫩多汁。更重要的是，静置使牛排中的肌肉纤维之间的水分有充足的时间与已经分解的蛋白质混合。当牛排冷却后，这些变稠的内部汁液便形成了美味的肉汁。

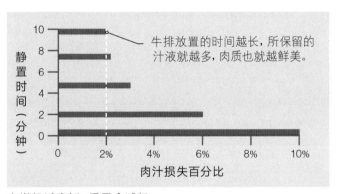

牛排放置的时间越长，所保留的汁液就越多，肉质也就越鲜美。

肉类经过烹饪，重量会减轻
上方图表显示了相同大小的烹饪后的牛排，在不同时间段因"出血"减少的重量。2分钟后，重量减少6%；10分钟后，重量损失仅为2%。

流言终结者

—— 流言 ——
静置可以使牛排紧张的肌肉松弛。

—— 真相 ——
宰杀后，牛的肌肉会经历一段时间的僵死，此时分解的肌肉蛋白质无法再次收缩或松弛。此外，将肌肉蛋白加热至50℃以上，将会彻底分解肌肉蛋白。静置可以使肉汁变得浓稠，一些液体也会被肌肉纤维重新吸收，但实际上并不能"松弛"肌肉。

如何处理
过度烹饪的肉？

泼出去的水无法收回，
过度烹饪的肉也真的回天乏术吗？

　　肉如果被过度烹饪，蛋白质会凝结，肌肉纤维会因失去水分而收缩，导致肉变硬变干。然而，这并不等于判了"死刑"。最有效的抢救方法，便是将过熟的肉以慢炖的形式重新烹饪。炖煮的肉口感鲜嫩多汁，是因为表面包裹着一层柔滑的胶质（见第54—55页），因此可以尝试将过熟的瘦肉切碎，然后与肉汁、脂肪或黄油混合，以缓解干硬的口感。除此之外，将过度烹饪的肉与其他富含水分的食材混合也是很好的解决途径，具体方法如下所示：

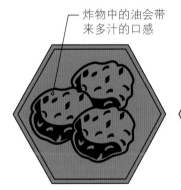

炸物中的油会带来多汁的口感

油炸馅饼
将肉切成小块，与洋葱丁和油混合并调味，制成馅料。

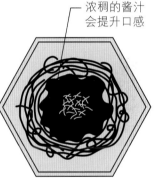

浓稠的酱汁会提升口感

意大利面肉酱
将肉剁碎，可制成意大利面肉酱。

蔬菜可以为菜肴增加口感

猛火快炒
将肉切成薄片，用旺火翻炒。

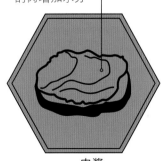

脂肪可以为绞碎的肉增加水分

肉酱
将肉绞碎，加入多汁的调味料和脂肪，制成口感极佳的肉酱。

制作美味
酱汁的秘诀是什么？

调味的艺术在于
平衡风味和完善口感。

美味的酱汁应使味道、香气和口感达到平衡和均质，形成完整的味觉体验。酱汁可以更有效地强化主要原料的风味，例如脍炙人口的勃艮第红酒烩牛肉，酱汁作为这道菜的补充和点睛之笔，可以说一定程度上挽救了煮制过度的牛肉。

制作一款酱汁

理想的酱汁是一种质地光滑且适度黏稠的液体，其质地比水浓厚，同时比主要原料稀薄。右图显示了各种酱汁所含的液体和增稠剂成分。其中淀粉是最常用的增稠剂，它的用途广泛，但其性质决定了淀粉分子会紧紧附着在风味分子上，由此削弱食材的风味，需要进一步调味作为补充。以油和脂肪为基础的酱料则会使风味更加浓郁，因为风味分子更容易溶解在脂肪中。

淀粉颗粒膨胀并
滤出分子，使酱
汁变浓稠

> "酱汁可以强化主要原料的
> 风味，例如勃艮第红酒烩牛肉，
> 其浓郁的酱汁
> 是这道菜的点睛之笔。"

明胶可以让酱汁呈现
出一种顺滑的口感

烧汁
使用烤盘或煎锅制作酱汁时，常常会将一层残留颗粒物质（法文为"fond"）刮掉。其实加入适当的高汤或水，可将这些棕色的明胶充分溶解，制成美味的酱汁或肉酱。也可以添加葡萄酒，以增添风味。

蛋白质
肉中的胶原蛋白经过加热会分解，形成明胶。这种蛋白质溶解后形成类似凝胶的网状结构，使酱汁变稠。鸡蛋清也可用作增稠剂。

奶油中的脂肪小
球为"法式面
糊"增添香味

淀粉
淀粉极易溶于水，但也易结块。应先将低筋粉过筛，再与水混合制成芡汁，或与黄油混合制成"法式面糊"。可根据需求延长加热时间，也可制成棕色面糊。

"法式面糊"基底的酱汁
制作这种传统基底酱汁，首先在平底锅中加热黄油与面粉，制成法式面糊。将牛奶和高汤与法式面糊混合，搅拌成光滑的酱汁，即白酱；将棕色面糊与小牛肉高汤混合，则可以制成褐酱（Sauce Espagnole）。

牛奶和奶油中的脂肪可
以与水混合，应归功于
包裹在外层的乳化分子

酱汁

酱汁应包含一些关键成分，
才能融合菜肴的风味。

奶油酱汁

奶油可用于制作浓稠柔滑的酱汁，是因为其
含有细微的球状乳脂肪。丰富的风味分子融
入油脂中，带来极大的味觉享受。高脂奶
油与高汤混合，可制成基本奶油酱汁；加
入"法式面糊"可制成白酱。

增稠剂

增稠是制作酱汁的关键步
骤。各种增稠剂可与各类
液体混合搭配，制成不同
的酱汁。

奶油

牛奶和奶油中的脂肪被
包裹在溶于水的球状分
子中。奶油中的乳化蛋白
也有助于其他脂肪均匀
地溶于酱汁。

=

+

液态基底

大多数经典酱汁都是液态基底。
水是由微小的回旋镖形分子组成
的，这些分子很容易从彼此身边
滑过。当在增稠剂（见上方文字
说明）中加入较大的分子时，这
些分子的运动速度减慢，液体因
此变得浓稠。

可以使用：

纯净水

水作为制作酱汁最常见的基液，
需要额外的调味以提升风味。

高汤

相比寡淡的纯净水，高汤本身已
经具备了丰富的风味和口感。

酒

酒的质感比水浓，它特有的味道
会为酱汁带来一定的酸度、单宁
的"骨感"、甜味，以及酒精的
苦涩。

牛奶

牛奶经过慢炖，其中的球状乳脂
肪会使酱汁变稠。

奶油

高脂奶油比牛奶稠、更浓，经过
慢炖可迅速使酱汁变稠，并增加
口感。

+

食物颗粒

少量的食材，如肉、蔬菜
或水果，如果被分解得足
够小，也可以发挥增稠剂
的作用。酱汁的黏稠度取
决于食物颗粒的大小。

=

被搅打得极细碎的
食物分子分布均匀

泥或糊

番茄糊是利用食物颗粒达到增稠效果的最
佳案例。除此之外，黄油或奶油中的油脂
也可以使酱汁变浓稠。但需注意的是，加
热后的乳制品遇到酸性物质极易凝结为小
颗粒状。

自制高汤是否值得?

问起资深主厨其烹饪的秘诀何在,他们的答案通常都是高汤。

自制高汤的好处不容忽视:高汤在烹饪中的地位举足轻重,其在为菜肴增添醇香和风味的同时,不会留下粉质或颗粒状的质感。法国大厨奥古斯特·埃斯科菲耶(Auguste Escoffier)是法国古典烹饪的先驱,他坚持认为,由新鲜原料制成的优质高汤,是制作高水准菜肴不可或缺的元素。

高汤的制作和使用

煮制高汤是一种将新鲜食材的味道提取出来并长时间保存的烹饪技巧。蔬菜和肉类在接近沸腾的水中以文火慢炖,风味分子逐渐释放,并溶于水中。

高汤的制作并没有绝对的规则,但不加盐且尽量保持味道纯净精致是共识。原汁原味的高汤可以用于各种菜肴,使用时可依制作的菜肴和厨师的喜好加入各种调味料。一碗基本的肉类或蔬菜高汤是许多菜肴的基础:与面粉混合制成"法式面糊";或与葡萄酒、香草和香料混合并浓缩成酱汁都是常见的做法;以高汤为基础,加入奶油、黄油增加风味,则可以制成香浓的奶油浓汤。

何为清汤?

Bouillon(清汤)一词在法语中意为"肉汤",现在已成为"浓汤宝"的代名词,广为流传。

实践

鸡汤

食材被切成小块后,表面积增加,可以使肉类中的风味分子和骨头中的胶质加速溶于汤汁中,提升风味。你也可以用压力锅代替炖锅——它可以让水在不沸腾的情况下达到高温(见第134页),以加速风味释放并保持汤汁清澈。

#1

将鸡肉烤至上色

将整鸡切成小块,放入提前预热至200℃(天然气调至6挡)的烤箱中,烘烤20分钟。或直接在锅里煎炒至呈金黄色。此过程可促进美拉德反应的发生(见第16页),使鸡汤的口味更醇厚。

#2

加入蔬菜和香料

将烤制上色的鸡骨放在一个大平底锅中。加入1个切碎的洋葱、1根切碎的胡萝卜、2根切碎的芹菜、3瓣大蒜、半茶匙黑胡椒粒和一大把香草类植物(如荷兰芹、新鲜的百里香或月桂叶)。加冷水至高于全部原料2.5厘米处。

#3

文火慢炖

先将汤煮开,然后调小火,文火慢炖至少1.5小时(理想情况下应炖3~4小时)。炖煮过程中,需注意撇去浮渣。如果选择使用压力锅,煮30分钟至1小时即可。高汤离火,静置冷却,撇去油脂,用细目筛网过滤出固形物。制作好的高汤可以立即使用。冷藏可保存3天,冷冻保存则可长达3个月。

生食牛肉安全，
生食鸡肉或猪肉为何不安全？

三分熟牛排爱好者好奇：其他肉类半熟为什么不能吃？

从食物中毒的风险来看，每种肉类生食的后果不同。此外，是否能生食还取决于动物的饲养条件，以及宰杀后的储藏环境及处理方式。

鸡肉须格外小心

说到不能生食的动物制品，首先要提到鸡肉。鸡体内通常着携带多种危险的细菌，例如沙门氏菌和弯曲杆菌。其中大部分细菌附着于鸡肉表面，而非内部，它们通常来源于与排泄物的接触。在工业饲养环境中，大量刚被屠宰的鸡堆在传送带上，从而滋生出大量的细菌。牛和猪等较大的动物，通常处理得更精心，所以不太可能受到污染。在处理这些肉制品时，只要烤焦其表面，便可以消灭全部细菌。猪肉，尤其是以厨余和其他动物为食的猪，蠕虫在其肉中寄生并产卵的可能性极大。但是大多数专家相信，以较先进的喂养方式饲养的猪，食用其略带粉色的熟肉是安全的。当然，为了安全起见，将家禽和猪肉加热至特定的内部温度，以达到杀灭细菌的目的，还是非常有必要的（见左侧"科学烹调"）。

> **科学烹调**
>
> 为了有效地杀死有害细菌，烹饪家禽时，其内部温度至少应达到74℃，猪肉则应达到62℃。

为什么众多食物
味道都与鸡肉相似？

鹅、青蛙、蛇、乌龟、鸽子……的味道都很像鸡肉！此处有一个合乎逻辑的解释。

红肉味道独特，辨识度很高，但是当我们第一次尝试一种白肉时，经常会将它们的味道比作鸡肉。其原因在于这些动物的肌肉类型十分相似。

肌肉类型

鸡的体型和生活方式决定了它们无须进行大量的耐力运动，所以它们的肉大多是浅色的"快速收缩"型肌肉，以完成短暂而有力的动作，例如拍打翅膀。快速收缩型肌肉组织柔软且精瘦，缺乏富含风味的油脂，所以味道相对寡淡。绝大多数此类动物的肉，如鸽子或者蛙类，都有着相似比例的浅色肌肉，因此口感与鸡肉类似。相比之下，深色的"慢收缩"型耐力肌肉（在红肉中比较常见）含有更多脂肪和独特的风味物质，因此与白肉的味道有明显差别。肉中所含的风味分子因物种而异，但科学家们已经找到了肉的风味的遗传方式。研究发现，我们今天食用的许多肉类（除猪肉、牛肉和鹿肉外）都起源于共同的"鸡肉味道"的祖先。

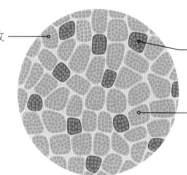

浅色的快收缩肌纤维

含有极少量的深色的慢收缩肌纤维

含少量脂肪或不含脂肪，所以味道比红肉平淡

白肉的肌肉组织

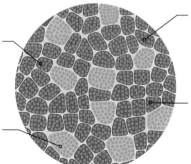

深色的慢收缩肌纤维

含有大量可以产生风味的酶

几乎不含或含少量浅色的快收缩肌纤维

细胞和纤维周围的脂肪会为慢收缩纤维增添风味

红肉的肌肉组织

肌肉类型和肉类风味

以上图片分别显示了红肉和白肉的肌肉的组成，并说明了不同的肌肉类型如何影响肉类的外观和风味。

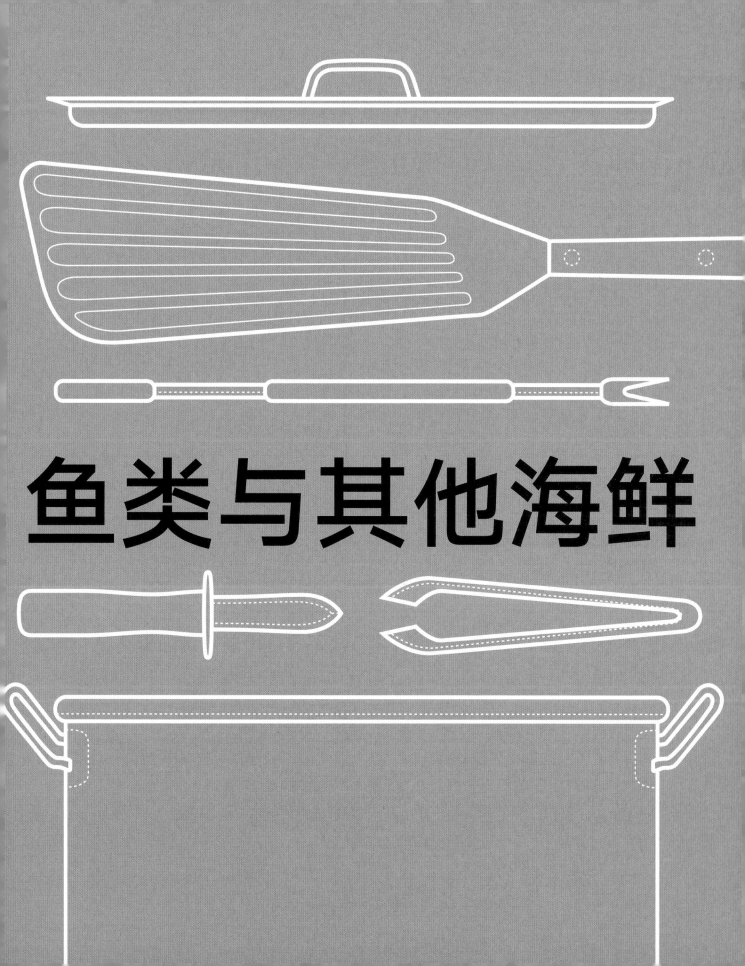

鱼类与其他海鲜

聚焦鱼类

想拥有更加多元化的味觉体验，就拥抱大海吧。
生活在海洋中的动物种类大约是陆地上哺乳动物的5倍。

鱼类富含蛋白质和多种人体所需的营养元素，同时饱和脂肪含量很低，是名副其实的营养来源泉。然而，其微妙的风味和细腻的质地意味着烹饪鱼类颇格外精心。与陆地动物一样，鱼类的肉由肌肉、结缔组织和脂肪组成，其结构却与陆地动物完全不同。为了适应水下的低温环境，鱼类的肉大多为适合短

时间内以强力加速爆发的肌肉。因此，鱼类烹饪所需的温度应低于与肉类相似的原因，鱼肉也不应长时间储存在冰箱中。与海洋温度（5℃）接近的环境中，鱼肉中的肌肉消化酶会令鱼肉迅速腐坏。正确的储存方法是将鱼肉放置在一个放满冰块（0℃）的容器中，以降低酶的活动速率，以使鱼肉的保鲜时间延长2倍以上。

了解鱼类

鱼肉富含蛋白质和脂肪，对含量决定了哪种烹饪方法更适宜。鲑鱼等脂肪含量很高的鱼类适合各种烹饪方式。基干与肉类相对较精瘦的白鱼种类，如鳕鱼，则需要使用水煮等温和的烹饪方式。

鲑鱼
又称三文鱼，富含油脂且肉质细腻，适合各种烹饪方法。野生鲑鱼比人工养殖的鲑鱼肉质更瘦、更紧实。

脂肪：高
蛋白质：中等

鲭鱼
这种小鱼味似奶油，略带咸味，肉质紧实，适合整鱼烧烤。鲭鱼较易腐坏，应小心地坐冰保鲜。

脂肪：高
蛋白质：中等

金枪鱼
又称吞拿鱼，是一种活跃度高的温血食肉动物。其肉质致密，味道鲜美，但其肌层容易切并干。因此将鱼片厚切并快速烹饪。有助于保持细腻的口感。

脂肪：低
蛋白质：中等

鱼头
鱼头主要由骨头和结缔组织构成，经过煮制可转化为大量胶质，为高汤和炖菜增添风味和口感。

鱼眼
明亮、清澈、凸出的眼睛是鱼新鲜的标志。如果鱼眼已经浑浊，表示鱼肉已经不再新鲜。鱼眼是可以食用的，且在一些饮食文化中非常珍贵

鱼鳍
这些鳞状的细丝组成了帮助鱼类从水中获取氧气的器官。由于血液流动频繁，鱼鳃上会有红色的斑点，且味苦。因此烹饪鱼类时，习惯将鱼鳃去除

鱼身
取鱼肉时，将鱼身的两侧切开，剔除脊骨。此处也是鱼身上肉最多的部位

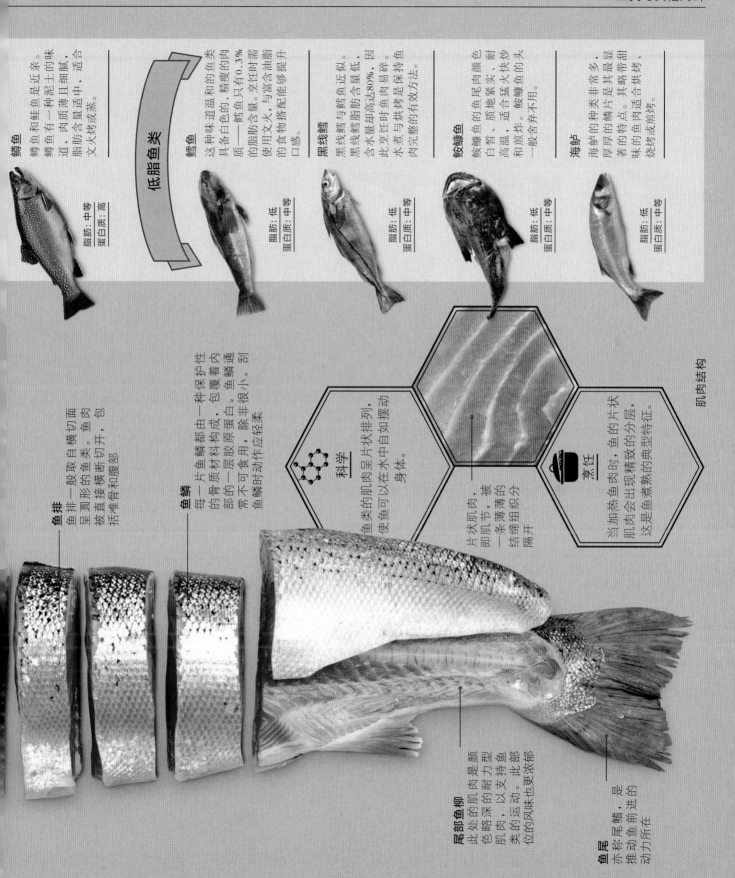

鳟鱼
鳟鱼和鲑鱼是近亲。鳟鱼有一种泥土味的味道，肉质薄且细腻，脂肪含量适中，适合文火烤或蒸。
脂肪：中等
蛋白质：高

低脂鱼类

鳕鱼
这种味道温和的鱼类具备白色的、精瘦的肉质。精瘦鱼只有0.3%的脂肪含量。烹饪时需使用文火。与富含油脂的食物搭配能够提升口感。
脂肪：低
蛋白质：中等

黑线鳕
黑线鳕与鳕鱼近似。黑线鳕脂肪含量低。含水量却高达80%，因此烹饪时鱼肉易降。水煮与烘烤是保持鱼肉完整的有效方法。
脂肪：低
蛋白质：中等

鮟鱇鱼
鮟鱇鱼的鱼尾肉颜色白皙，质地紧实，耐高温，适合猛火快炒和煎炸。鮟鱇鱼的头一般弃养不用。
脂肪：低
蛋白质：中等

海鲈
海鲈的种类非常多，厚厚的鳞片是其最显著的特点。其略带甜味的鱼肉适合烘烤、烧烤或煎烤。
脂肪：低
蛋白质：中等

肌肉结构

科学
鱼类的肌肉呈片状排列，使鱼可以在水中自如摆动身体。

烹饪
当加热鱼肉时，鱼的片状肌肉会出现精致的分层，这是鱼煮熟的典型特征。

片状肌肉，即肌节，被一条薄薄的结缔组织分隔开

鱼鳞
每一片鱼鳞都由一种保护性的骨质材料构成，包覆着鱼的一层胶原蛋白。鱼鳞通常不可食用，除非很小。刮鱼鳞时动作应轻柔。

鱼排
鱼排一般自横切面呈圆形的鱼类。鱼肉被直接横断切开，包括脊骨和腹部

尾部鱼柳
此处的肌肉是颜色略深的耐力型肌肉，以支持鱼类的运动。此部位的风味也更浓郁

鱼尾
亦称尾鳍，是推动鱼前进的动力所在

如何判断鱼类是否新鲜?

鱼类的保质期很短,学会如何判断其新鲜度很重要。

鱼类一旦死亡,其身上的消化酶会继续工作。在自然环境中存在于鱼身上的细菌即刻开始分解它的肉。由于鱼体内的细菌可以在较低的温度下繁殖良好,而且鱼肉所富含的不饱和脂肪比其他动物脂肪更容易腐臭。所以理想情况下,鱼类应该在捕获后一周内食用。下方的指导将帮助你识别出最新鲜的鱼。

鱼皮和鱼鳞
新鲜的鱼身应呈现金属光泽,而非暗沉无光,鱼鳞也不应该有任何斑驳或破损。

气味
鱼的气味应新鲜,略带咸味。应避免食用带有腐坏气味或强烈鱼腥味的鱼。

鱼眼
新鲜的鱼眼睛明亮、有光泽且凸出。反之则会浑浊、凹陷。

鲑鱼

触感
新鲜的鱼肉触感紧实且富有弹性,不新鲜的鱼则软塌塌或黏糊糊的。

鱼鳃
新鲜的鱼鳃湿润、鲜红,外观干净。颜色暗淡或触感黏手则不新鲜。

流言终结者

— 流言 —
所有鱼都有腥味。

— 真相 —
刚捕上岸的鱼实际上有一种宜人的青草味,但2~3天后这种甜味便消失了。在海产动物中,恶臭来自尿素和三甲胺氧化物(Trimethylaimine Oxide,缩写为TMAO)的分解。淡水鱼体内不含三甲胺氧化物,但是随着时间的推移,细菌不断滋生,便会产生恶臭的气味。因此一条刚捕获的鱼闻起来并不腥,随着鱼肉不断腐坏,鱼腥味会变得愈发强烈。

为什么鱼类被称为"聪明"食物?

人类的史前祖先在约200万年前便开始捕鱼了。如今,研究人员认为鱼肉促进了人类大脑的快速发育。

鱼肉中富含碘和铁,这些矿物质对儿童大脑的健康发育至关重要。除了这些强化脑力的矿物质外,鱼油中还富含人体所必需的Ω-3脂肪酸,它是我们神经细胞周围脂肪鞘的组成部分,并保证其正常运作。油性鱼类,如鲑鱼、凤尾鱼、沙丁鱼、鲭鱼、鳟鱼和金枪鱼,都含有丰富的Ω-3脂肪酸。

鱼的制备和烹饪方法会使其必需脂肪(essential fat)含量发生变化:鱼类制成罐头后,大量Ω-3脂肪酸被破坏;油炸等高温烹饪方法同样会使鱼肉中的Ω-3脂肪酸分解或氧化。而精细的烹饪方法,例如烘烤和蒸,是防止营养流失的最佳途径。

各种鱼类的Ω-3脂肪酸含量

这个图表展示了不同鱼类中Ω-3脂肪酸的含量。建议女性每天摄入1.1克Ω-3脂肪酸,男性每天摄入1.6克。

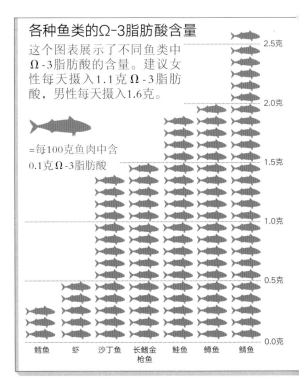

=每100克鱼肉中含0.1克Ω-3脂肪酸

鳕鱼　虾　沙丁鱼　长鳍金枪鱼　鲑鱼　鳟鱼　鲭鱼

油性鱼类是Ω-3脂肪酸的最佳来源之一，而Ω-3脂肪酸对我们的身体和大脑极其重要。

健康的大脑
研究表明，经常吃油性鱼类的人在年老时大脑萎缩的几率较小。

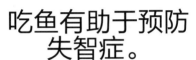

吃鱼有助于预防失智症。

Ω-3脂肪酸可促使神经元形成新的链接，对于发展学习能力至关重要。

研究表明，富含鱼油的饮食可以提高脑力和反应力。

有证据表明鱼油可以提高多动症儿童的注意力。

大脑强化
早产儿服用鱼油补充剂有助于确保大脑的正常发育。

吃油性鱼可以改善睡眠质量。

脂肪酸可促进脑部供血。

脑力营养增强剂
研究表明，对于Ω-3脂肪酸含量低的人而言，鱼对大脑的发育有显著的促进作用，能够使其思维敏锐，帮助大脑维持良好运转。

安全的界限
鱼类会从海洋中吸收汞等污染物，因此每周食用油性鱼不要超过4份（每份约150克）。

超级鱼
鲭鱼的Ω-3脂肪酸含量高达2.6克/100克可食部。

为什么鲑鱼肉会呈现深浅各异的橙色?

我们可以假定鲑鱼的颜色是其品质的标志。

如果你是胡萝卜的疯狂爱好者,便会了解所吃食物的颜色会影响我们的肤色。胡萝卜中的色素——一种名为胡萝卜素的物质——可以使皮肤变成橙色。同样的道理,鲑鱼所吃的食物中含有一种天然色素——虾青素,这种色素也来自胡萝卜素家族,它可使鱼肉变成橙色(见下文)。

橙色的阴影

野生鲑鱼肉的颜色会随其捕食的食物而发生变化。但一部分帝王鲑鱼却是例外,因为它们无法分解红色的虾青素色素,所以与其他野生鲑鱼相比,它们的肉会显得异常苍白。

人工养殖的鲑鱼肉比野生鲑鱼肉更明亮,橙色更深。人工养殖的鲑鱼没有机会捕食贝类,但养殖户会在饲料中添加虾青素,使其肉质呈现出醒目而有光泽的粉橙色。大多数人认为,鲑鱼肉越红,味道就越鲜美,品质也越高,但实际上这不过是吸引消费者的手段罢了。美味的帝王鲑鱼便是有力的证明。

常见的颜色

虾青素是一种色素,它赋予贝类以橙色,也赋予火烈鸟粉红色的羽毛。

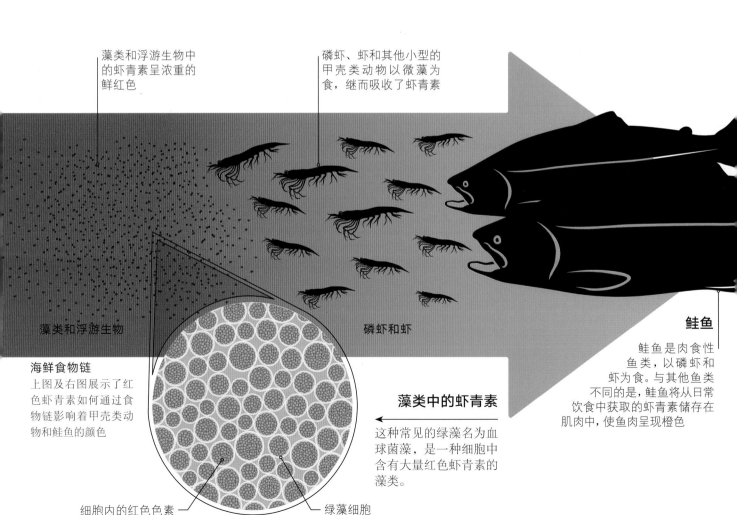

藻类和浮游生物中的虾青素呈浓重的鲜红色

磷虾、虾和其他小型的甲壳类动物以微藻为食,继而吸收了虾青素

藻类和浮游生物

磷虾和虾

鲑鱼

鲑鱼是肉食性鱼类,以磷虾和虾为食。与其他鱼类不同的是,鲑鱼将从日常饮食中获取的虾青素储存在肌肉中,使鱼肉呈现橙色

海鲜食物链
上图及右图展示了红色虾青素如何通过食物链影响着甲壳类动物和鲑鱼的颜色

藻类中的虾青素

这种常见的绿藻名为血球菌藻,是一种细胞中含有大量红色虾青素的藻类

细胞内的红色色素

绿藻细胞

人工养殖鱼类与野生鱼类的品质是否一样好？

评估鱼类等级时，需要考虑其喂养方式、生存环境和宰杀条件。

在农场里人工饲养牛、羊、猪、鸡等牲畜和家禽似乎是再正常不过的事情，但是将鱼圈养在围栏中却似乎有违自然之道。鱼肉作为人类最主要的食物之一，依旧主要依赖原始的野外捕捞方式，相比无法在海洋中畅游的同类，野生鱼类被认为更美味、更健康、品质更高。虽然野生的鱼类与养殖鱼类在味道和质地上存在些许差异（详见下方图文说明），但这些差别可以说微乎其微。我们经常可以听到这类故事：养殖的鱼被喂食抗生素，喷洒杀虫剂，喂食人工染料，以使鱼肉更鲜亮（见上页）。这些做法确实令人担忧，但不可否认的是，很多鲑鱼养殖场不懈地提高鲑鱼的养殖标准，并获得了令人瞩目的成绩。另一方面，野生鲑鱼的捕捞也并非毫无缺陷，渔网中经常夹杂着大量其他鱼类，鲑鱼会因挤压而受伤甚至死亡。此外，出海捕鱼的可持续性非常不确定。我们希望市场上的野生海鲜产品均来自"负责任的来源"，相比之下，养殖鱼类则符合最高标准认证，只有这样才能消除人们的顾虑，确保产品质量。

改变的趋势

预计到2030年，将有近⅔的海产品从野外捕捞变为养殖。

了解区别

野生鲑鱼

 野生鲑鱼的肌肉纤维往往比养殖鱼类的肌肉纤维密度大，质地也因此更紧实。抵抗潮汐、追逐猎物和逃避捕食者都会使野生鲑鱼发展出更强健的肌肉。

 野生鲑鱼的脂肪含量总体低于养殖鲑鱼，而人体健康所必需的Ω-3脂肪酸比例却较高。

 野生鲑鱼在生命的最后时刻承受着更大的压力，例如与拖网渔船搏斗。与其他待宰杀的动物一样，乳酸会在其肌肉中堆积，因此食用时会有一种金属的味道。

养殖鲑鱼

 精心饲养可以确保人工养殖的鲑鱼生长状态良好。一些养殖场会向水中喷撒饲料；严格控制喂养频率，使鱼像在野外一样保持饥饿和高频率的运动。

 养殖鲑鱼的饲料成分经过细心调整，以确保最大限度地促进鱼的生长，饲料中通常包含大豆、鱼粉和鱼油。

 高效捕捉意味最低水平的挣扎，同时避免鱼肉的风味在其濒死状态中流失。宰杀时应将捕获的鱼放入冷水中，然后将其击昏，并迅速宰杀完毕。

是否应该购买带头的虾?

虾是世界上食用最广泛的海鲜之一，市场上有各种规格供你挑选。

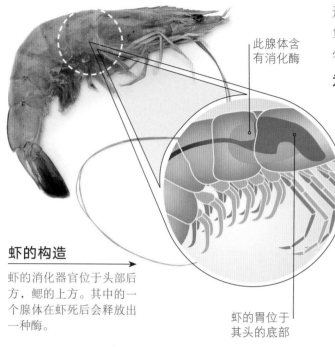

虾的构造

虾的消化器官位于头部后方，鳃的上方。其中的一个腺体在虾死后会释放出一种酶。

此腺体含有消化酶

虾的胃位于其头的底部

大虾可以整只出售，也可以去头、去壳，还可以以虾仁的形式出售。购买鱼类时，我们通常认为完整的、未经处理的鱼能够带来最完整、最新鲜的风味体验，但在购买虾时却未必如此。

为什么虾头会影响味道

虾死后不久，其消化系统中的物质开始向虾肉中渗透。这些汁液中的酶很快便开始侵蚀虾肉，使其变成糊状。这些酶大多来自肝胰腺——虾头底部的一个小腺体，因此尽快摘除虾头可以延缓酶对虾肉的降解。除了绝对新鲜的虾，否则在装运之前最好将头取下。然而，如果你食用的是刚捕捞的大虾，烹煮时保留虾头可以保留更多的水分和风味。虾壳和虾头大多不可食用，但可以用于制作美味的高汤。

购买生虾还是熟虾，
鲜虾还是冷冻虾?

无论是从海洋中捕获的虾还是养殖虾，保鲜都是第一要务——虾在短短数小时内就会变质。

虾很容易腐坏（详见上文），捕获后须立即加工：它们可能在到岸前就被急冻；置于冰上保存以便上岸加工；或者在海上就地取材，直接取用海水将其煮熟。上岸后加工的虾和从虾场捕获的虾，可能会处理得更为精细，但也容易出现过度烹饪，甚至煮干的现象。如果买不到新鲜捕捞的大虾，最好选择活冻的带壳虾，它们的风味保留得最好，新鲜度也最佳。冷冻产品包装上的IQF标签（全称为individually quick frozen，即单体速冻）是大虾的品质保证。

−20℃

是捕获虾后，迅速冷冻的最高温度。

咖喱虾

" 对虾因拥有分节的身体和'外骨骼'而被称为'海洋昆虫'对虾，是龙虾和螃蟹体型较小的亲戚，也是世界上食用最广泛的海鲜之一。"

人们为何生食牡蛎?

加热过程可以分解动物肉中的蛋白质,
对于牡蛎等软体动物而言则不然。

烹饪会使大多数食材的风味得到改善:蛋白质分解成其组成成分(氨基酸),进而最大限度地刺激味蕾。淀粉会分解成糖以释放甜味,坚韧的纤维会变软,口感变得紧实,多余的水分也会得到释放。但在烹煮牡蛎与蛏子等贝类软体动物时,事实并非如此——它们的风味会随着烹饪时间的增加而逐渐消失。

软体动物与大部分鱼类不同(见第66—67页),它们善于运用其体内所富含的氨基酸,特别是谷氨酸,以在海水的脱水作用中生存下来。谷氨酸会刺激舌头上的鲜味感受器(见第14—15页),给予人们一种美味的享受。然而,在烹饪牡蛎与蛏子时,这些风味分子会逐渐被包裹在凝固的肌肉蛋白中,使我们的味觉不易察觉。再次释放风味分子的唯一方法是烹饪足够长的时间,使蛋白质分解。但到那时,贝类的质感无异于一颗橡皮子弹。

常见的牡蛎

每一种牡蛎都有其独特的味道,差别源于养殖水域的海水盐度和矿物质含量。下方图文介绍了一些最常见的牡蛎品种。

大西洋牡蛎

大西洋牡蛎是一种美国常见的养殖品种,也是唯一一种原产于北美东海岸的牡蛎,具有独特的泪滴状外壳。

风味

具有很单纯的咸味及矿物质的味道,口感清爽。

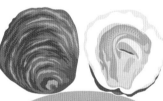

欧洲牡蛎

原产于欧洲,以其扁而平的外形著称。经过19世纪和20世纪的大量捕捞,欧洲牡蛎在其自然繁殖地的数量逐渐减少。在欧洲以外的地区很罕见。

风味

味道较温和,带有些许金属味道,口感爽脆。

熊本牡蛎

原产于日本,如今在世界各地都很受欢迎。熊本牡蛎比大多数的其他牡蛎体型小,且需要更长的时间才能成熟。其外壳厚且有凹槽。

风味

比其他品种温和,有瓜类的香味和柔软的质地。

太平洋牡蛎

原产于亚太地区,现在在全世界范围广泛养殖。太平洋牡蛎被大量引入美国和欧洲,因此挤压了当地原生物种的生存空间。

风味

风味较多样化,但太平洋牡蛎相比其他种类通常咸度更低。

何时是食用牡蛎的最佳季节？

许多人认为夏天不应该吃牡蛎，这曾经是一个谨慎的建议。

英国有句古老的谚语：夏季（5~8月）不可食用牡蛎。这句话的初衷可能是想避免食物中毒。夏季是藻类生长最旺盛的季节，大量毒素弥漫在水中，误食会导致食物中毒——发生于夏季的"赤潮"现象是指藻类大量繁殖，使沿海水域变色。

夏季不吃牡蛎的另一个原因是夏季是牡蛎繁殖的季节。在这段时间里，牡蛎会消耗掉所有的能量储备用于产卵，并因此变得又小又软又脆弱，风味因而大打折扣。

牡蛎养殖

值得庆幸的是，我们终于可以将上面这条建议抛诸脑后了。如今，市售的牡蛎大多都是养殖的，它们来自维护良好的水域。商业养殖场会选择产卵期很短的牡蛎品种，或采用消毒处理的方式，使其永远不会产卵。因此，牡蛎现在一年四季皆可品尝——无论是生吃还是熟吃都适宜。

> "烹饪可以改善大多数食物的风味，牡蛎和蛤蜊却是例外。"

如何确保生食安全

生食牡蛎和蛤蜊并非没有风险。软体动物，如牡蛎和蛤蜊，是滤食动物，通过吸水并滤出浮游生物和藻类完成进食。同时被捕获的还有一些有害的微生物，并逐渐形成一个规模不大的、有传染性的污染源。这些有害的微生物大多存在于污水中，而大多数市售的牡蛎来自受保护的近海水域，这些水域的细菌和有害化学物质受到非常严密的监测。牡蛎在出售前须经过"净化"处理——保存在干净的盐水中，使其自然地自我净化。为了避免风险，应该从信誉良好的供应商处购买牡蛎。另外，购买后应冷藏储存（最好是放在冰上），并及时食用。如果你有免疫系统疾病，应该避免食用生冷的海鲜。

流言终结者

——— 流言 ———
牡蛎是催情剂。

——— 真相 ———

相信并试图解释这一传言的人通常认为牡蛎中锌的含量很高，而锌是一种可被用于制造关键性驱动激素，即睾丸激素的矿物质。按照这个逻辑，牡蛎或许有助于补锌，但效果并不会比其他富含锌的食物更显著。除了锌以外，牡蛎中还有另外两种罕见于其他食物中的、有助于产生性激素的物质，一种是天冬氨酸，另一种是门冬氨酸。以小白鼠为试验对象的、关于这两种物质的试验尚无定论，但是无论结论如何，能够确定的是过量摄入锌会引起催乳激素的激增，从而抑制性欲。

煎制的工作原理

在煎锅中用少许油加热食物是烹饪肉和鱼最简单有效的方法之一，但它是如何工作的呢？

煎是快速烹饪食物的好方法。液态脂肪的导热性是水的2倍。高温促使食物发生美拉德反应（见第16—17页），进而形成金黄香脆的外壳。油可以润滑食物，并将食物的风味分子输送至整个锅中，同时将自身黄油般的香醇或其他清新的香气，一同慢慢渗入食物中。下图集中展示了将食物煎得恰到好处的秘诀。

原理

如何工作
热煎锅中覆盖薄薄一层油脂，可以迅速且均匀地将热量传递给食物。高温造就了食物香脆的金棕色外壳。

适用食材
鱼片；切成片的瘦肉，如牛排、猪排、鸡胸肉；马铃薯。

注意事项
时间是关键。由于热量在食物中传递缓慢，食物的外部很容易在中心烹熟之前就被烧焦。

厚切
热量在肉或鱼中的传递非常缓慢，所以当食物的厚度超过4厘米时，应该使用烤箱。

煎比煮的烹饪温度高出

75%。

快速的技巧
油可以达到比沸水高得多的温度，因此煎是一种快速的烹饪方法。

向锅中倒油
在平底锅中加入至少1汤匙葵花籽油或其他高烟点的油或脂肪（见第192—193页）。热量通过油传递给食物，阻止了食物与金属的直接接触。应将肉加热至泛出微光。

#2

将食材放进锅中
食材放入锅中，应该立刻发出"嗞嗞"声，这意味食物表面的水分开始蒸发，且锅内温度此时已高于100℃。想要形成香脆的外壳，食材表面的水分应该提前擦干，以确保加热后食物的温度迅速上升至140℃以上。

#3

不要放入过多食材，否则将导致锅中温度下降，使鱼被自身溢出的水分蒸熟，而非煎熟

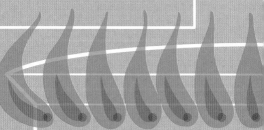

开火
将厚底平底锅放在灶上，以中大火加热，炙锅至少一分钟，使其升温。

#1

内部结构

食材放入热油中后，流动的油脂会迅速滋润并覆盖食物的底部，令热量透过油脂均匀地分布在食物上。相比食物表面烹煮的速度，热量在食物内部扩散得相对缓慢。

图例

和鱼肉接触的油
通过油传递的热量
水蒸气

如何煎烤

煎烤是一种烹饪技巧，即在小块食物表面薄薄涂油，而后放入高边锅中以高温烤熟。

热量传递至食物内部的速度非常缓慢

脱水过程使表皮香脆

"嗞嗞"声意味着鱼表面的水分在蒸发，这一过程也可以避免粘锅

翻面烹饪

翻面的作用是使食物受热均匀。理想情况下，鱼应在煎至3~4分钟时翻面，且只翻一次，因为鱼肉十分易碎（见第86页）。一旦确认烹熟，应迅速将鱼肉从锅中取出，即刻上桌。

#4

如果锅的温度过低，食物会粘锅

厚底煎锅可以有效地保持并传递热量

调至中大火，以确保火焰可以均匀分布在锅的底部

"以高温煎制食物，可以使食物的表面迅速脱水，形成一层香脆的金棕色外壳。"

如何在家储存鱼?

腌制是最古老的鱼肉储存方式之一, 在自家厨房便可以完成。

　　新鲜的鱼鲜嫩多汁, 但若无法当天食用, 又缺乏冷冻条件, 简单的冷藏方式会将使鱼肉口感柔嫩的水分迅速变成细菌滋生的沃土。在冰箱发明之前, 撒盐腌制与晾晒是抑止海产品滋生细菌的常规操作。挪威鳕鱼干 (tørrfosk) 的制作便采用这种古老的技艺并延续至今: 将整条净膛的鳕鱼晾晒在架子上, 任其风干。但是这种方法对家庭而言并不适用, 因为它需要用于晾晒的室外空间, 以及数月的等待, 其间产生的味道非常难闻。而用盐储存鱼比风干快得多, 且在家中更易操作。将鱼身覆盖一层盐, 迫使鱼肉中的蛋白分子逐渐分解, 效果与煮制相似。随着水分的流失, 盐分会逐渐渗透到鱼肉中, 使鱼肉变紧实, 最终制成美味的腌鱼, 这种方法也被称为干腌制。除了盐, 我们还可以添加一些糖, 在增添甜味之余, 还可以促进腌制过程。除此之外, 还可以将鱼浸泡在高浓度的盐溶液中, 这一方法可最大限度地保持鱼的水分。湿腌制通常适用于较小的鱼或准备熏制的鱼。

质地

腌制后的鱼肉质地紧实且干燥——使人联想到烟熏鲑鱼。

如何腌制鲑鱼

实践

选择最新鲜的鱼进行腌制——可以购买寿司等级的鱼, 或者从信誉口碑好的供应商处购买——将其冷冻24小时以杀死寄生虫。为了给鱼的表皮增添更多的风味, 我们可以在腌料中加入柑橘皮、胡椒粒、香草或炙烤过的香料, 并使用食品料理机将其充分搅拌混合。

#1

制备腌料

将500克精盐和500克砂糖混合制成一份基础腌料。将一半量的腌料均匀地铺在浅盘底部, 然后将一块700克的, 洗净并擦干的去皮鲑鱼放入盘中, 再用剩下的腌料将其覆盖。

#2

使鱼的表面与腌料充分接触

用保鲜膜将浅盘覆盖严密, 在鱼肉上方放重物将其压实, 此操作可使鱼完全埋入腌料中, 有助于形成更为紧实的口感。然后将鱼放入冰箱——一块2.5厘米厚的鱼需要腌24小时。

#3

检查成品

将鱼从腌料中取出并检查其质地——此时触摸鲑鱼, 肉质应很紧实。如果触感依旧黏软, 将鱼肉重新放回腌料中, 并重新覆盖严密, 置于冰箱内再腌制24小时。当腌制完成, 洗净鱼的表面并擦干。腌制好的鱼可以冷藏保存3天。

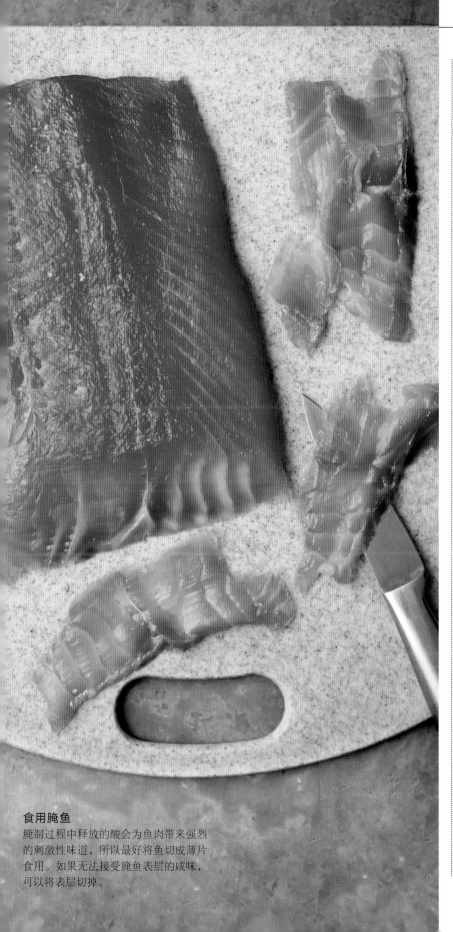

食用腌鱼

腌制过程中释放的酸会为鱼肉带来强烈的刺激性味道，所以最好将鱼切成薄片食用。如果无法接受腌鱼表层的咸味，可以将表层切掉。

鱼用盐焗烤时会发生何种变化？

这种古老的烹饪技巧
比看起来简单。

在所有烹饪鱼的方法中，用盐将鱼肉完全覆盖后烘烤似乎是最奢侈的一种。一条完整的鱼，例如海鲈、海鲷或者鲷鱼，经过调味，然后用以蛋清调匀的盐将其包裹起来，再烘烤。当金棕色的盐壳被敲开时，一条烹饪至恰到好处的鱼便出现了。

如何制作

盐的作用其实与酥皮、羊皮纸或锡箔纸相同，都是防止水分流失，同时模拟出一个类似蒸箱的环境，使鱼在自身的水分中蒸熟，这有别于烤箱内部干热的环境。蛋清在烹饪过程中逐渐凝固，为盐层增添了有力的支撑，帮助其维持原有的形状。另外，由于盐扩散到鱼体内的速度非常缓慢，所以烹制过程并不会使鱼变得很咸——换言之，它的味道与采用其他烹饪方式烤熟的鱼相似。

200°C

是盐焗鱼最理想的烹饪温度。

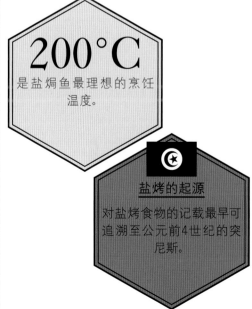

盐烤的起源

对盐烤食物的记载最早可追溯至公元前4世纪的突尼斯。

鱼要选新鲜的还是冷冻的？

冷冻过程能够阻止细菌和微生物的生长，鱼体内的肌肉消化酶也会停止分泌。

易腐败的鱼油会迅速变质，而其表面的天然细菌在冰箱的冷藏环境中极易大量繁殖（见第68页）。

鱼类柔软的肌肉膜受锋利冰晶的损害较小，因而更适合冷冻保存。"急速冷冻"（见下方"了解区别"）更是能将这种损伤降低至可以忽略不计，并确保产品的质地和味道与鲜鱼极为接近。但家用冰箱功率较低，会破坏脆弱的蛋白。因此，刚刚捕获的鱼应放置在冰块上保存。自然新鲜的鱼风味自然最佳，但冷冻产品也未尝不可。

风味接力棒

纸焗鱼的风味分子逐渐渗入汤汁，成为制作酱汁的最佳原料。

了解区别

急速冷冻

工业用冷冻机可以最大限度地抑制冰晶的形成，保证鱼肉的质量。

 为了抑制鱼肉的腐坏，冷冻程序在渔船上便开始了。捕捞的鱼会保存在约-30℃的冷冻舱中。一旦上岸，工业等级的急速冷冻仓便会将鱼肉瞬间冷冻至-40℃。

家用冰箱

低功率的家用冰箱冻结缓慢，容易形成冰晶。

 鱼肉体内的液体是含盐、蛋白质和矿物质的混合物。盐降低了冰点，因而进一步放慢了结冰的速度，加剧了冰晶在缓慢膨胀的过程中对肌肉蛋白质的损害。

可否直接烹饪冷冻鱼？

直接烹饪冷冻鱼会延长烹饪时间，但并非全无好处。

完全冷冻的小鱼或小块鱼肉可以直接烹饪，并且效果会非常好。但是大鱼块或整条鱼还是应提前解冻，否则极有可能发生鱼的表面已经烧焦，内部依旧未熟的情况。

冷冻的薄鱼片或中等厚度的鱼片直接烹饪，味道和质地可与鲜鱼媲美。特别是需要鱼肉表面香脆时，冷冻鱼的效果甚至优于鲜鱼。

在烹饪冷冻鱼的过程中，冰晶在鱼肉中缓慢融化，虽然延长了烹饪时间，却能够使鱼皮酥脆，同时无须担心过度烹饪。

如果你打算提前解冻，可以将鱼放置在冰箱冷藏室中，下面摆放一个沥水盘；或者可以将鱼用袋子密封，放置在一碗冰水中，水会加速解冻，同时低温可以有效抑制细菌滋生。

了解区别

纸焗

将鱼包在纸中烘烤，可以锁住水分，达到类似蒸煮的效果（见第83页）。

 纸焗是一种烹饪技巧，指将食物以硅油纸或锡箔纸包裹严密后烤制。硅油纸通常带有不粘硅树脂涂层，可隔热，并减缓热量的传递。锡箔纸不防粘，但其导热性更好。

 最适合用于烹饪鱼柳。可以添加香草、香料和蔬菜，以提升风味。

炙烤

与使用烤炉烤肉一样，鱼肉入炉后表皮会变干，只有整鱼适合烤箱烤制。

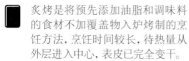 炙烤是将预先添加油脂和调味料的食材不加覆盖物入炉烤制的烹饪方法，烹饪时间较长，待热量从外层进入中心，表皮已完全变干。

 炙烤是最适合烹饪整鱼的方式之一。随着表皮温度的升高，表层会逐渐变得焦黄酥脆，同时中心部位会逐渐烤至最佳状态。

烤鱼应该纸焗还是炙烤？

不同的烤鱼方法会产生不同的效果。

烤鱼的方法大致可分为两种，不同的方法有不同的效果，所以具体选择哪种方法（见下方图文），取决于你想要的结果。纸焗（*en papillote*），是一种每次菜肴上桌都会令人印象深刻的烹饪手法：菜肴上桌，纸包开启的一瞬间，伴随着喷涌而出的芳香蒸汽，一场海鲜盛宴由此展现。这道看似很考验厨艺的菜肴，实际上却非常简单：将鱼用硅油纸包好放入烤箱烤制，鱼其实是被

其自身蒸发出来的水分"蒸熟"的。锡箔纸也可以达到类似的效果，区别在于锡箔纸没有防粘作用，热量在金属中传播得很快，所以鱼肉如果没有提前刷油，便很容易与锡箔纸粘连。纸焗可以有效地使鱼肉鲜嫩多汁，同时也可以提升鱼肉的风味。烤制整鱼效果更佳：鱼的表皮在140℃的环境中会变得香脆可口，此时其内部的熟度也恰到好处，口感鲜嫩多汁。

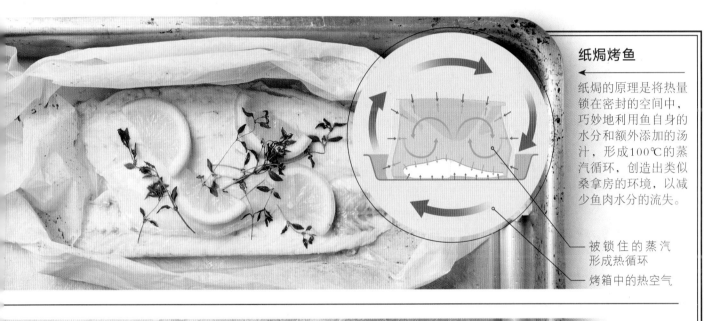

纸焗烤鱼

纸焗的原理是将热量锁在密封的空间中，巧妙地利用鱼自身的水分和额外添加的汤汁，形成100℃的蒸汽循环，创造出类似桑拿房的环境，以减少鱼肉水分的流失。

— 被锁住的蒸汽形成热循环

— 烤箱中的热空气

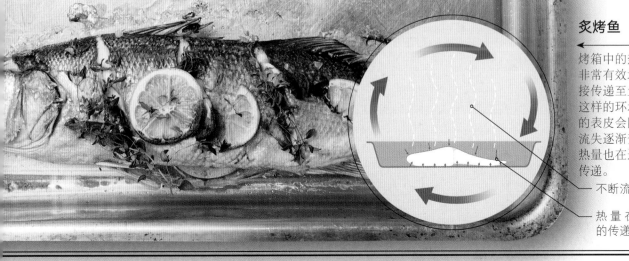

炙烤鱼

烤箱中的热空气无法非常有效地将热量直接传递至鱼内部。在这样的环境中，鱼肉的表皮会随着水分的流失逐渐变干，同时热量也在逐渐向中心传递。

— 不断流失的水分

— 热量在鱼肉中的传递速度很慢

使鱼肉保持鲜嫩的技巧何在？

鱼的构造是为了在低温环境中生存：其精致的肌肉结构和体内化学物质的形成都是为了适应寒冷的气候，因此烹制鱼类时应格外小心，不要煮过头。

很多厨师都有过烹饪鱼肉的失败经历，因为他们没有意识到鱼的肌肉蛋白在烹饪过程中分解和凝结的速度有多快。红肉的肌肉蛋白在达到50~60℃时开始分解，而鱼肉在达到40~50℃时便开始分解了。一旦达到此温度，鱼肉的肌肉细胞和结缔组织便会开始收缩，排出水分，使肌肉变干并纤维化。

实现烹饪"均匀"

鱼的烹饪是由外而内逐步完成的，内部和外部的温差便是所谓的"温度阶梯"。烹饪温度越高，温差梯度越大。停止加热后，留存在鱼肉上的热量会持续向内部传递，这一现象被称为"加热惯性"。因此，鱼煎至八分熟即可离火，余温会将鱼肉完全煮熟。此外，水煮和真空烹饪更能保证加热均匀。右图展示了三种烹饪方法：真空、煎和水煮，以表明不同的温度阶梯对鱼的影响。有几种方法可以用来检查鱼是否煮好了：鱼肉紧实且失去光泽；鱼骨可以被轻松移除；或数字温度计显示中心温度达到60℃。

> "鱼肉质地细腻，
> 烹饪须格外细心。"

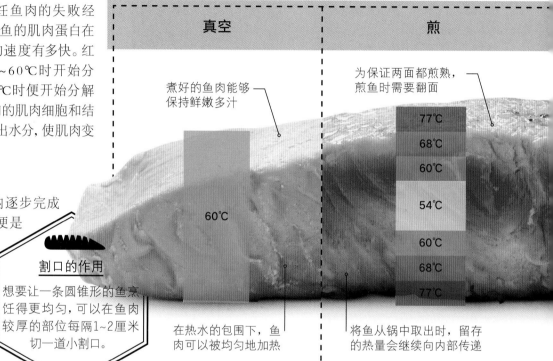

真空

煎

煮好的鱼肉能够保持鲜嫩多汁

为保证两面都煎熟，煎鱼时需要翻面

77℃
68℃
60℃
54℃
60℃
68℃
77℃

60℃

割口的作用

想要让一条圆锥形的鱼烹饪得更均匀，可以在鱼肉较厚的部位每隔1~2厘米切一道小割口。

在热水的包围下，鱼肉可以被均匀地加热

将鱼从锅中取出时，留存的热量会继续向内部传递

使用真空低温的方式烹饪鱼类（见第84页），使鱼肉外层至内部都以相似的速度进行烹饪，受热更加均匀，口感也更加鲜嫩多汁。

以高温煎鱼，鱼的外层会比内部熟得快。将鱼从锅中取出时，"加热惯性"会将热量持续传递至内部，因此很容易出现过度烹饪的现象。

最适合此方法的海产品

具有丰富结缔组织和油脂的海产品较适合使用真空低温的烹煮方法。

章鱼、鱿鱼、鲑鱼、多佛比目鱼、黑线鳕、鳑鲏鱼

最适合此方法的海产品

煎制适合用于处理嫩滑的鱼柳和质地细腻的鱼类，快速烹饪可以避免鱼肉因过度烹饪而散架。

比目鱼、多佛比目鱼、鳕鱼鲑鱼、海鲈鱼、金枪鱼、鲭鱼

黑线鳕

海鲈鱼

水煮会使鱼肉变得湿软吗?

煮鱼可以成为精致美味的佳肴——
想要煮得恰到好处,首先要了解鱼类肌肉的生理结构。

鱼肉是质地最细腻的肉类,烹饪时需要厨师格外耐心和细心(详见上页)。烹饪鱼肉的技巧有很多,其中煮制是一种简单、省力,煮制过程缓慢且均匀的烹饪技巧。然而,常人对于煮制的普遍担忧是鱼肉长时间浸泡在水中,会使鱼肉变得湿软。但事实上,鱼的肌肉已经无法再吸收更多的水分,因为其细胞中的水分已达到饱和,几乎没有多余的空间吸收更多的水分。煮制可以保持鱼肉的湿润度,因为浸泡在水中,其水分很难蒸发掉。在煮鱼肉时,最常见的错误是将水煮沸。滚烫的沸水会使烹饪时间更加难以掌控,鱼肉表层也会因在沸水中过度烹饪而剥落。

风味的注入

煮制鱼肉时,我们通常会添加一些食材以提升风味,例如蔬菜、柠檬和香草。但是事实上,这些味道无法有效地溶入水中,更别说增添风味了,所以结果总是不尽人意。可以用鱼高汤、蔬菜高汤或葡萄酒替代纯净水,它们可以更有效地为鱼肉增添一丝风味。

70%
鱼的肌肉细胞中,70%都是水分,所以细胞已经无法再吸收更多。

水煮

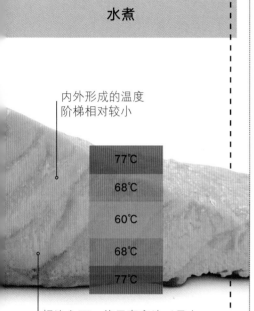

内外形成的温度阶梯相对较小

77℃
68℃
60℃
68℃
77℃

相比之下,使用真空法(见上页)烹饪的鱼肉受热更均匀,口感更鲜嫩

采用水煮的方法烹饪鱼,最好是用文火慢炖(见右侧文字)。煮制的温度阶梯比煎制小,因此鱼受热更均匀。

最适合此方法的海产品

这是一种多用途的方法,适用于多种鱼类,尤其适合用于处理油脂丰富的鱼类。

鲑鱼、比目鱼、鳟鱼
多佛比目鱼、大菱鲆鱼、金枪鱼

大比目鱼

了解区别

焖煮

焖煮是将鱼全部浸没在即将沸腾的液体中以小火煮制,液体的温度应介于71~85℃。

焖煮是一种非常温和的烹饪方法,有助于确保鱼肉鲜嫩。因为有足够的液体,且所有食材都完全浸没于液体中,因此鱼肉外层可以吸收一些液体中的风味。

焖煮时食材完全被液体包裹着,在烹饪过程中受热均匀,烹饪时间通常为10~15分钟。

蒸煮

将鱼部分浸没在85~93℃的液体中进行烹煮,鱼应有⅓的部份在水平面之上。

相比之下,蒸煮所需的液体要少得多,且烹饪后的汤汁可以进行二次加工,经过调味,制作出富含鱼肉鲜香、质地浓郁的美味酱汁。

由于有部分食材高于水平面,蒸煮的时长较不确定。可以在顶部盖一张烘焙纸,抑制蒸汽的逸出,加速烹煮超出水面的部分。

真空低温烹饪法的制作流程

如果处理得当，用真空低温烹饪法制作的食物，无论质地还是新鲜度皆无与伦比。

如今，由法国人发明的真空低温烹饪法（sous vide）已越来越受欢迎。真空低温烹饪法所需的设备看似科技含量很高，其原理实际上非常简单——将食物放入密封袋中，抽真空，并以低温烹饪相当长的时间。真空低温烹饪需要两个设备：塑封机（将食品袋中的空气抽出并封口）和水浴机（可以精准地控制水箱内部的温度）。带有温控系统的加热器可以使水保持稳定的温度，并最终将食物烹饪至理想的温度。由于食材在烹饪过程中受热非常均匀，成品品质将达到令人难以置信的稳定和均衡。

原理

如何工作
将食物放入真空密封袋中，然后放入恒温加热的低温水中烹煮。

适用食材
鱼片、鸡胸肉、猪排、牛排、龙虾、鸡蛋、胡萝卜。

注意事项
与其他低温烹饪技术一样，食物在烹煮过程中不会发生美拉德反应。如果想要焦香的风味或香脆的外皮，需要在真空烹煮之前或之后煎烤食材。

41℃
将水箱的温度设置为41℃可以制作出一分熟的鲑鱼；全熟的温度设置为60℃。

低温，慢速
肉和鱼可以在指定的温度中烹煮3小时，无须担心过度煮制。

使用新鲜的食材
真空烹饪法不仅可以强化食材的优点，也会放大食材的缺点，因此要使用非常新鲜的食材。

深入观察
真空低温烹饪法将热量从四面八方传递至食物上。密封的食品袋阻隔了水分的进出，食物内外层温度可以达到一致，因此不存在温度阶梯（见第82页）。食物受热均匀，不会出现烧焦的边缘或未煮熟的中心。

食材受热非常均匀

热量从四面八方传递至食物上

图例
热量以水为媒介进入食材

水温保持在60℃

了解区别

真空低温烹饪
食材经过密封，被放置在一个恒温环境中，几乎不可能过度烹饪。

 烹煮时间：食材在水中被缓慢加热，可以于烹饪前在密封袋中为食材调味。

风味：真空的食品袋可以保存食材的风味和水分。同时食品袋的低压有助于将香气和味道挤压至食材中。

煮
食物被浸入即将沸腾的液体中，所以煮的温度比真空烹饪高。

 烹饪时间：煮制的速度会更快，但也很容易出现过度烹饪的现象。可以使用任何液体煮制，包括水、高汤、牛奶和葡萄酒。

 风味：虽然液体的味道可以增添风味，但是部分食材本身的味道也会消散在液体中。

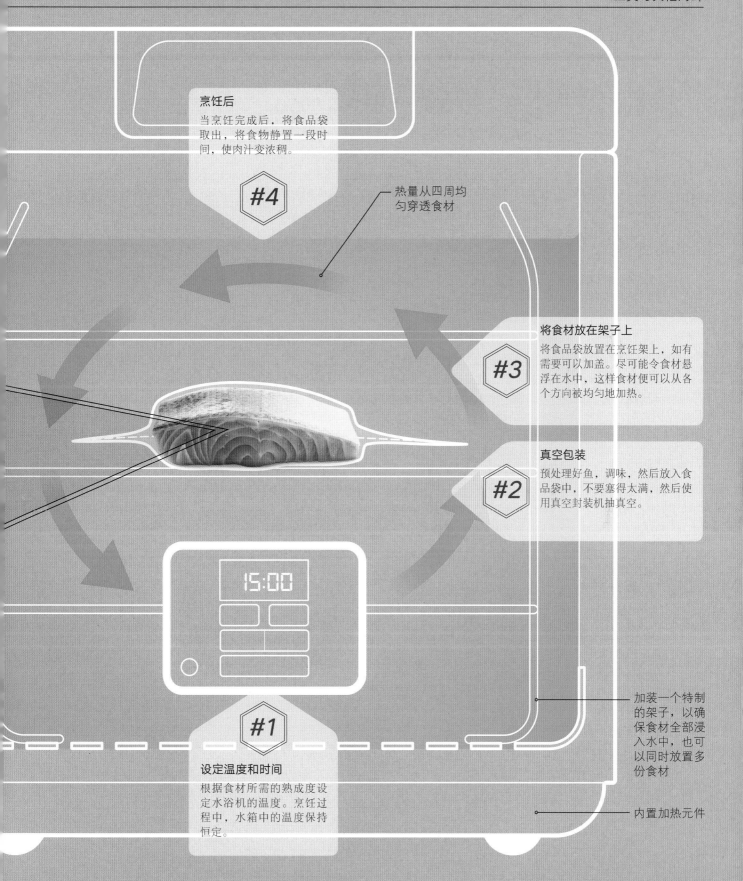

烹饪后
当烹饪完成后，将食品袋取出，将食物静置一段时间，使肉汁变浓稠。

#4

热量从四周均匀穿透食材

将食材放在架子上
将食品袋放置在烹饪架上，如有需要可以加盖。尽可能令食材悬浮在水中，这样食材便可以从各个方向被均匀地加热。

#3

真空包装
预处理好鱼，调味，然后放入食品袋中，不要塞得太满，然后使用真空封装机抽真空。

#2

15:00

#1

设定温度和时间
根据食材所需的熟成度设定水浴机的温度。烹饪过程中，水箱中的温度保持恒定。

加装一个特制的架子，以确保食材全部浸入水中，也可以同时放置多份食材

内置加热元件

如何制作出
金黄酥脆的鱼皮？

鱼类的选择

不要选择皮太厚或太薄的鱼类。鲈鱼、鲷鱼、鲑鱼、比目鱼和鳕鱼都是理想的选择。

金黄酥脆的鱼皮和柔软鲜嫩的鱼肉可以达到完美的平衡。

使鱼皮金黄酥脆的秘诀是高温。高温会使水分迅速蒸发，鱼肉入锅时发出"咝咝"的响声，鱼皮迅速达到140℃，这是引发美拉德反应（见第16—17页）所需的最低温度。这种氨基酸和糖之间的化学反应，可以令鱼皮变得酥脆、金黄、美味。如果鱼皮在入锅前不够干燥，热量便会因水分的蒸发而被消耗，进而无法引发美拉德反应。此时鱼皮未煎成金黄色，鱼肉却已经煎制过度了。如果锅不够热，没有发出"咝咝"声，鱼皮中的蛋白质和锅的金属原子之间便会发生化学反应，导致粘锅。彻底干燥的鱼皮、高烟点的油，以及高温加热，是使鱼皮金黄酥脆的三大要诀。

煎鱼

实践

煎鱼是一种快速且美味的烹饪方式，可以制作出皮脆肉嫩的鱼。煎鱼一般采用厚底煎锅，它相比薄底煎锅更耐热。在处理较厚的鱼柳时，可以先将鱼皮煎至酥脆金黄，再将鱼肉转移至预热好的烤箱中烤制，完成烹饪。

#1

用盐使鱼皮脱水

在中等大小的带皮鱼肉两面均匀地撒上一些细海盐。然后将鱼肉放在盘中，覆盖保鲜膜，冷藏2~3小时，盐会将鱼柳表面的水分吸出。最后用厨房纸将鱼肉表面彻底擦干。

#2

将油加热至烟点以下

用大火加热厚底煎锅。锅中加入1汤匙葵花籽油（或其他高烟点油，见第192—193页），加热至略低于烟点。鱼皮朝下放入锅中，入锅后应该立刻发出"咝咝"声。用鱼铲均匀地按压鱼肉，确保鱼皮受热均匀。

#3

按、翻、煮透

在烹饪过程中，鱼肉的胶原蛋白纤维会收缩，导致鱼肉变形，所以要一直按压，确保鱼肉紧贴煎锅。将鱼煎至⅔的鱼肉不再透明。小心地翻面并完成烹饪。一旦完成，立即上桌，鱼皮面朝上，以保持鱼皮的酥脆。

为什么鱼肉无须静置？

鱼的肌肉组织和其他肉类的肌肉组织不同，因此需要区别对待。

一些厨师建议鱼应该与烹饪后的肉类一样静置片刻。严格地讲，这并没有坏处，但是除了烹饪整鱼外，静置并不会对成品产生显著的影响（见下方，"你知道吗？"）。

肌肉的水分和温度

红肉或白肉在烹饪完成后静置片刻，可以令肉汁浓稠，也有助于略微提升肉的口感（见第59页）。静置时，肉类中的蛋白质碎片会和水分混合，在肉类内部形成一种黏稠的液体。相对而言，鱼类所含的此类蛋白质较少，所以静置鱼肉无法达到类似的效果。此外，鱼肉几乎没有任何结缔组织和肌腱，且质地比陆地动物细腻，这意味静置可以使鱼肉更为多汁，但品尝时很难分辨。当然，将鱼肉静置可以平衡鱼肉的内外温度，这点和静置其他肉类所能达到的效果相同，但是绝大多数的鱼肉都是精瘦的，这种影响完全可以忽略不计。在制作鱼类菜肴时，首要的考虑是趁热食用，而内外温度是否均衡并没有那么重要。

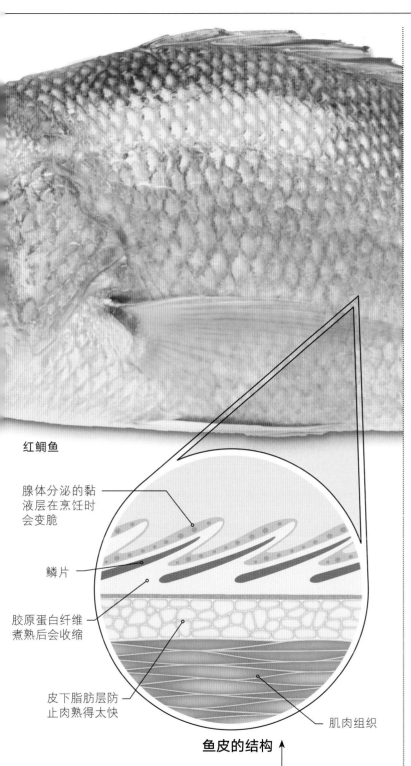

红鲷鱼

腺体分泌的黏液层在烹饪时会变脆

鳞片

胶原蛋白纤维煮熟后会收缩

皮下脂肪层防止肉熟得太快

肌肉组织

鱼皮的结构 ↑

鱼皮与鱼肉有很大的不同：鱼皮富含脂肪（重量最高可达鱼肉的⅒），由于含有坚韧的胶原蛋白，其强度增加，且富含水分。除了带有一层不可食用的细鳞，鱼皮还会产生一层黏稠的液体，用于防止微生物入侵。

你知道吗？

静置整鱼的好处

在烹饪大多数鱼时，静置并无必要，但是在处理体型较大的整鱼时，静置几分钟还是有好处的。

减少剥落

将质地紧实的整鱼（如金枪鱼或鲅鳙）在食用前静置5分钟左右，可以使鱼肉中的蛋白质凝固，减少鱼片剥落，使切口更平滑。

保存热量

整鱼比切片后的鱼更容易保温，因为鱼肉被鱼皮包裹着——这意味着片刻的静置不会使鱼肉变凉。

食用生鱼片是否安全？

了解生鱼片的制备过程可以减轻对安全的担忧。

生鱼片与任何未煮熟的食物一样，从来都不是绝对无风险的，但严格的标准可以降低感染的风险。

"生鱼片等级"的鱼

用于制作生鱼片的鱼通常会独立捕捞，迅速杀死（以减少乳酸的累积，避免鱼肉等级降低），然后放在冰上保存以防止细菌滋生。为了对鱼类进行分级，养鱼户、贸易商和生产商使用生化检测测量能量储备消耗的程度，然后根据新鲜度对每条鱼进行评估。

蠕虫的危害比细菌更大：它们侵入活体动物的肉，如果摄入，可能会进入我们的肠道，导致持续的腹泻和疼痛。急速冷冻可以将其杀灭。作为"生鱼片或寿司等级的鱼"售卖的鱼在出售前须在-20℃以下的环境中冷冻保存。令人安心的是，用于制作生鱼片的金枪鱼（蓝鳍金枪鱼、黄鳍金枪鱼、长鳍金枪鱼和大眼金枪鱼）生活在非常寒冷的深水中，因此不会受到蠕虫的侵害。

吃生鱼片时，应选择具有良好声誉的寿司店。此类餐厅更加注重食品安全，其只挑选最优质的鱼并以极低温度保存鱼肉。如果你想在家享用生鱼片，安全起见，也应注重鱼的品质及储存温度。

品质最好的鱼
只有来源可靠，经过妥善保存和精心制备的优质鱼类，才能用于制作正宗的生鱼片菜肴。

制作生鱼片所用的金枪鱼被污染的风险较低

如何使用柑橘汁"烹饪"生鱼？

"酸橘汁腌鱼"——用柠檬汁为生鱼增添风味，已成为厨师们的惯用技巧。

起源于南美的酸橘汁腌鱼（ceviche）技术，只需要将生鱼和柑橘汁混合，然后放在冰箱中"煮"即可。这种神秘的炼金术背后的科学原理其实很容易理解。

酸的力量

柑橘汁中的酸性物质对蛋白质的作用类似于加热，扰乱鱼肌肉内脆弱的蛋白质结构，使其分解或"改性"，这一过程与烹煮的原理非常相似。

用于煮鱼的酸性物质，其pH值须小于4.8才能够使蛋白质改性——柠檬和酸橙汁的pH约为2.5。柑橘从鱼肉表面渗入内部"烹饪"它，逐渐将鱼肉"煮熟"。较强的酸度会使煮好的鱼具有一种酸味。如果想要添加一些甜味，可以加入果汁或番茄，也可以加入一些辣椒以增添辛辣的口感。

把握好时机
酸橘汁腌鱼的腌制时长取决于你所偏爱的成品口感。

酸橘汁腌鱼烹饪指导
将去皮鱼柳切成厚约2厘米的薄片，然后依照以下的时间指导操作。将鱼浸入酸橘汁中25分钟以上，会产生一种紧实的、完全熟透的质感。

- 一分熟至五分熟 10~15分钟
- 五分熟 15~25分钟
- 五分熟以上 25分钟

理论上大多数肉类皆可生食，但工业化批量生产意味着绝大多数肉类都被污染了，因为这些肉类产品的质量管理没有生鱼片等级的鱼严格。

为什么甲壳类
烹饪后会变色？

加热会使隐藏的颜色显露出来。

甲壳类动物可以说是自然界最古老的动物之一，它们已经在海洋中生存了2亿多年。甲壳类动物长寿的原因之一是其能融入周围的环境——例如，身体呈灰蓝色的虾在黑暗的海洋深处很难被发现。然而，煮熟后，其颜色会发生奇妙的变化——天然的保护色会转变为鲜亮的橘红色。

这些橘红色从何而来？

龙虾、螃蟹、对虾、虾和其他甲壳类动物在烹饪后会呈现出橘红色，其中的原因与火烈鸟的羽毛呈粉色、鲑鱼的肉呈橘色相同（见第70页）。甲壳类动物赖以生存的浮游生物和藻类会产生一种被称为虾青素的红色色素，这种色素会在它们的壳和肉中累积。没有人确切知道甲壳类动物为何会储存这种色素。有一种说法是，由于其生活在浅水区，这种色素可以使其免受阳光中紫外线的伤害。甲壳类动物活着的时候会将这种橘红色隐藏起来，以躲避捕食者。而在经过烹饪后，这种橘红色会显现出来，但不应以此作为煮熟的标志。较大的贝壳类，如龙虾和螃蟹，在完全煮熟之前就会变色。一定要确认肉已变成白色，不再透明，且质地已变紧实。

隐藏的天才
当甲壳类卸掉天然伪装，外壳的颜色会发生戏剧性的变化。

蓝色的甲壳蓝蛋白

这是甲壳类动物活着时体内产生的一种蛋白质。甲壳蓝蛋白附着在虾青素上（见右侧图文），并将其控制和隐藏起来，使动物身上呈现出甲壳类动物所特有的柔和色调，因而不易被捕食者发现。

甲壳蓝蛋白紧紧抓住虾青素分子的两端，将其隐藏起来

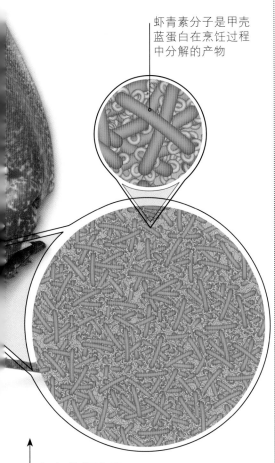

虾青素分子是甲壳蓝蛋白在烹饪过程中分解的产物

红色的虾青素

这种色彩明艳的色素来自甲壳类动物的食物，并被甲壳蓝蛋白隐藏在其体内（见上页图文）。烹饪的热量使蛋白质分子舒展并失去原来的形状，这迫使甲壳蓝蛋白释放虾青素，显露出真正的颜色。

流言终结者

—— 流言 ——
龙虾被扔进沸水中会哭泣。

—— 真相 ——
龙虾没有声带，无法发出声，但是困在壳中的空气从壳里跑出来时确实会发出声音。从人道的角度出发，可以在煮龙虾前将其冷冻2小时，使其失去知觉。

烹饪贻贝有何技巧？

只要稍加了解，你便会发现
贻贝是烹饪起来最容易也最快的海鲜之一。

在烹饪贻贝前一定要保证它们还活着，因为贻贝死后会迅速腐坏。如果你不打算马上烹饪，可将其放在冰上或放入用湿布盖住的碗中，放入冰箱冷藏室中温度最低的地方（将其放入淡水中会导致其死亡）。烹饪前应留意已打开的贻贝：那些已经打开且在挤压时没有闭合的贻贝已死亡，应该丢弃。在烹饪时，不要迅速取出外壳先打开的贻贝——研究表明，外壳早开的贻贝通常没有完全煮熟。如果有任何疑惑，那就跟着你的感觉走，受到感染或已死亡的贻贝会发出难闻的气味，表面甚至还会出现黏液。

流言终结者

—— 流言 ——
**切勿进食烹饪后
仍然没有打开的贻贝。**

—— 真相 ——
经过烹饪后，不论壳是否打开，软体动物壳内的肉都已煮熟。贻贝的两层外壳由两块"内收肌"支撑，它们是动物王国中最强壮的肌肉。受热时，这些肌肉力量会随着蛋白质的烹饪而慢慢变弱，但一些贻贝的内收肌会比其他的更强壮，因此外壳可能不会自动弹开。如果将其撬开，你就会发现肉已经熟了。

烹饪贻贝

烹饪贻贝的法则非常简单，只要确保你的锅中只有最干净、最新鲜的贻贝就可以了。

贻贝用"胡子"，或者说细足将自己附着在表面上

① 检查新鲜度
丢弃破碎的、有裂缝的、已打开且在挤压时不闭合的贻贝（见上文）。

② 用冷水清洗
用小刀刮掉表面的杂质，然后用刷子在冷水中刷洗干净。

③ 将"胡子"刮掉
捏住"胡子"，将其从贝壳的顶部拉到底部并扯断。

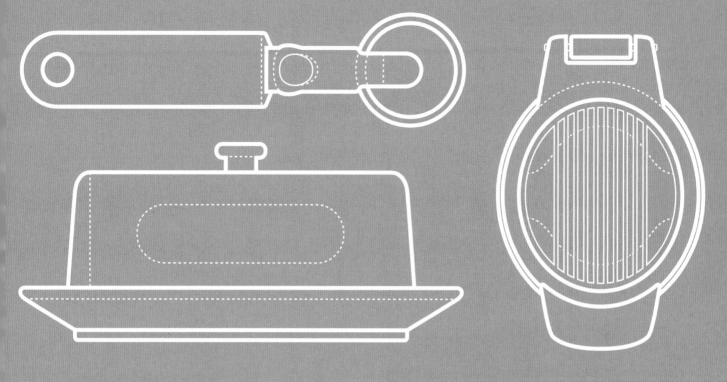

蛋类与乳制品

聚焦蛋类

鸡蛋是营养明星，也是烹饪奇迹，它几乎是所有厨房必不可少的食材。

鸡蛋是厨房中用途最广的食材之一，它可以与其他食材结合，制作成食物的"外衣"，还可起到澄清、增稠或蓬松的作用。鸡蛋的神奇力量来自蛋白质、脂肪和蛋白的组合。

蛋黄富含蛋白质和脂肪。从微观的角度来看，脂肪悬浮在被称为卵磷脂的乳化剂包裹的球状物中。卵磷脂能够促进脂肪和水混合，蛋黄因此成为制作蛋黄酱时使油与醋结合的重要成分。蛋清的主要成分是水，以及一些蛋白质。用力搅拌时，蛋清会变得松散，形成一种轻盈的结构，而后可以与糖混合制成蛋白霜，也可用于增加蛋糕的体积。鸡蛋实质上是成长中的小鸡，其本身即是一种营养丰富的食材。此外，鸡蛋中所含的氨基酸比例近乎完美，非常适合人类健康所需。

了解蛋类

各种蛋类的基本结构是一致的——富含脂肪的蛋黄悬浮在白色的蛋清中，并一同被包裹在坚硬的蛋壳内。然而，蛋的种类不同，这会影响蛋的风味、蛋的大小和蛋壳的孔隙度也因品种而异。因此，应根据烹饪的目的选择所需的蛋类。下方图文介绍了一些常见的蛋类。

鹅蛋

鹅蛋是常见蛋类中体积最大的，其富含脂肪的蛋黄带有一丝鹅食的味道；富含蛋白质的鹅蛋蛋清质地相对厚实。由于脂肪含量较高，鹅蛋可以为各类蛋糕、舒芙蕾和法式咸派增加浓郁的口感。其中的蛋清也可制作出风味浓郁的蛋白霜和帕夫洛娃蛋白甜饼。鹅蛋也是制作煎蛋饼的理想选择。

重量：144克
热量：266卡路里

气室
空气通过多孔的蛋壳渗入鸡蛋，在鸡蛋的一端形成一个气室，其大小和蛋的新鲜度有关

蛋壳
蛋壳坚硬且易碎，可以保护其内部不受损坏。蛋壳上有小孔，以便气体进出

稀蛋白
稀蛋白约占蛋白的40%，最接近蛋壳，蛋壳稀薄，蛋清较稀薄的蛋黄，熟成速度较慢，外部也包裹着蛋黄量着少

鸭蛋

鸭蛋壳多孔更容易吸收相临食材的味道。其蛋黄与蛋清的比例比鸡蛋高，因此蛋黄的味道更丰富。盐渍或腌制蛋的效果都很好。鸭蛋的脂肪含量也很高，可以令蛋糕和糕点更松软。

重量：70克
热量：130卡路里

鸡蛋

鸡蛋是目前最常见的蛋类，其蛋清与蛋黄的比例非常均衡，因而成为各类烹饪任蛋类理想的选择。与其他蛋类相比，鸡蛋的蛋黄较小，而蛋清的比例较高。在烘焙时，鸡蛋可作为黏合剂；蛋黄酱可作为乳化剂；鸡蛋酱本身也是一道美食。

重量：50克
热量：71卡路里

鹌鹑蛋

鹌鹑蛋的外壳具有细小而淡的泥土香气，并带有浓的斑点。其坚硬的鹌鹑蛋壳很难与蛋清剥离。鹌鹑蛋可以煎、煮或腌制，点心也可用于制作零食、或便当。

重量：9克
热量：14卡路里

多次产卵

一只母鸡一年产下的蛋是它自身体重的8倍。

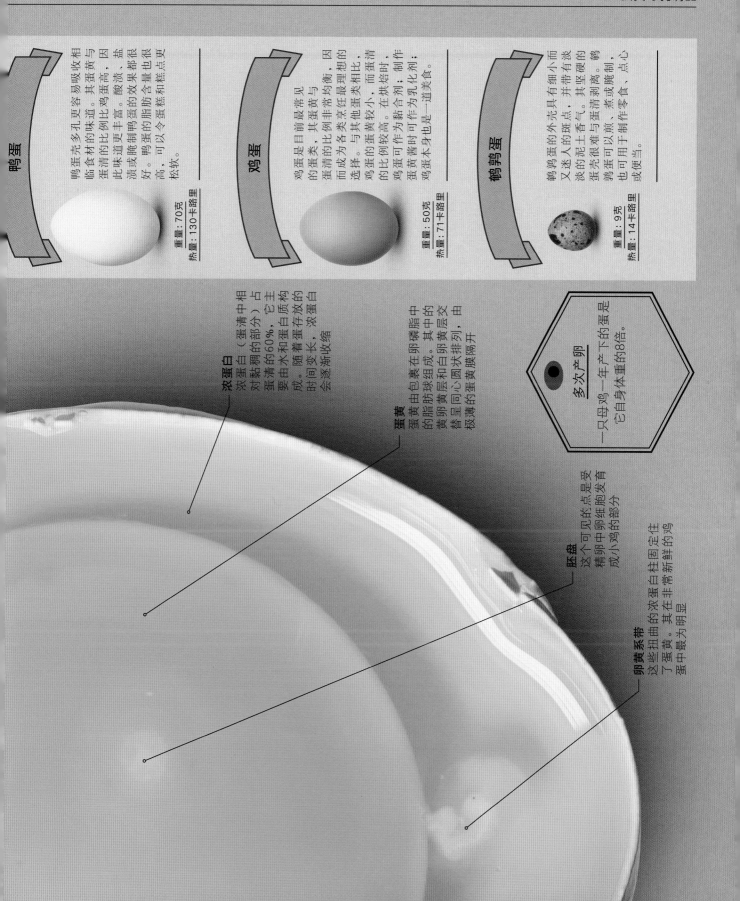

浓蛋白
浓蛋白（蛋清中相对黏稠的部分）占蛋清的60%，它主要由水和蛋白质构成。随着蛋存放的时间变长，浓蛋白会逐渐收缩。

蛋黄
蛋黄由包裹在卵磷脂中的脂肪球组成。其中的黄卵黄层和白卵黄层交替呈同心圆状排列，由极薄的蛋黄膜隔开

胚盘
这个可见于卵上的点是受精卵中卵细胞发育成小鸡的部分

卵黄系带
这些扭曲的浓蛋白柱固定住了蛋黄。其在非常新鲜的鸡蛋中最为明显

每个鸡蛋的
热量只有
75卡路里，
比一片面包
还低。

鸡蛋富含胆碱，
而胆碱是保持大
脑健康的重要营
养物质。

一个鸡蛋的营养
（每日摄入量参考值）：

30% 硒
25% 叶酸
20% 维生素B
16% 维生素A
12% 维生素E
7% 铁

蛋黄中含有约5克脂
肪，以不饱和脂肪为
主，其中包括一种对
人体健康至关重要
的，被称为亚油酸的
脂肪酸。

鸡蛋是抗病类胡萝卜素、
叶黄素和玉米黄质的来源。

蛋黄含有卵磷脂，它可以抑制
胆固醇的吸收。

蛋白热量低，
且不含脂肪。

一个鸡蛋含有7克优质蛋白质，
蛋清中的蛋白质含量比蛋黄中的高。

有些母鸡的饲料
中添加了亚麻
籽，有时还会添
加鱼油，以提高
鸡蛋中的Ω-3脂
肪酸含量。

鸭蛋、鹅蛋和鹌鹑蛋
比鸡蛋含有更多的
维生素B和铁。

蛋清中的蛋白质占全蛋的60%，
而鸡蛋中的许多脂溶性维生素位
于蛋黄的脂肪中。

每天摄入鸡蛋的数量
是否应该受限？

鸡蛋是众多营养的来源，
通常被称为"全能营养"食物。

鸡蛋富含蛋白质、热量、脂肪、维生素和矿物质，被
视为完整的营养来源。然而，在20世纪50年代，对鸡蛋中
胆固醇影响心脏健康的担忧，以及紧随其后的对鸡蛋携
带沙门氏菌的恐慌，使人们对鸡蛋的益处和其安全性产生
了怀疑。

最新视角

今天，我们已经知道许多有关食用鸡蛋有害的言论
并非事实，且鸡蛋的食品安全水平在过去的20年间有
了很大的提升，与30年前相比，由鸡蛋引起的沙门氏
菌食物中毒已不是大问题，甚至在一些国家已经得到
了根除。对于"鸡蛋会影响人体的胆固醇水平"的担
忧也有所缓解，研究表明，对大多数人而言，从日常
饮食中摄取的胆固醇并不会对健康造成负面影响
（见下方，"流言终结者"）。

在营养含量方面，鸡蛋可谓所向披靡，它为我
们提供了大量的营养和抗氧化剂（如左侧图文所
示）。如今，几乎所有的国际健康饮食指南都取消了
对每周应吃鸡蛋数量的限制。研究表明，儿童和健
康的成年人每天都可以享用一个鸡蛋。

流言终结者
流言
鸡蛋会提高胆固醇水平。
真相
鸡蛋的胆固醇含量确实很高，但食用胆固醇含量高的食物却并不像我们之前认为的那么危险。血液中"有害"的低密度脂蛋白胆固醇含量高，会引发动脉硬化，进而使严重危害健康的风险提高。然而，身体产生过多胆固醇的真正原因是摄入大量饱和脂肪含量高的食物，如肥肉、奶油、黄油和奶酪，源于膳食的胆固醇的影响十分有限。蛋黄还有一种抑制胆固醇吸收的物质。通常，只有患有遗传性高脂血症的人才有必要控制鸡蛋摄入量。

散养鸡的蛋真的更有营养?

鸡蛋的生产规模是前所未有的,它是一种安全、廉价和高营养的食材。

现如今,工业化规模的饲养环境确实有待改善。鸡通常被关在谷仓或棚屋中狭小的铁丝笼子里,温度和光照条件迫使它们全年产卵。若饲喂专为优化产蛋而设计的补充谷物混合饲料,室内饲养模式可以将每2千克饲料转换成1千克鸡蛋,转化率高得令人难以置信。

动物的寿命会影响动物性食品的质量(见第40页),因此,室内饲养鸡下的蛋,营养价值低于散养鸡下的蛋(见右侧图文)也就不足为奇。味道的差别是微妙的,但对厨师来说,信誉良好的品牌或养鸡场供应的鸡蛋绝对是最佳选择。

有机饲养	散养	室内饲养

生长环境 母鸡可以自由地到户外觅食。	**生长环境** 户外散养的鸡数量各有不同,有些鸡依然会长时间待在鸡舍里。	**生长环境** 母鸡被关在鸡舍里,喂食谷物。
营养 鸡蛋中Ω-3脂肪酸和维生素E的含量最多可增加2倍,饱和脂肪含量减少25%,矿物质含量也相应增加。	**营养** 各类散养鸡蛋之间的营养价值差异很大,但总体来讲与有机鸡蛋的营养价值区别不大。	**营养** 这些母鸡被迫在高压环境中高速产卵,其所产的蛋维生素和Ω-3脂肪酸含量较低,而饱和脂肪酸含量较高。

食用生鸡蛋是否安全?

生鸡蛋是很多经典菜肴的关键原料,如蛋黄酱、蒜泥蛋黄酱和慕斯。

对于食用生鸡蛋或蛋黄的最大担忧是感染沙门氏菌,并引发食物中毒。

沙门氏菌的控制

鸡蛋在接触受感染的粪便时会感染沙门氏菌。鸡蛋壳有一层保护涂层(见右侧图文),所以只要蛋壳不破损,鸡蛋便是安全的。现在严格的消毒规定意味着受感染的鸡蛋已经非常罕见。在欧洲,鸡会接种疫苗,在美国,鸡蛋有时会被涂上一层保护性矿物油。许多国家将鸡蛋分级,以表明它们符合安全规定。另外,烹饪过程可以杀死细菌,且在大多数国家吃生鸡蛋是安全的,但各国的食品安全标准不尽相同。巴氏灭菌鸡蛋通过短时高温达到灭菌的效果,这样的鸡蛋通常在菜单上不能提供生鸡蛋的地方出售,但经过这一处理的鸡蛋味道会略逊一筹。

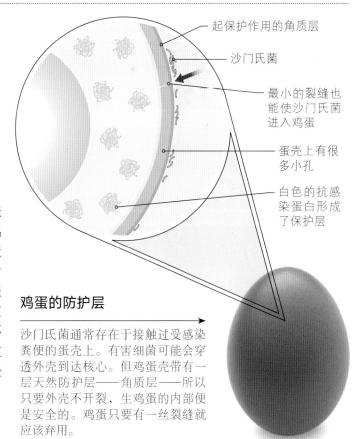

起保护作用的角质层

沙门氏菌

最小的裂缝也能使沙门氏菌进入鸡蛋

蛋壳上有很多小孔

白色的抗感染蛋白形成了保护层

鸡蛋的防护层

沙门氏菌通常存在于接触过受感染粪便的蛋壳上。有害细菌可能会穿透外壳到达核心。但鸡蛋壳带有一层天然防护层——角质层——所以只要外壳不开裂,生鸡蛋的内部便是安全的。鸡蛋只要有一丝裂缝就应该弃用。

鸡蛋如何存放最适宜？

鸡蛋的储存方式看似无关痛痒，
实则是令人意外的争论焦点。

将鸡蛋存放在哪里取决于你身处何处。在美国，鸡不会常规接种沙门氏菌疫苗，因此建议将鸡蛋冷藏以减缓细菌的繁殖。欧洲人会建议将鸡蛋放在凉爽的橱柜中，因为他们认为冰箱内的冷凝物会促使细菌繁殖。造成这种差异的部分原因可能是沙门氏菌的感染率，在欧洲历史上，沙门氏菌的感染率略低一些，而在美国，鸡蛋需要经过清洗和喷洒化学消毒液以清除细菌，但这些环节会导致保护性的抗菌角质层（见第97页）被剥离，使其更容易受到污染。除了听取专业的建议，你还可以根据鸡蛋的用途选择储存方式。右侧图表展示了将鸡蛋在冰箱内或室温中保存，对不同的烹饪方法与用途造成的影响。

用途	地点	原因
蛋液分离	冷藏	如果蛋液分离是为了制作蛋黄酱，应将其冷藏，冷藏后的蛋黄质地会变硬，更加便于操作。
白煮蛋	冷藏或室温	将冷藏鸡蛋煮熟需要更长的时间，但最终的结果没有区别。
炒鸡蛋	冷藏或室温	用常温鸡蛋或冷藏鸡蛋制作的炒鸡蛋差别不大。
煎鸡蛋	室温	冷藏的鸡蛋会降低平底锅和油的温度，增加煎鸡蛋的时长。
水波蛋	室温	制作水波蛋时，冷藏的蛋会降低水温，降低煮熟的速度，使蛋清更容易扩散。
蛋糕	室温	无论是打发蛋黄制作蛋糕，还是搅拌蛋清制作蛋霜，室温可以让蛋白质更好地展开和融合，使成品蛋糕质地细腻均匀。

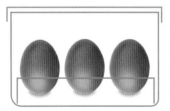

将鸡蛋放入冰箱中储存

如果你将鸡蛋放在冰箱中储存，应避免使用冰箱门上的蛋架。因为打开与关闭冰箱门会令鸡蛋晃动，会使蛋壳加速变薄。将鸡蛋放入密闭的容器中，可防止水分流失。

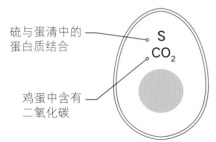

硫与蛋清中的蛋白质结合

鸡蛋中含有二氧化碳

新鲜鸡蛋中的蛋白质

每种蛋白质都有其独特的形状，多种蛋清蛋白质会在强大的硫原子的帮助下保持形状。被锁定在氨基酸中时，硫原子不会释放出任何气味。

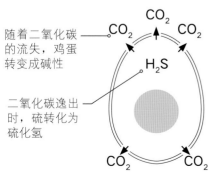

随着二氧化碳的流失，鸡蛋转变成碱性

二氧化碳逸出时，硫转化为硫化氢

老化鸡蛋

随着鸡蛋的老化，二氧化碳（CO_2）会通过蛋壳上的小孔逸出。鸡蛋进而偏碱性，这种酸碱性的变化迫使蛋白质分解并释放硫原子，这些硫原子变成一种恶臭的硫化氢气体。

为什么腐坏的鸡蛋闻起来很臭？

蛋清中的蛋白质随鸡蛋的老化而分解。

臭鸡蛋的强烈气味源于硫化氢，其主要存在于蛋清中。这种气体非常有害，曾在第一次世界大战中被用作化学武器。蛋清，这是由于硫化氢中的某些含硫蛋白质分解时便会产生这种气体。当鸡蛋被加热到60℃以上时，硫原子便会释放，使鸡蛋闻起来有一股硫化氢的味道。鸡蛋老化时会释放出气味类似硫磺的硫化物蒸汽。左图显示了不断变化的二氧化碳水平如何降解蛋清蛋白质，导致鸡蛋释放出气味令人不悦的硫化氢气体。

如何判断鸡蛋是否新鲜？

气体通过蛋壳上的小孔进进出出，会影响鸡蛋的新鲜度。

从母鸡产下鸡蛋的刹那，蛋白中的水分便开始通过蛋壳的气孔蒸发，每天会有4毫升的空气因鸡蛋内部的收缩而进入鸡蛋，进而形成一个缓慢膨胀的气泡，被称为"气室"。

如何衡量鸡蛋的新鲜度

气室的大小是衡量鸡蛋新鲜度的标志。将鸡蛋靠近耳朵并摇晃它，如果听到一种很明显的晃动声，即证明气室已经过大，蛋黄和蛋清已经可以在蛋内四处流动，这样的鸡蛋应该被丢弃。除此之外，下面的浮力测试也

测量

鸡蛋检验员测浓蛋白的高度，以"哈氏单位"来评定新鲜度。

可以帮助你在使用鸡蛋之前评估它的新鲜度。

一旦蛋壳破裂，便需要检查蛋清和蛋黄。蛋清有两层：一层厚厚的、黏稠的浓蛋白被一层薄薄的、水汪汪的稀蛋白包围。在老化的鸡蛋中，稀蛋白失去黏性，变成了一滩水化物，浓蛋白明显减少，蛋黄也不再饱满。蛋黄在老化过程中会吸收蛋清中的水分，使蛋清发生拉伸并浸在水中。此时，蛋黄看起来更松散，更容易破碎，味道也会变淡。

测试种类	新鲜鸡蛋	1周	2周	3周	5周以上
浮力测试 小心地将鸡蛋放入一碗水中。如果鸡蛋浮在水面上（如最右侧图所示），表明从鸡蛋中蒸发出的水分太多，气泡已膨胀至使鸡蛋的密度过小，不足以下沉，这样的鸡蛋应被丢弃。如果鸡蛋沉到碗的底部，并向上倾斜或直立，表明鸡蛋已经过了最佳状态，但食用这样的蛋通常是绝对安全的。沉在底部的鸡蛋是最新鲜的。	气室足够小，说明这个鸡蛋很新鲜，其密度足以使其沉入水中。 直径小于3毫米的气泡	当鸡蛋开始失去水分，密度随之减小，沉入水中后会发生倾斜。	不断增大的气泡意味着鸡蛋的密度逐渐减小，入水后角度会接近垂直。	入水后直立说明鸡蛋已经不再新鲜了。	由于大量水分流失，老化的鸡蛋会漂浮在水上。
去壳测试 敲开新鲜鸡蛋的外壳，能够看到质地浓稠且略浑浊的蛋清和饱满的蛋黄。随着鸡蛋的老化，蛋清变得更薄、更透明，蛋黄则会变平。	新鲜鸡蛋的蛋黄饱满，蛋清浓稠。蛋清能够维持鸡蛋的形状	蛋白变薄	老化的鸡蛋，其蛋清会变得更稀。	随着时间的推移，蛋黄变平，蛋清颜色变浅。	蛋清会变得更稀，几乎完全散开
根据鸡蛋的新鲜度决定用途 最新鲜的鸡蛋肯定是最好的。然而，虽然一些烹饪方法的成功取决于新鲜度，但老化的鸡蛋只要选对用法，仍然可以产生良好的效果。	新鲜的鸡蛋是最理想的食材，特别适合制作水波蛋和白煮蛋（见第100—102页）。	大约一周后，鸡蛋仍然相对新鲜，但已经不适合制作水波蛋了。	老化的鸡蛋蛋清更适合制作蛋白霜。	将老化的鸡蛋放在冰箱内储存，适用于制作饼干、白煮蛋或腌制，因为其蛋壳更容易剥离。	鸡蛋一旦老化至此阶段，就应该弃用。

制作水波蛋是否必须使用新鲜鸡蛋？

使水波蛋外观整洁浑圆，质地紧实，中心保持液态需要花一些心思。

　　制作水波蛋很容易搞得一团糟，但毋庸置疑的是，使用新鲜鸡蛋制作水波蛋效果最好。这是因为新鲜鸡蛋的蛋黄周围有一层韧性很强的薄膜。当鸡蛋脱壳后浸入热水，这层薄膜便会将蛋黄和蛋白牢牢地黏合在一起。

　　此外，新鲜鸡蛋中，浓蛋白的比例比稀蛋白高（见第99页），太稀的蛋清会导致鸡蛋进入热水后瞬间散成蛋花，令水波蛋的制作功亏一篑。鸡蛋老化越严重，稀蛋白便会越稀，因为从浓蛋白中流出的水分会使其进一步稀释。虽然老化的鸡蛋并非完全不可能制作出形状良好的水波蛋，但是由于缺乏那层坚韧的薄膜且蛋清已经被稀释，使用老化的鸡蛋制作水波蛋相对较难。

　　除了成品外观，使用新鲜鸡蛋制作水波蛋的另一个原因是其味道更好，且没有异味。以下步骤将帮助你成功制作出一个水波蛋。

实践

制作完美的水波蛋

　　除了使用新鲜的鸡蛋外，了解以下要点可以帮助我们凝固蛋白，比如在水中加入盐和醋。以下步骤展示了制作完美水波蛋的方法。

#1

#2

#3

过滤掉稀蛋白

将鸡蛋打入滤网或漏勺中，过滤掉多余的稀蛋白。这个在烹饪前去除稀蛋白的步骤可以避免蛋清在烹饪过程中分离，减少水中出现的散乱的絮状蛋清。如果打算同时制作多个鸡蛋，则需要将每个鸡蛋分开过滤，并放置在单独的容器内烹煮。

帮助蛋清凝固

在水中加入盐和醋有助于使蛋白迅速凝固。每升水中加入约8克醋和15克盐，此二者会扰乱蛋白的结构，促使蛋清迅速凝固。煮制时在锅中加入大半锅水与适当的食盐和醋，可以减少鸡蛋在未煮熟的流动状态下在水中散开的时间。

开火加热

制作水波蛋的水温应为82~88℃。可以使用温度计测量水的温度。切记不要使用沸水，沸水会将蛋清冲散。气泡也会扰乱水的表面，让人无法观察到鸡蛋的状态，水温越高，鸡蛋越容易烹煮过度。

提前制备

制作好的水波蛋可以在冰箱内保存2天。食用前只需用热水复热即可，风味会依旧新鲜。

#4

制造"漩涡"

如果只煮一两个水波蛋，可以用工具在锅中顺着一个方向画圈搅动，使锅中的水形成一个小漩涡。这种圆周运动可以帮助鸡蛋在刚入水时凝聚在一起。

#5

鸡蛋尽量接近水面

使用小容器或漏勺尽可能地接近水面，将鸡蛋滑入水中。鸡蛋会缓缓地沉入锅的底部。这时，你可以继续搅动鸡蛋周围的水，以帮助鸡蛋保持完整的形态。如果同时制作多个水波蛋，也可以轻轻地环绕每个鸡蛋搅动，使它们保持分离。

#6

等鸡蛋浮至水面

鸡蛋需要煮3~4分钟，在烹饪的过程中，醋与蛋清发生反应，释放二氧化碳。但当蛋白质凝固时，微小的气泡会附着在蛋清上，从而降低了鸡蛋的密度。同时，盐会稍稍增加水的密度，当鸡蛋浮至水面时，即证明水波蛋制作完成了。用漏勺将煮好的蛋捞出，再用厨房纸将多余的水分吸干即可。

如何制作溏心蛋？

让凝固的蛋清中包裹住色泽金黄的流心蛋黄非常需要技巧。

想让鸡蛋完全的按照你的意愿煮熟，首先要了解鸡蛋的结构。鸡蛋主要分为三层：稀蛋白、浓蛋白和蛋黄（见第94页）。每一层含有不同种类和数量的蛋白质，烹饪的温度和速率也各不相同（见右侧图文）。浓蛋白首先煮熟，然后是蛋黄，最后是薄而稀的稀蛋白——它的蛋白质含量最低。事实上，没有哪种制作溏心蛋的技巧是放之四海而皆准的，因为每个鸡蛋都不同。下面建议的方法是以室温鸡蛋为前提提出的。

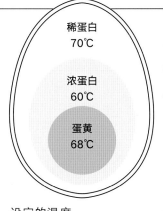

稀蛋白
70℃

浓蛋白
60℃

蛋黄
68℃

设定的温度
如上图所示，蛋黄的凝固时间迟于浓蛋白，早于稀蛋白。

烹饪方法	烹饪温度	如何工作	效率如何	注意事项
煮	100℃	将鸡蛋放入沸水中煮4分钟。	高温和较短的烹饪时间使蛋黄从未熟到过熟的过程很短。	如果用冷藏的鸡蛋直接烹煮，烹饪时间应再加30秒。每加入一个鸡蛋，水温就会下降，所以同时烹饪多个鸡蛋需要更长时间。
蒸	91℃	将鸡蛋放入一个带盖的锅中，加入适量的沸水蒸煮5分50秒，或直接蒸6分钟。	以较低的温度烹饪，可以兼顾稀、浓蛋白，更好地控制熟成度，是十分有效的方法。	如果直接烹煮冷藏的鸡蛋，烹饪时间应再加40秒；如果使用中等大小的鸡蛋，烹饪时间应减少30秒。为了减小加热惯性，可以将煮熟的鸡蛋浸入冷水中20~30秒。
真空低温	63℃	将鸡蛋放入具备温控功能的水箱中，设定温度，煮45分钟。	低温可以有效地控制熟成度，在鸡蛋煮熟后稀蛋白仍可保持液态。	这样煮熟的鸡蛋无须剥皮，直接敲开外壳即可，因为稀蛋白依旧能够流动（稀蛋白的凝固温度是70℃），可以用于替代水煮蛋。

为水煮蛋剥皮的最佳方法是什么？

鸡蛋剥皮的难点在于其具有黏性的薄膜。

蛋清和蛋壳之间有两层薄薄的内膜——一层膜包裹着蛋白，一层膜包裹着蛋壳。这二者之间存在一个充满空气的气泡（它可使一个老化的鸡蛋漂浮在水中，见第99页）。在烹饪过程中，膜内所含的蛋白质分解，冷却后彼此粘连，将蛋壳紧紧附着在蛋白上。将刚刚煮好的鸡蛋立即放入冰水中"激"一下（自来水不够冷），浸泡几分钟后，膜蛋白会变硬，并使蛋清收缩，蛋壳和外层膜便容易剥离了。

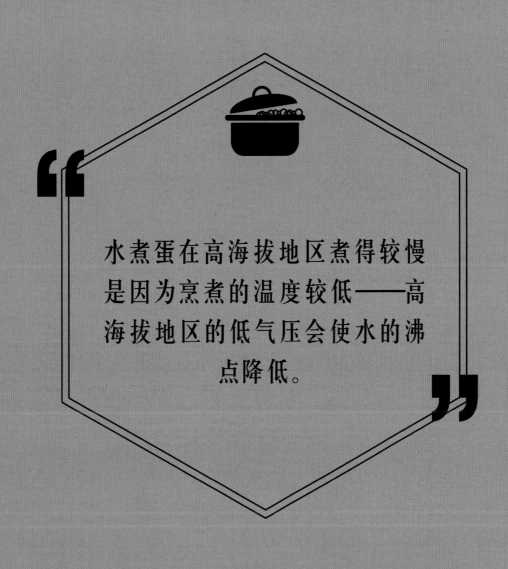

水煮蛋在高海拔地区煮得较慢
是因为烹煮的温度较低——高
海拔地区的低气压会使水的沸
点降低。

如何制作完美的炒鸡蛋？

只需稍微了解一些化学知识，即可制作出完美的炒鸡蛋。

　　打散的生鸡蛋经过炒制，随着蛋白质形状的变化和相互连接的改变，原本呈液态的蛋液奇迹般地变得浓稠，最终变为固态，质地类似卡仕达酱（Custard，见下方图文）。鸡蛋中含有几十种不同类型的蛋白质，每一种蛋白质都有不同的分解或"改性"温度，会逐渐变成固态，炒鸡蛋因此成为最容易上手的一道菜。由于含有多种蛋白质，炒熟的鸡蛋具有丰富的质地和口感，但也会因与金属的熔合作用而导致粘锅。持续搅拌是必要的，加入一茶匙油或黄油也有助于防止粘锅。

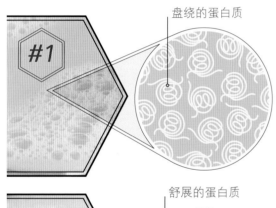

盘绕的蛋白质

生鸡蛋中的蛋白质

长长的、紧紧盘绕的蛋白质分子自由地漂浮在充满水分的蛋黄和蛋清中，就像用生面条筑成的鸟巢。用餐叉或打蛋器搅拌，直至蛋黄和蛋清混合在一起——这样可以分散蛋白质和脂肪。

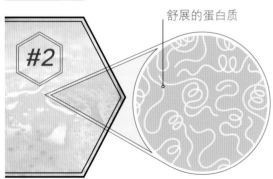

舒展的蛋白质

半熟鸡蛋中的蛋白质

热量为蛋白质分子提供能量，使其振动、快速移动并相互碰撞。蛋白质分解并开始相互粘连，因此应不断搅动蛋液以避免蛋白质形成大的结块。

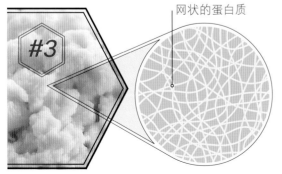

网状的蛋白质

炒鸡蛋中的蛋白质

当温度达到约60℃时，蛋白质分子开始结块，成团，蛋液会迅速转变成固态。所以炒蛋时应缓缓加热，持续搅拌，直至鸡蛋达到所需的质地，调味，然后立即上桌。

实践

为牛奶增加风味

将600毫升全脂牛奶倒入平底锅中。将香草荚籽和空豆荚一起放入锅中。调至中火，加热至略低于沸点。加热有助于香草的风味分子融入牛奶。当牛奶沸腾，将它从火上移开。静置15分钟，令其进一步入味。

制作奶香浓郁、口感丝滑的
卡仕达酱的秘诀是什么？

卡仕达酱是许多美味甜点的基础，制作起来很容易。

卡仕达酱是以甜牛奶或奶油为基底，加入鸡蛋作为增稠剂制作而成的。了解几个关键原则便可制作出丝滑的卡仕达酱（见下方图文）。鸡蛋含有特殊的蛋白质，可为牛奶或奶油增稠，而不会像炒鸡蛋那样完全凝固。这些蛋白质在加热的过程中被巧妙地编织成网状结构，不会像炒鸡蛋那样结块。将鸡蛋放在热锅中，蛋清会自行凝结成块，从而使卡仕达酱"凝固"。

卡仕达酱的用途

卡仕达酱作为许多甜品的基础，可以用于制作冰激凌、焦糖奶油和焦糖布丁。

不断搅拌能够帮助蛋白质舒展成松散的三维网状结构，有助于防止结块。此外，奶油和牛奶中的分子和糖会阻碍蛋白质的变化，使其熔化温度从60℃升至79~83℃。请务必用较低温度缓慢加热，这样可以有足够的时间观察酱汁的状态，在酱汁足够黏稠时（达到78℃）及时停止烹饪，避免酱汁结块。

制作卡仕达酱

依此法制作的卡仕达酱，亦称英式奶油（crème anglaise），非常适合淋在甜品上或用于制作冰激凌（见第116—117页）。如果想要制作更黏稠的卡仕达酱，可以使用300毫升的双倍奶油和300毫升全脂牛奶，同时还可以加入一个或更多的蛋黄，注意不要加入太多，否则鸡蛋的味道会太重。

#2

将蛋黄和糖混合

将4个蛋黄和50克砂糖放入一个耐高温的碗中。蛋黄中的蛋白质和脂肪会令酱汁变得浓稠，同时增加浓郁的风味。使用打蛋器将其充分搅拌，直至砂糖充分溶解。糖会提高鸡蛋蛋白质改性的温度（见上页），使它们很难结成不均匀的块状。

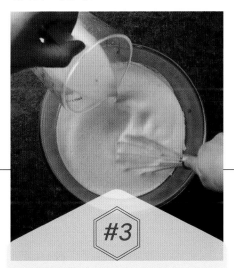

#3

将热牛奶倒入蛋和糖的混合物中

将牛奶倒入一个耐热的容器中，取出香草豆荚，将锅清洗干净。慢慢地将温热的牛奶倒入鸡蛋和糖的混合物中，搅拌均匀。边慢慢加入牛奶边搅拌，以确保混合物的温度逐步上升，这样可以防止鸡蛋蛋白质因加热过快而凝结在一起。

#4

加热、增稠直至完成

将混合物倒回锅中，以中火加热，并不断搅拌。随时检查酱汁的状态。当达到78℃时，蛋白质开始变得黏稠，待酱汁足以包裹木勺且不会滴落时，卡仕达酱便达到了理想状态。一旦达成，将锅从火上移开，继续搅拌，直至端上桌，或待其冷却后再放入冰箱。

混入蛋黄的蛋清
能否制作出蛋白霜？

如果搅拌得当，蛋清会膨胀成为原体积8倍的雪状泡沫。

蛋清的主要成分是水和蛋白质，不含脂肪。搅拌使紧密缠绕的蛋白质分解成丝状结构，从而包裹住空气形成气泡，使蛋清膨胀成质地柔软的泡沫（见下方图文）。有些食谱会添加酸，如塔塔粉、柠檬汁或醋，以帮助分解蛋白质，铜原子也可以起到类似的作用，这也是传统方式使用铜碗制作蛋白霜的原因。脂肪或油脂对蛋白霜而言是毁灭性的，因为当蛋白质试图在空气中形成网状结构包裹住空气时，油分子会取代蛋白质（见下方图文）。因此在制作蛋白霜时，应严格避免蛋黄的混入：只要在两个蛋清中加入一滴蛋黄，就无法打发成蛋白霜，但如果只有一丝蛋黄液，或许还能挽救（见下方图文）。糖也会干扰泡沫的形成，但它有助于使蛋白变硬，所以应在搅拌的中间阶段加入糖。

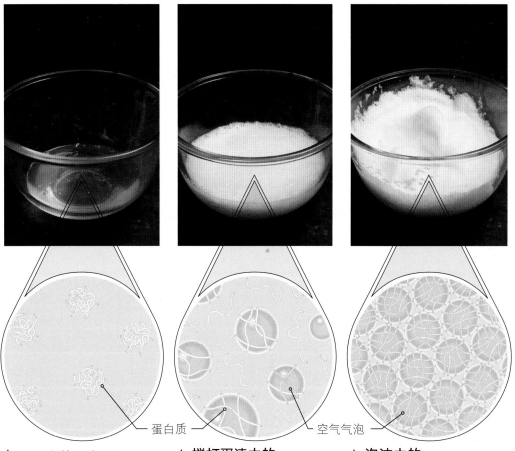

蛋清中的蛋白质

紧密缠绕的蛋白质必须发生分解或改性才能形成泡沫，应避免脂肪的加入，因此应在干净无油渍的碗中搅打蛋清。

搅打蛋清中的蛋白质和空气

搅打产生的摩擦使蛋白质撕裂并改性，进而产生气泡。继续用力搅打蛋清。

泡沫中的蛋白质和空气

蛋白质链聚集在气泡周围，锁住空气。进一步的搅打使蛋白质形成网状结构和更坚固的质地。

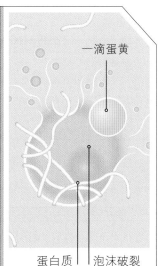

一滴蛋黄

蛋白质被推开　泡沫破裂

混入了蛋黄

蛋黄会将蛋清中的蛋白质从气泡壁上推开，使气泡"破裂"。蛋清因此难以被打发并形成泡沫。

解决方法

如果只混入了一丝蛋黄，只需再多加搅拌一下。如果失败了，可以加入塔塔粉（这种酸性物质会使蛋白质加速分解）并再次搅拌——这样做可能可以挽救你的蛋白霜，但不能够保证成功。

如何防止蛋黄酱油水分离？

将蛋黄、油与调味料混合，
便可以制作出质地细腻的蛋黄酱。

蛋黄酱实际上是一种悬浮于水状液体之中的微小油滴凝胶。这种看似不可能的结合，都要归功于蛋黄中含有的可以使油水结合的乳化剂——卵磷脂。在制作蛋黄酱时，我们需要将4份油与1份水混合——每茶匙油必须被分解成100亿滴才能混合均匀。从最少量的液体开始——即蛋黄（其中50%是水）。少量多次缓慢地加入油，直至完全混合，如下图所示。浓稠的蛋黄中浓缩的卵磷脂会覆盖每一个微小的油滴。建议在室温下制作蛋黄酱，因为冷藏过的卵磷脂需要更长的时间才能使油与水乳化。过快地添加油可能会导致油水分离，但并非完全无法补救（见下方图文）。

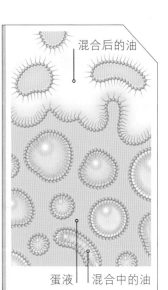

混合后的油

蛋液 | 混合中的油

油水分离

蛋黄酱出现油水分离是因为油脂的颗粒过大，液体无法承载。这种情况一般发生在油加得太快，还未被搅拌成足够小的颗粒之时。

解决方法

加入1~2茶匙水，重新搅拌，如果不见起色，那么可以将已经分离的油水混合物缓慢地加入一个新的蛋黄中，重新搅拌。

蛋液

卵磷脂分子

小油滴

▲ **蛋黄中的油滴**

油会自然凝结成大滴。将蛋黄搅拌均匀，然后少量多次缓慢地添加油，充分混合后再加入更多油。

▲ **混合物中的油滴**

当油分解成更小的油滴时，混合物便会开始变稠。慢慢倒入剩余的油，不停地搅拌。

▲ **成品蛋黄酱中的油滴**

单个微小的油滴悬浮在由卵磷脂增加稳定性的液体中。待油全部添加完毕，再加入其他食材和调味料。

聚焦奶类

牛奶不仅是一种营养丰富的饮料，还是生产黄油、奶油、酸奶、各种奶酪、法式酸奶油等各式乳制品的核心原料。

牛奶是一种营养丰富的饮料，其富含的蛋白质和脂肪具有无限可能。液态奶中的脂肪被包裹在一层水溶性的微小球状物中，其密度小于水，所以静置一段时间后便会浮在水面上，形成一个厚厚的脂肪层。在大多数的乳制品加工过程中，这层脂肪会被撇掉，以生产奶油和脱脂牛奶。生产半脱脂牛奶和全脂牛奶，则会在分离后根据

相应的比例重新将脂肪添加进去。如今，大多数工业化生产的牛奶都逆行了均质化，以防止进一步分离：通过高压将液体乳的脂肪球分解成更小的碎片，这些碎片很难重新黏合，也无法浮到顶部，从而赋予液态奶一种香醇丝滑的口感。除此之外，非乳制奶（见下页图文）也可以提供非常丰富的营养。

了解奶类

不同类型的液态奶含有不同水平的脂肪和糖，这会影响其用途。各类液态奶的含糖量差异不大，但相比之下非乳制奶品中的糖分通常更少。液态奶也是高质量的蛋白质来源。

乳制品

全脂牛奶

全脂牛奶富含天然脂肪，是烘焙时的首选。有助于保持烘焙食品的湿润度，其质地轻盈、湿润。

脂肪：3.5%　糖分：高

半脱脂牛奶

半脱脂牛奶的脂肪含量较低，蛋白质含量略高于全脂牛奶。它的味道不那么丰富，但仍然适合饮用和烹饪。

脂肪：1.5%~1.8%　糖分：高

脱脂牛奶

牛奶中的脂肪球抑制乳清蛋白产生泡沫。这种低脂牛奶的脂肪球含量较低，因而非常适合制作泡沫丰富的咖啡饮料。

脂肪：低于0.5%　糖分：高

山羊奶

这种味道浓烈的液态奶非常适合制作奶酪、黄油和冰激凌。其脂肪球和蛋白质分子体积更小，因此分离得很慢。

脂肪：4%

烹饪

凝结的酪蛋白可以用于制作奶酪，而细密的乳清泡有助于生成奶泡。

科学

在与酸接触时，牛奶中的酪蛋白会凝结成块，而乳清蛋白则会随着加热纠缠在一起。

蛋白质

← 牛奶中的酪蛋白遇酸凝结，形成奶酪的基础

绵羊奶

绵羊奶的脂肪含量比牛奶高，蛋白质含量几乎是牛奶的2倍，是制作奶酪和酸奶的理想原料。

脂肪：7%
糖分：高

非乳制品

豆奶

这种高蛋白的乳状液体是由碳碎的大豆制成的。这种植物蛋白的脂肪含量远低于乳制品。在烘焙和烹饪中，如果乳制品并非主要原料，也可以用豆奶替代。

脂肪：1.8%
糖分：低

杏仁奶

杏仁奶是由杏仁粉和水制成的。其蛋白质、脂肪和糖含量都很低。如果烘焙时作为牛奶的替代品，需要添加额外的脂肪。

脂肪：1.1%
糖分：低

燕麦奶

燕麦奶是将浸泡过且去壳的燕麦通过搅拌、过滤等步骤制成的。其质地细腻醇厚且口感丰富。烘焙前是很好的牛奶替代品。

脂肪：1.5%
糖分：中等

椰奶

这种独特的"奶"是通过将磨碎的椰子肉浸泡和过滤制成的。放置一段时间后，较厚的"奶油"会浮到表面，可以用于制作酱汁和甜点。

脂肪：1.8%
糖分：低

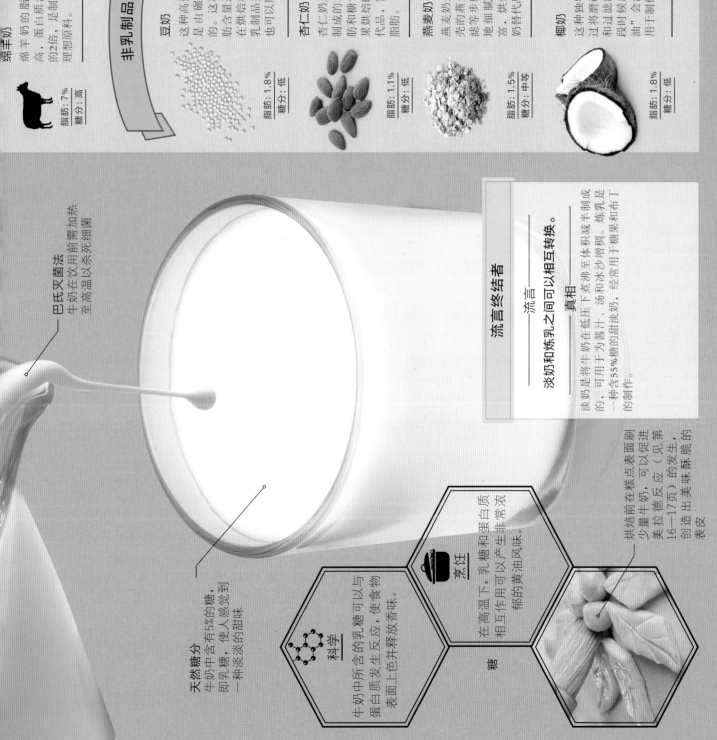

巴氏灭菌法
牛奶在饮用前需加热至高温以杀死细菌

流言终结者

流言
淡奶和炼乳之间可以相互转换。

真相
淡奶是将牛奶在低压下煮沸至体积减半制成的，可用于为酱汁、汤和冰沙增稠。炼乳是一种55%糖的甜淡奶，经常用于糖果和布丁的制作。

天然糖分
牛奶中含有5%的糖，即乳糖，使人感觉到一种淡淡的甜味

科学
牛奶中所含的乳糖可以与蛋白质发生反应，使食物表面上色并释放香味。

烹饪
在高温下，乳糖和蛋白质相互作用可以产生非常浓郁的黄油风味。

糖
烘焙前在糕点表面刷少量牛奶，可以促进美拉德反应（见第16—17页）的发生，创造出美味酥脆的表皮。

为什么牛奶需要进行巴氏灭菌处理?

每个厨师都想使用最好的原料,尽管生牛奶的味道更好,但并非无风险。

与任何一种生的动物产品一样,牛奶也容易受到污染,尤其是考虑到奶牛的乳房离它的屁股不远。此外,工业化生产流程增加了这种风险——大量的牛奶被统一收集在巨大的容器中,一个坏的批次便会污染一整批牛奶。巴氏灭菌——将牛奶加热至高温——是一种能够杀死微生物的方法,使牛奶成为对大众安全的产品。今天,未经巴氏灭菌处理的"生"奶往往来自卫生水平高的小农场。尽管如此,生奶仍然存在风险。美国的食物中毒事件有60%是由未经巴氏灭菌的牛奶引起的。生奶奶酪通常是安全的,因为有害微生物会被盐和酸杀死。几乎所有的健康机构都建议我们避免饮用未经巴氏灭菌的牛奶。

牛奶评比	加工方式	过程
牛奶的加工有三种过程:生牛奶、经过巴氏灭菌的牛奶的和经过超高温消毒处理的牛奶。对于烹饪而言,每一种都有其优点和缺点。	**生牛奶** 正如你所预料的,生牛奶不会出于安全考虑经过任何形式的加热。牛奶被工人挤出后便会装瓶,充满了浓郁的奶香。	**不加热** 生奶没有经过热处理,从奶牛身上挤取后便直接冷藏,直到出售。
	巴氏灭菌 牛奶经过管道短时加热至高温。如此操作是为了确保食品安全,同时避免过多的风味流失。这种牛奶的营养价值和生牛奶相同。	**72°C + 15秒** 将牛奶加热至72°C可以消灭生牛奶中99.9%的有害微生物。 巴氏灭菌严格控制牛奶的加热时长,足以杀灭有害微生物即可,以尽可能地保留其风味。
	**超高温消毒处理(长保质期)** 超高温消毒处理(英文缩写为UHT),即利用瞬时高温杀灭有害微生物,对牛奶的风味有负面影响。	**140°C + 4秒** 为了延长牛奶的保质期,需要在加压管道中进行140°C的"超高温"处理,以达到消灭几乎所有微生物的目的。 超高温消毒处理所用的温度极高,因此加热时间比巴氏灭菌法短。

牛奶均质化

很久以前，牛奶中的奶油常常浮到瓶口。如今，由于使用了一种被称为均质化的流程，工业化生产的牛奶不会再出现这种情况。为了防止脂肪的分离并提升香醇的口感，牛奶会通过高压喷嘴，使脂肪球分解成更小的碎片，且无法重新结合，以此杜绝脂肪漂浮到表层的现象。

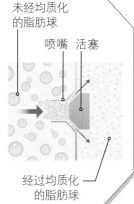

未经均质化的脂肪球

喷嘴　活塞

经过均质化的脂肪球

结果

用途	保质期	食品安全
不可否认的是生牛奶的味道更丰富、口感更柔滑，保留了所有的风味分子和蛋白质，因此是制作奶酪的理想原料。	生牛奶仅1天便会开始失去风味，7~10天后将丧失所有味道。	由于含有大量微生物，饮用生牛奶存在一定风险。因此卫生机构建议避免饮用生牛奶。
巴氏灭菌奶非常适合饮用，也可用于制作酱汁或卡仕达酱。其保留了原有的风味分子，而均质处理（见上方图文）则可以提高乳脂含量。	经过巴氏灭菌处理的牛奶，风味可以保留数天。直到2周后，风味才会完全丧失。	食用任何形式的巴氏灭菌奶都是低风险的，只要是在规定的保质期内使用即可。
超高温消毒处理会破坏牛奶中的蛋白质和糖，减少奶香味并产生"烧焦"的味道。最好只在冰箱的储藏空间有限的情况下使用。	几乎所有的微生物都被破坏了，经过超高温消毒处理的牛奶被密封在无菌包装中，其风味可以持续6个月之久。	比巴氏灭菌法更安全，只要在保质期内使用，几乎没有任何风险。

如何在烹饪时正确使用低脂乳制品？

烹饪低脂食物时需要多加注意。

脂肪对风味、口感和质地发挥着至关重要的作用。用较少的脂肪烹饪绝非易事。脂肪球能够捕获含有香味的分子，并将其分散到煮熟的菜肴中；当我们将食物送入口中，脂肪能够覆盖味蕾，使风味在味蕾上停留更长时间。低脂酱汁在加热的过程中很容易凝结成块；在制作奶酪蛋糕等甜品时使用低脂奶油奶酪也很有难度。使用低脂乳制品制作香气浓郁的菜肴时，可以通过添加额外的香料和调味品弥补其不足，还可以加入更多的大蒜、洋葱、香草或香料，利用咸、苦、酸、甜的配料尽可能地刺激味觉。

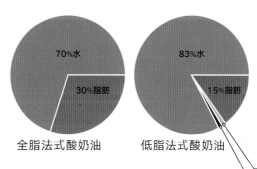

70%水　30%脂肪

全脂法式酸奶油

83%水　15%脂肪　1% 稳定剂　1% 增稠剂

低脂法式酸奶油

脂肪含量比较

全脂法式酸奶油含有30%的脂肪，在加热时不易凝结。低脂法式酸奶油更容易在加热过程中凝结，因此更适合用于制作甜点。

了解区别

全脂乳制品
虽然全脂乳制品风味出色，但脂肪和热量很高。

● **风味**
乳制品中的脂肪可以为菜肴增加风味，所以在一道菜中加入奶油或黄油通常能够改善风味。

● **营养物质**
全脂黄油和奶油含有蛋白质和钙，但饱和脂肪含量高，应适量食用。

低脂乳制品
每克低脂乳制品的热量比全脂食品低，但代价是什么呢？

● **风味**
须搭配高品质食材并添加大量调味料，以求在减少脂肪的同时提升风味。

● **营养物质**
低脂食品所含的营养成分与全脂食品相似，但应注意添加盐和糖。

如何选择奶油？

奶油似乎是最简单的产品，人们在选购时却会产生令人意外的巨大困惑。

奶油是经典法餐，甚至整个欧洲餐食的基石。奶油由从牛奶中分离出的"乳脂"微粒组成（见右侧图文），在划过唇舌时会给人带来一种丝滑的口感，且有别于其他任何一种油脂。当将奶油添加到其他食物中时，其携带的风味分子不仅会放大菜肴本身的味道，也会为菜肴添加"黄油"味。奶油的口感细腻，质地却比牛奶厚实得多，浓稠的奶油在高温下容易沸腾且不会凝结。

如何在众多类型的奶油中做出选择的确令人困惑，但实际上，各类奶油之间最大的区别仅在于其乳脂含量。下页的图表说明了不同类型奶油的脂肪含量，以及脂肪含量对每种奶油的用途将产生何种影响。

多少脂肪？

英语中"Butterfat"和"Milkfat"可以互换使用——两者都指代乳脂，即乳制品中的脂肪。

牛奶中的脂肪球

牛奶中的脂肪球密度比牛奶的整体密度小，因此会浮在表面上。蛋白质分子附着在脂肪球上，靠近时会相互吸附，然后上浮。由于脂肪球的浮力大，传统的做法是撇取牛奶表面的脂肪然后制成奶油，而现在，奶油通过离心机提取，在出售前会做均质化处理（见第111页）。

由于比牛奶的整体密度较低，脂肪球会浮到表面上

脂肪球聚集在一起，形成稠密的液体

脂肪球的表皮是水溶性的

奶油类型	过程

奶油是如何制成的

大型加工厂用高速离心机将脂肪球从牛奶中分离出来，制造出"脂肪含量为零"的脱脂牛奶，以及脂肪与液体比例约为50：50的高脂奶油。

生牛奶

0% 脂肪 — 脱脂牛奶

45%~50% 脂肪 — 高脂奶油

使用脱脂牛奶稀释高脂奶油，由此获得不同类型的奶油。

旋转和稀释

奶牛的脂肪含量因品种而异，新鲜的生牛奶含3.7%~6%的脂肪。随着离心机飞速旋转，脱脂牛奶被分离出去，留下高脂肪的奶油。旋转的速度越快，流出的脱脂牛奶就越多，奶油的密度也就越大。一台转速为每秒150转的离心机可以生产乳脂含量为45%~50%的奶油和几乎不含脂肪的脱脂牛奶。在脱脂牛奶中加入不同比例的分离奶油，可以制成低脂淡奶油、淡奶油和高脂奶油。

加热

传统的工艺是将奶油慢慢加热，然后再冷却，制出质地更致密、口感更丰富的产品，这项技术至今仍被用于制作凝脂奶油。

发酵

在使用离心机之前，高脂奶油需要数小时才能从牛奶中分离出来。在此过程中，它通常会因为牛奶中的微生物而发酵。如今，用经过稀释的奶油（见上方图文）制作酸奶油和法式酸奶油都是在严格控制的环境中进行的。

产品	脂肪含量	加热	打发	倒出	最佳用途
低脂淡奶油	18% 脂肪	X	X	✔	低脂淡奶油不适合用于烹饪，因为它的含脂量较低，这意味着它在加热时很容易凝结，尤其是与酸混合时。低脂淡奶油可以淋在水果上，也可以在上菜前加入汤中，或加入甜点中使其口味更加浓郁，并形成奶油般顺滑的口感。
淡奶油	35% 脂肪	✔	✔	X	含脂量达到35%的淡奶油可以打发成质地轻盈蓬松的蛋白霜。被搅拌器击碎的脂肪球会逐渐在气泡周围凝结。
高脂奶油	48% 脂肪	✔	✔	X	各类含脂量超过25%的奶油以高温烹饪都是安全的，因为其不会凝结。奶油中大量的脂肪球阻碍了酪蛋白的凝结，使其无法结块。
凝脂奶油	55% 脂肪	X	X	X	加热过程会帮助浓缩奶油蒸发掉一部分水，同时当糖和蛋白质与脂肪发生反应并相互作用时，会产生复杂的焦香和黄油味。在英国，这种质地绵密，香气浓郁的奶油通常搭配司康或其他甜点食用，也可以制成冰激凌。
酸奶油	20% 脂肪	X	X	X	这种经过发酵的奶油有一种新鲜的味道，无论制作成咸味还是甜味菜肴，酸奶油的加入都可以增添菜肴的风味。然而，酸奶油含脂量不足以阻止酪蛋白聚集，并会使含有酸性成分的酱汁发生"分离"。这种奶油经常被用于制作炖牛肉、汤，以及各式辛辣的南美菜肴。
法式酸奶油	30% 脂肪	✔	X	X	它的发酵方式与酸乳酪相同，但由于含脂量较高，这种较稠的奶油适合被加热，且在与番茄等酸性食材一同加热时不会凝结成块。可以在意大利面中加入法式酸奶油提升风味，或加入高汤或其他酱汁中。

如何加热牛奶不会结奶皮？

牛奶加热后形成的薄膜经常被丢弃，
但那实际上是营养非常丰富的乳清蛋白。

牛奶是一种多用途食材，风味非常细腻，同时经得起长时间的加热。不同于其他食物中的蛋白质，当牛奶被加热至沸腾时，它的凝结蛋白将不会再分解，并能够持续加热至170℃。牛奶可以长时间以文火慢炖，随着风味分子不断地形成，牛奶中逐渐出现类似香草、杏仁和黄油的味道。牛奶煮沸时，其中的糖（乳糖）和蛋白质聚集，引发美拉德反应（见第16—17页），产生浓郁的奶油糖香气。但是，牛奶中含量较低的乳清蛋白却完全不耐热，加热至70℃时便开始分解。如果牛奶加热的时间足够长，煮熟的乳清蛋白便会浮到表

面上，形成一层黏稠的薄膜。随着时间的推移和持续烹饪，这一层薄膜会变厚变干，最终在表面形成一层"皮肤"。如果在加热过程中不搅拌，牛奶的表皮会保持完好，那么在表皮之下牛奶的温度便会飙升——就像被密封的平底锅一样——然后突然间，牛奶如洪水一般从锅的一侧溢出，形成火山爆发般的效果。牛奶的表皮一旦变厚并凝结，搅拌并不会使其重新分解，需要将其去除。想要避免烧煳牛奶或形成奶皮，可以尝试以下一种或者几种建议。

自然的恩惠

豆浆表面的结皮可以晒干制成"豆皮"，成为营养丰富的肉类替代品。

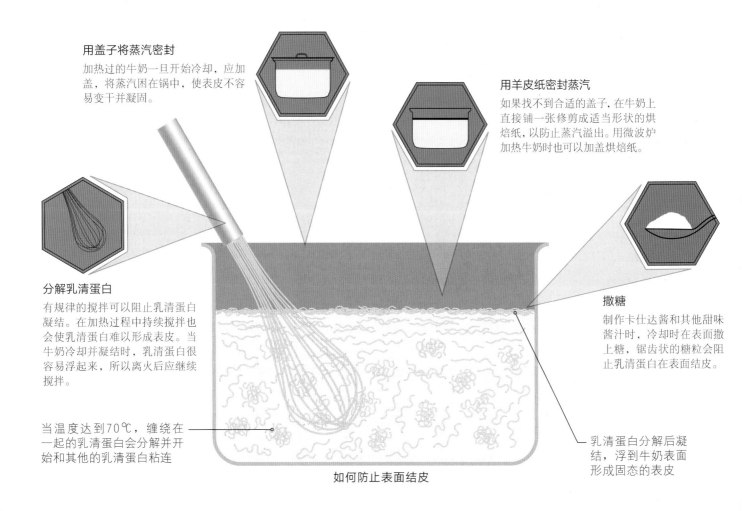

用盖子将蒸汽密封
加热过的牛奶一旦开始冷却，应加盖，将蒸汽困在锅中，使表皮不容易变干并凝固。

用羊皮纸密封蒸汽
如果找不到合适的盖子，在牛奶上直接铺一张修剪成适当形状的烘焙纸，以防止蒸汽溢出。用微波炉加热牛奶时也可以加盖烘焙纸。

分解乳清蛋白
有规律的搅拌可以阻止乳清蛋白凝结。在加热过程中持续搅拌也会使乳清蛋白难以形成表皮。当牛奶冷却并凝结时，乳清蛋白很容易浮起来，所以离火后应继续搅拌。

撒糖
制作卡仕达酱和其他甜味酱汁时，冷却时在表面撒上糖，锯齿状的糖粒会阻止乳清蛋白在表面结皮。

当温度达到70℃，缠绕在一起的乳清蛋白会分解并开始和其他的乳清蛋白粘连

乳清蛋白分解后凝结，浮到牛奶表面形成固态的表皮

如何防止表面结皮

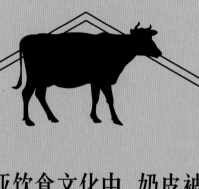

在东亚饮食文化中，奶皮被视为"双皮奶"的构成要素。双皮奶是一种经过两次加热和冷却制成的，类似意式奶冻的甜点。

没有冰激凌机能否在家自制冰激凌？

没有了冰激凌机的帮助，我们需在搅拌时花费更长的时间。

不可否认，冰激凌机确实非常方便，但是就算没有它，我们也可以制作出完美的冰激凌（见下方图文）。将糖与奶油的混合物变成一份甜品需要时间和精力。为了制作冰激凌，我们首先需要将脂肪球善于捕捉空气的水溶性外壳剥离掉。只有将这层外壳先剥离掉，才能保证脂肪在与乳化剂（如蛋黄中的卵磷脂）结合时凝聚成更大的奶油团。搅拌混合物会使这些脂肪聚集在气泡周围，强化它们的结构。正是这些悬浮的气泡赋予冰激凌轻柔的口感。

❄

口感顺滑的冰激凌

市售冰激凌通过冷却至-40℃的管道泵送，以减少结晶体的形成。

冰晶是顺滑口感的敌人，所以制作时应加入糖和少量盐以抑制冰晶的形成。即使最微小的冰晶也会让你的舌头感到不适，所以应使其尽量变小，这一点很重要。冷冻时，速度是关键——冰激凌冷冻得越快，冰晶就越小。记住这些原则，我们便可以在家中自制美味的冰激凌了。

自制冰激凌

当你在家自制冰激凌时，最好先从制作卡仕达酱入手。制作卡仕达酱所用到的蛋黄是一种天然乳化剂，与一定量的糖和脂肪混合后，有助于形成奶油般柔滑的质地。

煮熟的鸡蛋和牛奶蛋白有助于稳定混合物。你可以使用现成的全脂新鲜卡仕达酱，或者参照第104—105页上的方法自己制作。

实践

#1

#2

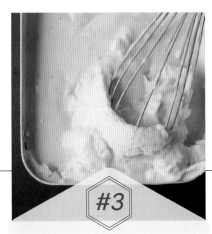

#3

制备并冷却卡仕达酱

将一个防冻的金属或塑料浅容器放入冰箱的冷冻室中冷冻。确保冰箱的冷冻功能正常，这对于制作出口感丝滑的冰激凌至关重要。将两份卡仕达酱（制法见第104—105页）倒入耐热碗中，然后将装满酱汁的碗坐入一个装满冰块的容器中，冷却，并偶尔搅拌一下。

最小化冰晶的形成

将冷却的卡仕达酱倒入预先冷冻的容器中。浅容器表面积更大，能够提高冷冻的速率，从而制作出口感和质地令人满意的成品。将容器放入冰箱中。45分钟后，将混合物从冰箱中取出，用力搅拌以打碎冰晶。然后再将容器重新放回冰箱中。

定时搅拌

每隔30分钟检查一次，每次都尽可能地搅拌均匀。搅拌不仅可令冰晶碎裂，同时还可吸收空气从而改变冰激凌的质地。另外确保你每次打开冰柜后迅速关闭，以保证冰箱内的温度始终保持在0℃以下。持续大约3小时，直至冰激凌开始凝固。

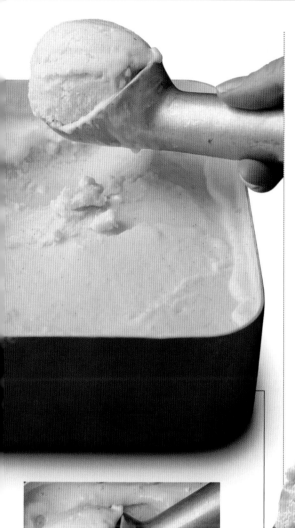

冰激凌机制作的成品
是否比手工制作的更柔顺？

对于冰激凌爱好者而言，冰激凌机绝对物有所值。

现代加工设备不但将面包师们从制作面包的繁重体力劳动中解脱出来，也使冰激凌制造商告别了令人厌烦的搅拌工序。虽然即使没有冰激凌机，也可以制作出美味的冰激凌（见上页）。但是如果你真的想以此为生，投资一台冰激凌机绝对是一个好主意。冰激凌机可以通过不断地搅拌在冰晶形成大颗粒之前将其打碎，从而制作出质地蓬松的冰激凌。相比之下，手工制作冰激凌需付出更多的艰辛。冰激凌机持续且稳定的搅拌动作还能将空气气泡掺入混合物中，使含有乳糖的"泥浆"变成冰冻的充气泡沫。

微小的冰晶

微小的空气腔

糖溶液

脂肪球聚集
在气泡周围

#4

完全凝固

一旦冰激凌冻结，便可以停止搅拌，将容器放回到冰箱里冷冻最后1小时。这段时间会使冰激凌完全凝固。由于手工制作的冰激凌只能打入一定量的空气（见右侧图文），所以在冰箱里放置太久会变质，应尽量在2~3天内吃完。

草莓味冰激凌

从分子层面
解剖冰激凌

冰激凌顺滑的表面实际上遍布充满空气的微观洞穴。每个空洞都由一堵由脂肪、冰晶支撑的糊状墙体构成。用冰激凌机连续搅拌，快速冷冻，可以令冰晶最小化。

在家中自制酸奶是否值得？

在家制作酸奶并不十分复杂，
并且可以产生有趣的味道变化。

酸奶的起源可以追溯至5000年前，我们的祖先意外发现，"变质"的牛奶竟然逐渐变稠，甚至产生出一种长效的酸味。传统上，不同种类的细菌通过"咀嚼"牛奶中的糖分，逐渐产生灭菌酸，这些酸可以缓慢地破坏酪蛋白，使牛奶原本呈网状的结构变成凝胶状晶格，而非凝结成块。时至今日，酸奶中的细菌均已经过消毒和标准化处理，除了益生菌酸奶外，常用的酸奶菌种只有两种。与奶酪类似，酸奶的制作工艺在可靠性和安全性上取得了进步，同时在变化性和多样性方面也有所损失。我们今天广泛使用的两种细菌，嗜热链球菌和德氏乳杆菌，可以像搭档一样协同工作。

制作酸奶所需的发酵剂可以从市场上购买，但直接使用一勺酸奶作为"发酵剂"更容易。正如下文所述，绝大多数的酸奶都含有活性菌。酸奶发酵剂可以繁殖多年并代代相传，甚至还可以培育出品种稀有、无可替代的合成细菌，形成独一无二的风味。然而，经研究表明，许多这样的"原生种"（Heirloom）文化均起源于含有两种最常见的商业菌株的酸奶。

"酸奶"的词源

"Yogurt"源自土耳其语词"Yogurmak"，意为"变浓"。

自制酸奶

此处展示的是使用成品酸奶制作酸奶的方法。一旦你完成了第一次酸奶的制作，成品酸奶7天内可以用于新一轮的制作，因为在7天之内，自制酸奶内的微生物数量依旧很高。

实践

#1

分解牛奶中的酪蛋白

将2升全脂牛奶用小火加热至85℃，其间需要不时搅拌。加热的目的是消灭有害菌，令酪蛋白变得不稳定，从而更容易分解，同时一部分乳清蛋白经过烹煮有助于酸奶变浓稠。加热完成后，将锅离火，使牛奶冷却至40~45℃，此温度适合细菌的生长。

#2

添加"老酸奶"

将冷却完成的牛奶分别倒入两个经过消毒的1公升罐子中。确保罐子顶部留有一部分空间，然后加入1~2汤匙酸奶，搅拌均匀。

#3

培养乳酸

将盖子拧紧，用干净的茶巾严密包裹，放在温暖的地方发酵6~8小时，以使细菌产生乳酸。乳酸会破坏蛋白质的稳定性，形成网状凝胶。

为什么酸奶会在
辣味菜肴中发生分离？

酸奶是许多印度和巴基斯坦菜肴的核心食材。

要想在咖喱中加入酸奶的同时保持咖喱酱的光泽，诀窍是把握加入酸奶的时机。酸奶中含有与牛奶、淡奶油相同的蛋白质，脂肪含量与牛奶相似。在高温下与酸性食材一起烹饪时，酸奶会分离成凝乳和乳清。导致酸奶分离的原因并非香料，而是酸性成分，如番茄、醋、柠檬汁或水果。温度越高，凝结的速度便越快，所以为了避免酸奶分离，应在烹饪接近完成并开始冷却的阶段加入，或者选择使用法式酸奶油。法式酸奶油具有清爽的发酵风味，且其脂肪含量为30%，在小火慢炖的过程中不会分离。

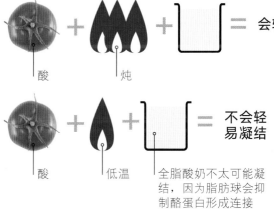

酸 ＋ 炖 ＋ ＝ 会轻易凝结

酸 ＋ 低温 ＋ ＝ 不会轻易凝结

全脂酸奶不太可能凝结，因为脂肪球会抑制酪蛋白形成连接

酸和热
如图所示，热和酸的结合会导致酸奶凝结。虽然酸奶本身是酸性的，但它的酪蛋白的晶体结构非常脆弱，如果受到高温的过度挤压或遇强酸，便会变成块状。

#4

享用或冷藏
一旦发酵，酸奶便可以食用了，也可以放入冰箱降低细菌的生长速度，最长可存放2周。若要制作更浓稠的希腊式酸奶，可以用非常细密的纱布或咖啡滤纸将酸奶过滤数小时，直至酸奶变稠。

是否应该食用益生菌酸奶？

肠道中的细菌可以增强我们的免疫力，并提供营养。

每个人的肠道微生物组合都是独一无二的，并会受到整体健康水平、压力水平，以及最重要一点——饮食的影响。科学研究表明，肠道微生物（即"肠道菌群"）数量失衡会引发多种疾病。益生菌酸奶含有大量"有益细菌"，有助于排出对人类健康有害的细菌，帮助消化系统恢复健康。然而，事实通常被夸大了。我们知道益生菌有助于预防旅行中发生的腹泻，并通过培养被抗生素破坏的"好"的肠道细菌，治疗抗生素引起的腹泻。然而，酸奶类产品多种多样，而医生开的处方可能含有更多菌种。

聚焦
奶酪

世界上共有1700多种奶酪，均是利用发酵动物奶中的凝乳制成的。

从本质上说，奶酪是由微生物发酵（或部分消化）的凝结乳块。奶酪的制作始于奶源的选择，奶源可以来自奶牛，也可以来自水牛、山羊、绵羊，甚至骆驼。许多奶酪生产商会使用生奶，即未经巴氏灭菌处理的奶（见第110—111页），以避免细腻的风味分子因高温流失。而后，添加发酵剂菌，并将奶加热到理想的温度，以使新的微生物大量繁殖。然后在牛奶中加入凝乳酶（见第125页）或酸，使奶中的蛋白质聚集，包裹住乳脂球状物于漂浮至表面。这些脂肪和蛋白质的集合便是"凝乳"；剩下的液体则是乳清。之后将凝乳切成

所需的尺寸。制作奶酪应切成核桃大小。干酪则切成小颗粒。随着酪蛋白的凝固，凝乳中多余的乳清会被排出，而后便可以放入模具中定型。新鲜、柔软的奶酪需放置数小时或数天才能凝固。熟成的干酪还需要经过多道工序。有些奶酪通过悬挂或压盐泡在盐水、葡萄酒或苹果酒中，以形成柔软的表皮。干酪会被放置在湿度和温度可控的房间中熟成数月之久，以使微生物形成复杂的风味和口感。

熟成奶酪表面散布的霉菌会生长成一层有生命的外壳，防止奶酪变干。

微生物

青霉素家族的真菌为卡门贝尔奶酪带来蓬松的色霉菌在奶酪内部生长

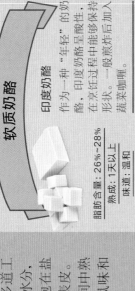

科学
细菌、真菌和酵母使凝乳发酵，会为不同类型的奶酪添加各种风味。

烹饪
风味浓烈的奶酪应谨慎使用。巧妙搭配食材使用奶酪可以为菜肴增添风味。

了解奶酪

奶酪生产商所采用的许多加工工艺——包括奶的选择、凝乳体积的大小以及存放时间——都会影响成品最终的风味和特性。

软质奶酪

印度奶酪
作为一种"年轻"的奶酪。印度奶酪呈酸性。在烹饪过程中能够保持形状。一般煎制后加入蔬菜咖喱。

脂肪含量：26%~28%	熟成：1天以上	味道：温和

马苏里拉奶酪
使用乳凝酵素凝结，经过反复揉捏形成多层的球状，适合熔化后使用。

脂肪含量：21%~23%	熟成：1天以上	味道：温和

羊奶酪
依照传统保存在橄榄油或盐水中，可为沙拉、糕点和馅饼增添咸味和松脆的质地。

脂肪含量：20%~23%	熟成：2个月以上	味道：中等

卡门贝尔奶酪
青霉素家族的真菌为卡门贝尔奶酪带来蓬松的香味。可直接食用，或烘烤至熔化。

脂肪含量：24%	熟成：3~5周	味道：中等

巴戈利亚蓝纹奶酪

巴戈利亚蓝纹奶酪由牛奶和奶油混合制成，是一种味道温和的高脂肪蓝纹奶酪。其丰富的风味非常适合搭配黑麦面包和坚果面包。

脂肪含量：43%~44%
熟成：4~6周
味道：温和

硬质干酪

蒙特雷·杰克干酪

蒙特雷·杰克干酪是一种带有浓郁西班牙/墨西哥风味的奶酪。味道酸甜可口。烤制或磨碎后撒在豆类或辣椒上，风味独具。

脂肪含量：28%~30%
熟成：1~12个月
味道：中等

瑞士埃曼塔尔干酪

这种带有草木芳香的奶酪是以长在高山草甸上采食的奶牛的奶制成的。磨碎后制成奶酪火锅，放在面包上烤制或者冷吃皆可。

脂肪含量：28%~32%
熟成：4~18个月
味道：温和

曼彻格干酪

口感干爽，有坚果的香气，熟成后会含有胡椒味。生食最佳。切成薄片或块状均可。

脂肪含量：39%~40%
熟成：6~18个月
味道：中等

帕尔米吉亚诺·雷吉亚诺干酪

帕尔米吉亚诺又称帕马森干酪，制作周期长达数年。味道浓郁，可以为意大利面、酱汁、汤和沙拉增添鲜味。

脂肪含量：28%
熟成：18~36个月
味道：浓郁

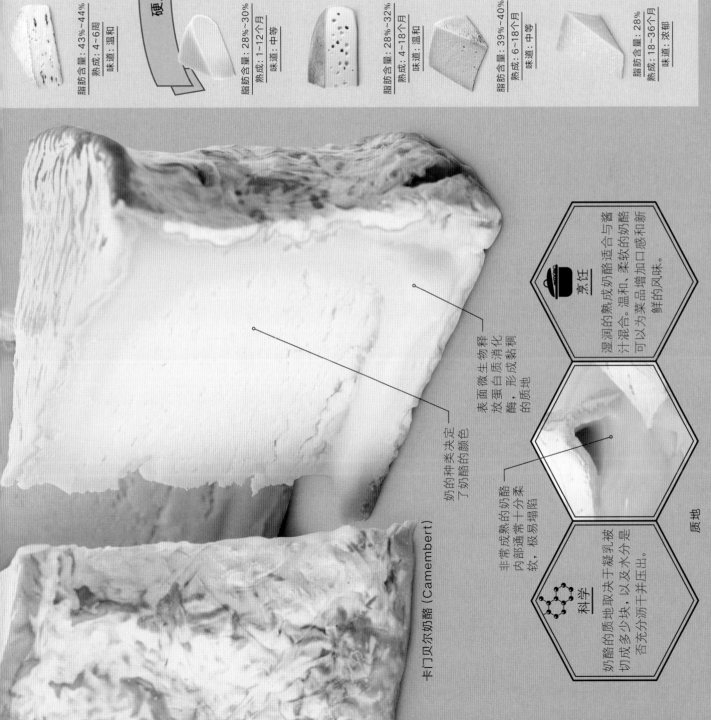

卡门贝尔奶酪（Camembert）

奶的种类决定了奶酪的颜色

表面微生物释放蛋白质消化酶，形成黏稠的质地

非常成熟的奶酪内部通常十分柔软，极易塌陷

烹饪
湿润的熟成奶酪适合与酱汁混合。温和、柔软的奶酪可以为菜品增加口感和新鲜的风味。

科学
奶酪的质地取决于凝乳被切成多少块，以及水分是否充分沥干并压出。

质地

发霉的蓝纹奶酪为什么可以食用?

人类的进化离不开与细菌的和谐相处。

细菌恶名昭彰,但实际上,很多细菌对人体都有益处。传统上,一个地区所具有的微生物赋予奶酪特有的菌株。时至今日,奶酪都是使用巴氏灭菌奶制成的,不再含有自然界的微生物。存活下来的霉菌,例如青霉菌,完全符合食品安全标准,且会在风味浓郁的奶酪中产生蓝色的纹理。最古老的蓝纹奶酪之一——罗克福干酪,其蓝绿色的纹理源于娄地青霉菌;与斯蒂尔顿蓝奶酪和丹麦蓝纹奶酪使用的霉菌相同。戈贡佐拉奶酪和其他一些法国奶酪则使用味道略有不同的灰绿青霉菌。

"罗克福干酪蓝绿色的纹理源于娄地青霉菌。"

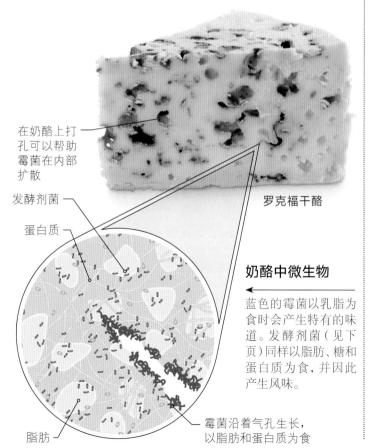

在奶酪上打孔可以帮助霉菌在内部扩散

罗克福干酪

发酵剂菌

蛋白质

脂肪

霉菌沿着气孔生长,以脂肪和蛋白质为食

奶酪中微生物

蓝色的霉菌以乳脂为食时会产生特有的味道。发酵剂菌(见下页)同样以脂肪、糖和蛋白质为食,并因此产生风味。

为什么有些奶酪散发出浓郁的臭味?

世界各地有超过1700种奶酪,口味和香味的多样性令人难以置信。

香滑的布里奶酪、奶香浓郁的豪达奶酪、酥松的帕马森干酪,浓郁的切达奶酪和味道柔和的印度干酪,这些对于千变万化的奶酪世界而言只是沧海一粟。在奶酪的世界中不乏超臭的奶酪,例如蒙斯特奶酪(Munster)、林堡奶酪(Limburger)、罗克福奶酪(Roquefort)和斯蒂尔顿奶酪(Stilton)。奶酪世界之庞大见证了历代奶酪生产者的创造力,但真正的明星是微生物。数百种强大的细菌、真菌和酵母菌的组合,使一团只有咸味的白色凝乳充满生机。如下页的流程图所示,细菌会通过消化(发酵)脂肪、蛋白质和乳糖,排出一系列复杂的风味分子(有时味道很重)。特定的细菌有特别强烈的气味。例如,蒙斯特奶酪和林堡奶酪的"旧袜子"气味便来自短杆菌(Brevibacterium),此类菌也活跃在湿气重的脚趾间!

气味突出的臭奶酪

最臭的通常是那些在熟成过程中,将细菌或白色霉菌故意散布在表面的"涂片培养物"奶酪。

卡门贝尔奶酪

林堡奶酪

蒙斯特奶酪

伊泊斯奶酪

莫城布里奶酪

风味形成

奶

奶源会影响奶酪的味道。牛奶有大地的芬芳，山羊奶味道独特，绵羊奶带有奶油的味道。

+

发酵剂菌

这些细菌在生产过程的开始阶段被加入，以糖（乳糖）为食，并将其转化为乳酸。酸可以消灭有害微生物，并使熟成的奶酪散发出浓郁的香味。奶酪中的发酵剂菌会持续存在，从而增加奶酪的风味。

凝乳

发酵剂菌产生的乳酸会使牛奶凝结；大多数奶蛋白对酸很敏感，酸会使它们失去形状并相互附着，形成凝乳。加入可消化奶的凝乳酶，使蛋白质进一步分解，以加速凝固。酪蛋白与乳脂纠缠在一起，浮至表面，进而被沥干并挤压出水分。凝乳中的含水量差异会决定成品是硬质奶酪还是软质奶酪，每种奶酪都有其独特的风味。

氨基酸和胺类

不同的氨基酸有不同的风味和芳香。例如：

• 色氨酸有苦味。
• 丙氨酸有甜味。
• 谷氨酸有一种能够刺激鲜味感受器的醇香。

一些细菌将氨基酸分解成气味浓烈的胺类，其中很多闻起来很熟悉；例如，腐败是腐肉的味道。

蛋白质

成熟的微生物会咀嚼部分蛋白质，将其分解成小块，进而分解成氨基酸，最后分解成胺、醛、醇等酸性化学物质。许多物质都有自己的味道。

成熟的细菌

可以产生香味的成熟微生物需在奶酪刚刚凝结时或稍后加入，经过数周或数月，使奶酪熟成，并产生浓郁的风味和芳香。微生物的种类和数量会对风味产生影响。熟成过程中的温度和湿度会影响微生物的生长速度，进而影响奶酪的风味。

乙醛

经过数月，气味难闻的胺类物质碎片可以以多种方式分解，产生更令人愉悦的醛类和醇类分子。醛类和醇类分子有坚果、木头、辛香料和青草的味道，以及烧焦的燕麦味。细菌也会产生酸，提升奶酪的酸味。

奶酪

发酵完成的奶酪具有独特的风味和香气，这些特征能够反映出加入的细菌类型和过程中的各种变量。

史仃奇主教奶酪

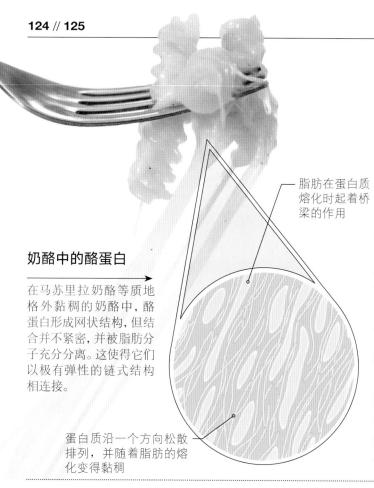

脂肪在蛋白质
熔化时起着桥
梁的作用

奶酪中的酪蛋白

在马苏里拉奶酪等质地
格外黏稠的奶酪中,酪
蛋白形成网状结构,但结
合并不紧密,并被脂肪分
子充分分离。这使得它们
以极有弹性的链式结构
相连接。

蛋白质沿一个方向松散
排列,并随着脂肪的熔
化变得黏稠

为什么
有些奶酪可以拉丝?

并不是所有的奶酪都可以让比萨拉出丝。

斯蒂尔顿奶酪和切达奶酪的风味浓郁,经过加热便会
熔化成油腻的块状。在硬质奶酪或熟成奶酪中,酪蛋白(凝
乳)结合得非常紧密,加热至80℃时才会软化,而脂肪在
30~40℃时便会液化。在较新的奶酪中,蛋白质软化得更
快,所以熔化得更均匀。而以科塔干酪为代表的一些奶酪,
由于使其凝结的是酸而非凝乳酶(见对页),因而不会熔
化:酸会导致酪蛋白不可逆地结块。

黏稠的奶酪如何形成

马苏里拉奶酪的黏稠度源于牛奶的凝结方式、熟成的
时长,以及脂肪和水分的比例,其特征决定了其酪蛋白结合
得很松散(见左侧图文)。制作时,应先在牛奶中加入发酵
剂菌,加热,然后像揉面包一样将其揉成"凝乳"(一种"拉
伸凝乳"的工艺),以促使蛋白质排列形成纤维状。

是否应该避免
食用再制奶酪?

再制奶酪和原制奶酪原料相似,
其本质却与天然奶酪相去甚远。

19世纪中期,第一家美国奶酪工厂在纽约成立,批量
生产口味相当清淡的切达干酪。1916年,企业家詹姆斯·L.
克拉夫特(James L Kraft)开创了用碎奶酪生产再制奶酪
的生意。这些奶酪碎屑经过巴氏灭菌处理后被熔化,并与
柠檬酸和磷酸盐混合,磷酸盐可将钙从酪蛋白(凝乳)中分
离,使凝乳均匀地凝结在一起。

而今,再制奶酪是由不同的奶酪、乳清蛋白、盐、调味
料与乳化剂(使脂肪与水混合的物质)结合而成的混合物。
如果你更喜欢"天然"的食物,可能会对再制奶酪敬而远
之。但这几乎不可能,没有再制奶酪,制作色泽柔润,质地
软糯的"熔岩"奶酪汉堡便成了妄想。

了解区别	
再制奶酪	**原制奶酪**
再制奶酪在用塑料包装前通常会先压成薄片。也可包装成柱状,或制成罐头出售。	原制奶酪有各种形状和尺寸,可以根据需要磨碎、切片或切成块使用。
■ 由多种奶酪混合制成,含有乳清蛋白、盐,以及人工色素和防腐剂。它有光泽的外观,不会形成颗粒,略带煮熟的牛奶气味。	▲ 制作时,牛奶中的乳清会被排干,而后加入凝乳、凝乳酶或酸,以及盐制成奶酪,并经过一段时间的熟成。
■ 再制奶酪的钙含量较低(以削弱蛋白质,使奶酪易于塑形),并含有增稠剂和乳化剂,其会在加热过程中将脂肪和水结合在一起。	▲ 会使用较少的添加剂,其中可能包含色素和酶,以加速熟成的速度。在原制奶酪的熟成过程中,牛奶和凝乳会逐渐产生风味。

可否在家自制完美的软质奶酪?

与自酿啤酒一样，
在家制作奶酪的过程也可繁可简。

包括食谱和"菌种"（预先制备并精准称量包装的微生物孢子）在内的自制奶酪全套工具如今很容易买到。然而，不经过发酵的奶酪完全可以利用普通器具在家中制作，不需要任何专业设备、菌种样本，甚至不需要奶酪制作常用的凝乳酶。制作奶酪的第一步是使牛奶凝结。牛奶中的微生物，特别是被称为乳酸菌的细菌，会消化牛奶进而产生乳酸，同时导致乳酸菌的产生。而牛奶中大多数的蛋白质，即酪蛋白，对酸很敏感。酪蛋白在特定的情况下接

素食主义

素食凝乳酶是由生长中的霉菌产生的类似小牛凝乳酶的酶制成的。

触到酸，便会失去原有的形态并相互粘连。若没有细菌的参与，可以直接加入酸：将醋或柠檬汁加入热牛奶中，便可以制作出印度奶酪和马斯卡彭奶酪。通过加入在小牛内脏中发现的蛋白质分解凝乳酶，可以使牛奶更易于凝结。牛奶快速地凝结会使酪蛋白以更加结构化的方式结合。添加成熟的细菌、真菌和酵母菌有助于风味的形成。硬质奶酪需要经过重物压制，并熟成数周甚至数月。下面的步骤是以酸为凝固剂制作软质奶酪的简单配方。

自制软质奶酪

用此方法快速制作里科塔式软质奶酪，成品会比在商店购买的同类奶酪新鲜得多。奶酪最好先以松散的形式包裹，再存放（如果冷藏，最好放在密封的容器中）。理

想情况下，软质奶酪应该在其熟成温度下食用，因为奶酪经过冷藏，风味分子不易释放。

实践

#1

凝乳和分离凝乳

将1升全脂牛奶倒入锅中，微火加热至74~90℃。关火。加入1½茶匙盐和2汤匙白葡萄酒醋或1份柠檬汁，用于分解蛋白质。搅拌，冷却10~15分钟，直至混合物凝结，凝乳、乳清分离。

#2

将剩余的乳清沥干

用漏勺从液体乳清中取出尽量多的固体凝乳。将凝乳放在纱布中，用绳子系好，挂在碗或水槽上，以滤出多余的乳清。里科塔软质奶酪沥干乳清需20~30分钟。也可以挂晾整晚，使奶酪口感变得松脆。

#3

立即上桌或冷藏

打开纱布，取出成团的凝乳，可直接食用，也可置于密封容器中，在冰箱里储存3天。

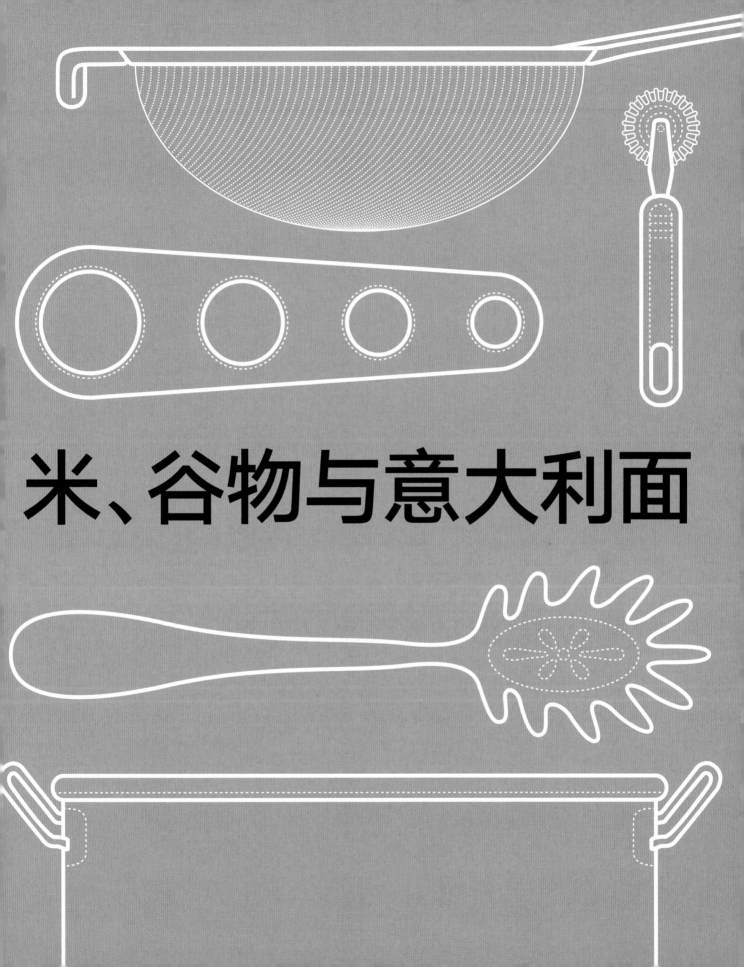

米、谷物与意大利面

聚焦 米

米体积虽小，却是一个营养宝库。
它能够成为全世界近半数人口的主食不足为奇。

米原本是孕育下一代水稻的种子。与鸡蛋滋养发育中的小鸡一样，其中包裹着营养丰富的彩色麸皮，这便是所谓的"糙米"。谷粒中含有的油脂，会在几个月内氧化变质，所以米需经过"抛光"或碾磨，以延长保质期，只保留富含淀粉的胚乳，即"白米"。胚乳中密集的淀粉晶体呈乳白状，未经烹饪几乎无法食用。以最低为65℃的水煮米，可软化米的硬质淀粉，并使其与水结合，此过程称为糊化。米含有两种淀粉：支链淀粉和直链淀粉。了解这些淀粉对热和水的反应有助于选择最合适的水稻品种（见下方和右侧图文）。

了解米

不同品种的水稻，其所含直链淀粉与支链淀粉的比例各不相同，但总体而言，稻米的籽粒越长，直链淀粉含量越高。长粒大米中小直链淀粉晶体紧密包裹，因此比其他品种的米需要更长的烹饪时间。

短粒米

糯米

糯米有时也被称为江米或甜米（虽然它既不甜也不含麸质）。这种白米煮熟后会变得非常黏。泰国的糯米也具有黏性（其直链淀粉含量很低），但谷粒较长。

直链淀粉：<5%
支链淀粉：>95%

意大利调味饭原料米

这种米的长度是其宽度的1~2倍，煮熟后柔软绵密。它的高淀粉含量使酱汁在烹饪时变稠。有糙米（未碾磨）和白有糙米（碾磨）之分，糙米口味更丰富，但烹饪时间是白米的2~3倍。

直链淀粉：<10%
支链淀粉：>90%

烹饪

米粒中的支链淀粉很容易渗入蒸煮水中，并使米表面被添涂一层质地黏稠的凝胶。

科学

糯米富含柔软、松散的支链淀粉，而口感较硬的直链淀粉含量较低。

糯米

由于支链淀粉分子量大，糯米的米粒易相互粘连

中粒米

西班牙烩饭原料米

这种米的长度约为其宽度的2~3倍，略黏稠，煮熟后湿润度高，但依然有嚼劲。常见的品种有黄国宝米、瓦伦西亚米和邦巴米。有些意大利调味饭原料米也使用中粒米。

直链淀粉：15~17%
支链淀粉：83~85%

长粒米

白米

白米的味道平淡，用途广泛，是最常用的水稻品种之一。其长度约为宽度的4倍，由于直链淀粉含量较高。白米烹煮后质地较蓬松。印度香米是产自南亚的一种广受喜爱的长粒大米，带有浓郁的米香气，口感筋道，坚果香气十足，咀劲十足。

直链淀粉：22%
支链淀粉：78%

野米

野米虽然被称为"米"，实际来自另一种植物。野米的麸皮保持完整，因此质地坚实，且非常有嚼劲。野米的烹饪用时比真正的大米更长（最少1小时）。

直链淀粉：2%
支链淀粉：98%

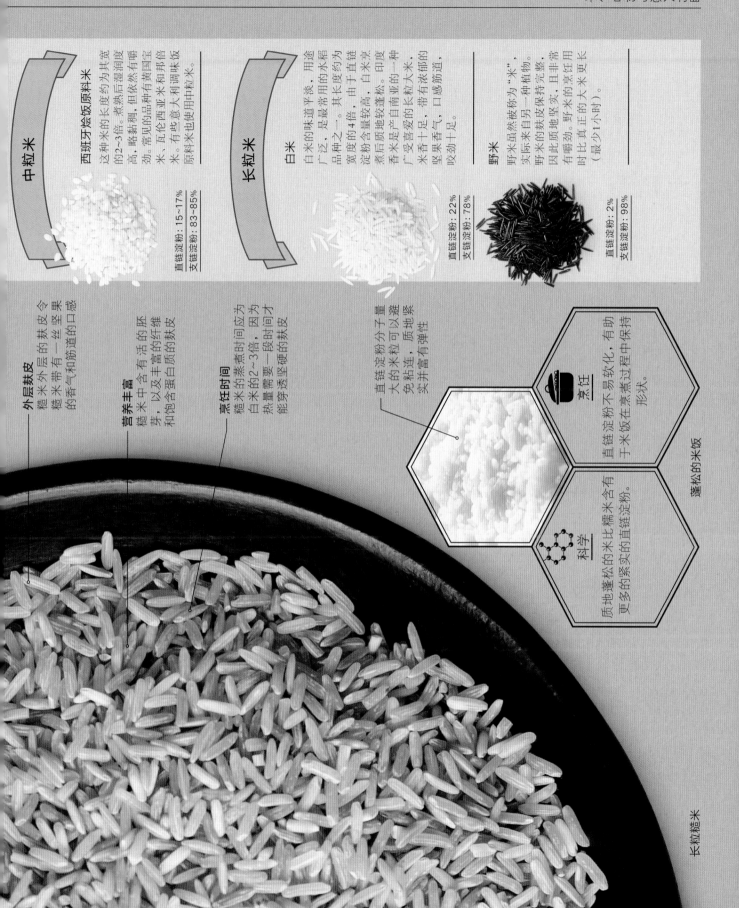

外层麸皮
糙米外层的麸皮令糙米带有一丝坚果的香气和筋道的口感

营养丰富
糙米中含有活的胚芽，以及丰富的纤维和饱含蛋白质的麸皮

烹饪时间
糙米的蒸煮时间应为白米的2~3倍，因为热量需要一段时间才能穿透坚硬的麸皮

直链淀粉分子量大的米粒可以避免粘连，质地紧实并富有弹性

烹饪
直链淀粉不易软化，有助于米饭在蒸煮过程中保持形状。

科学
质地蓬松的米比糯米含有更多的紧实的直链淀粉。

蓬松的米饭

长粒糙米

煮米时应该添加多少水？

完全遵照包装袋上的说明并不能保证成功。

无论短粒米、印度香米、糙米还是野米，每一种米都可以吸收与自身几乎等量的水。但事实上，我们在蒸煮长粒米、糙米和野米时应添加更多的水分，原因在于烹煮这类米的用时更长。通常，烹饪的时间越长，水分的蒸发的量便越大。另一方面，绝大多数的米皆可吸收三倍于自身重量的水分，过多的水分会使煮好的大米变得非常黏稠。因此制作一碗完美无缺（软硬及黏性适中）的米饭，水与米的比例是关键：一份米加一份水的比例为1∶1，在此基础上应添加会在蒸煮过程中蒸发掉的水分。如何估算"蒸发掉的水量"呢？可以尝试这种方法：生米入锅铺平，加入水至大米上方2.5厘米处即可。另外，若使用开口较大的炊具蒸煮米饭，水分会更快地蒸发，所以需要再适当加入额外的水。

实践

水分的蒸发
决定水分蒸发量的并非米的用量，而是炊具的形状和规格。

为了预留蒸发掉的水量，加入的水应高于米

判断水的用量

先放入等量的水和米，然后再加入额外的水至米上方2.5厘米处，高出部分是预留烹饪时蒸发掉的水。因此在使用敞口炊具时，由于蒸发速率更高，需要适当加入更多的水。

#1

洗去多余的淀粉

淘米的作用是为了洗去米表面多余的淀粉，以保证煮好的米饭不会太黏。将450克长粒米倒入滤网中，在流动的清水中冲洗，直至淘米水变得清澈。淘米也是为了洗去大米上的灰尘和细小的碎屑，但也要避免过度淘米，因为这样有可能会冲刷掉米香。

如何将米饭煮得粒粒分明?

依照一些简单的方法,便可以避免米饭过于湿软。

麸皮保护层

白米比糙米更容易滤出淀粉,因为其外层的麸皮已经被去除。

以不低于65℃的水烹煮大米,水才能够强行进入米粒内部,使原本质地紧密且不可食用的淀粉颗粒逐渐转变成柔软且可食用的胶质,这一过程被称为"糊化"(gelatinization)。但在这一过程中,米粒中的淀粉会大量溶解到水中,令水变得浑浊。当米饭蒸煮好并冷却后,充满淀粉的液体会变干,在米粒外层形成黏糊糊的表面。因此,想要制作出蓬松的米饭,在蒸煮之前一定要淘洗掉多余的淀粉。此外,不要将长粒米浸泡过夜,这会让"吸饱了水分"的米粒在蒸煮的过程中变成糊状或者凝结成块。与此同时,正确的水量同样是成功的关键(见上页)。

蒸煮米饭

要制作一碗软糯弹牙、质地蓬松的长粒米饭,我们仅需要一口锅和合适的锅盖。加入适量的米和水后,先用大火将水煮开,在高温的作用下,米粒中的淀粉会渗出并发生糊化,而后调至小火焖煮,令大米充分吸收水分,以免残留多余的水分,在米饭上形成一层黏稠的物质。

#2

淀粉凝胶化

将淘洗好的米放入盛好水的锅中。锅中水位应高于米约2.5厘米,以确保有足够用于蒸发的水分。不盖锅盖,调至大火,将水煮开。当温度达到65℃时,米中的淀粉便会渗出并逐渐软化,或者说发生糊化。

#3

吸收水分

当锅中的水分逐渐煮干,米粒变软后,可以再以小火焖煮一会儿,让米将剩余的水分完全吸收。具体做法是,加盖一个密封性良好的盖子,调至最小火,焖煮约15分钟,直至锅中的水分被完全吸收。注意,焖煮期间切勿打开锅盖,亦不可搅拌米粒,以免蒸汽逸出。

#4

粒粒分明

待米将水分完全吸收后,关火,避免将米煮过头。不要打开盖子,再焖10分钟或更久。当米饭逐渐冷却,软化的淀粉晶体便会变硬(这一过程被称为"凝沉"),此时煮好的米饭才会粒粒分明。食用前,可以用餐叉或其他工具轻轻搅拌米饭,令其变得蓬松。

米饭可以重新加热吗？

重新加热米饭需要特别小心。

湿润的米饭上生活着一种令人讨厌的，被称为蜡样芽孢杆菌（Bacillus cereus）的细菌。蒸煮米饭时的高温可以杀灭该细菌，却无法杀灭其所有顽强的孢子——这些状如蛹的孢子可能会在煮熟的米饭上发芽，生长，并释放毒素，如果食用会导致腹痛、呕吐和腹泻。

冷却的过程充满危险

当温度介于4~55℃时，蜡样芽孢杆菌开始繁殖并释放毒素。一旦细菌和毒素达到临界水平，煮熟的米饭就会变得不安全，然而此时大米的气味和外观并不会发生明显的变化。因此，将煮好的米饭迅速冷却并储存在低于5℃的环境中，可以有效地抑制细菌滋生——越快这样做，加热的剩饭就会越安全。

熟米饭的变化时间表

时间	变化	处理
60分钟以内	存活于米饭中的孢子可能会孵化成活的细菌。它们在室温下的米饭中繁殖，并释放毒素。	• 尽快食用。 • 将剩饭冷却并转移至浅盘中，或用冷水冲洗并沥干，然后冷藏。
第1天	细菌在冰箱中滋生速度缓慢。前一天煮熟的米饭如果在1小时内冷却，重新加热便是安全的。	• 尽量在煮饭当天重新加热。 • 确保米饭加热至适当的温度。 • 重复加热不要超过一次。
第2天	米饭中的细菌量已达到危险水平，若加热米饭，毒素会激增（见下文）。	• 只适用于冷盘。 • 不要重新加热。
第3天	此时米饭中的细菌水平是非常危险的，会加速滋生并产生更多毒素。	• 只适用于冷盘。 • 不要重新加热。 • 如果不能立即食用，则应当丢弃。

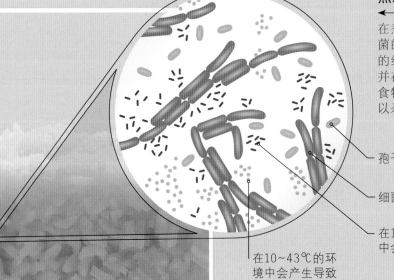

熟米饭中的细菌孢子

在煮熟的米饭上，耐热蜡样芽孢杆菌的孢子会被重新激活，成为活跃的细菌。它们在室温下迅速繁殖，并在烹饪初期释放毒素，进而引发食物中毒。再次加热煮熟的米饭可以杀死细菌，但无法破坏毒素。

— 孢子发育成细菌

— 细菌释放毒素

— 在12~37℃的环境中会产生呕吐毒素

在10~43℃的环境中会产生导致腹泻的毒素

无须待食物彻底冷却再放入冰箱——现代电器能够非常智能且迅速地调节食物的温度。相比之下，将食物置于室温中的风险更大。

使用压力锅
烹煮食物的流程

在完全密封的压力锅内部，无处可逃的过热蒸汽会将食材快速煮熟。

在厨房中，压力锅经常被闲置，藏在橱柜的最深处。但对于时间紧迫的厨师而言，压力锅是一种可以化腐朽为神奇的工具。带有密封圈的锅盖可以有效地阻止蒸汽逸出，从而使锅内气压上升。气压越高，水的沸点就会越高，压力锅内部由此形成了一个高温高湿的蒸汽环境。因此，炖菜、煮汤和烹饪谷物的时间被大大缩短。

原理

如何工作

使用压力锅烹煮食物，食材会浸没在水或高汤中，并在远高于标准大气压下沸点的蒸汽中烹煮。

适用食材

谷物、豆类、豆荚、高汤、炖菜、汤和大块的肉。

注意事项

许多压力锅附带蒸篮或蒸架，可以将食材置于水面之上，使同时烹饪多种食材成为可能。

压力锅烹煮食材的用时仅为普通炊具的

33%

高压之下

用高压蒸汽烹饪食材的速度比正常压力下以更高温度烹煮的速度更快，效率更高。

清澈的高汤

高压蒸煮是制作高汤的理想方法。汤汁在稳定的压力下不会沸腾，因此可以保证高汤的清澈。

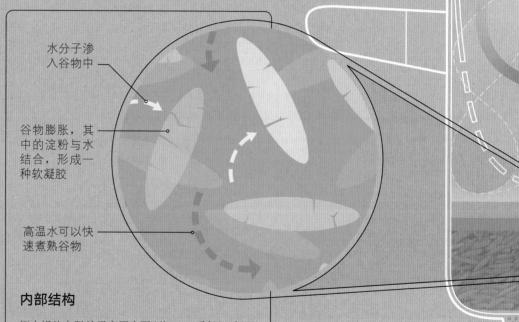

水分子渗入谷物中

谷物膨胀，其中的淀粉与水结合，形成一种软凝胶

高温水可以快速煮熟谷物

内部结构

压力锅的内胆处于高压之下（约103.5千帕），相同体积的水需要吸收更多的能量才能沸腾，这意味着水的沸点从标准大气压下的100℃提高至120℃，过热的水分子烹饪食物的速度远远超过普通的蒸煮速度。

图例

← 水分子的运动轨迹

← --- 热量在水中的传播方向

释放压力

一旦食物煮熟，即可以按照说明书的提示释放压力。多余的汤汁可以弃用，也可以用于制作酱汁。

#6

开火

在确保盖紧锅盖之后，将压力锅放上灶台，以中高火加热。

#4

释放蒸汽

#5

一旦压力锅达到所需压力，蒸汽就会从锅盖的通风口排出。此时，调至中小火，防止压力进一步增大，同时避免水分的流失。按照原计划的时间继续烹煮食物。

压力锅手柄的特殊设计可以将锅体和盖子牢牢锁住，防止蒸汽泄露，有些产品也可能配有压力表

加盖并锁定

使用压力锅手柄的特殊设计，将锅和盖牢牢地锁在一起。在确保蒸汽不会泄露的同时，增加锅内的压力。

#3

力锅中的高温分子密度是通炊具中的2……，可以从各个度加热食物

气密密封圈维持了锅内的压力

蒸汽在压力锅内会形成循环

将食物放入压力锅中

#2

鸡肉等食材可以放在蒸笼中，也可以放置在高于水平面的蒸架上。蔬菜等质地柔软、易煮熟的食材，最好放在蒸笼中烹制。

加入液体

#1

根据所使用的压力锅的型号和规格，参考说明书上的指导添加所适量的水、汤或高汤。谷物和蔬菜，每烹饪15分钟需要一杯液体；汤和炖菜则要多添加一点，液体应达到压力锅内部容积的½~⅔。

炉上式压力锅通常具备由三层金属制成的厚底座，确保热量均匀分布

为什么全谷物食品
比加工食品更有营养?

全谷物含有麸皮,富含关键营养素。

全谷物食品,也称全麦食品,由包含全部麸皮和胚芽(见下方图文)的谷物制成。面粉包装上如有"全谷物"(brown)字样,说明含有少量的麸皮,而"全谷物"(multigrain)、"石磨"(stoneground)或"100%小麦"等字样则表明产品含有营养丰富的胚芽,但不包含全部麸皮。麸皮自身带有坚果的香气和多种营养成分。麸皮中的纤维无法被消化,但会使食物体积膨大,制造饱腹感。其中⅓的纤维是"可溶"的,它们会在肠道中转换成黏稠的凝胶,有助于抑制人体对食物中糖和胆固醇的吸收。

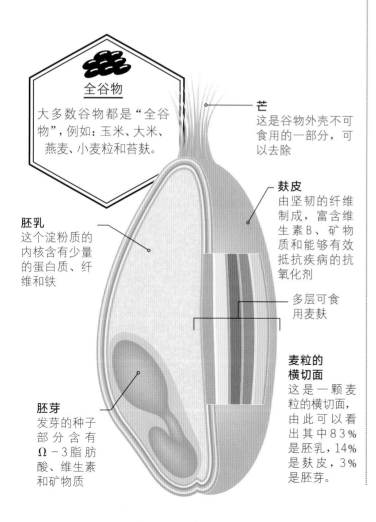

全谷物
大多数谷物都是"全谷物",例如:玉米、大米、燕麦、小麦粒和苔麸。

芒
这是谷物外壳不可食用的一部分,可以去除

麸皮
由坚韧的纤维制成,富含维生素B、矿物质和能够有效抵抗疾病的抗氧化剂

胚乳
这个淀粉质的内核含有少量的蛋白质、纤维和铁

多层可食用麦麸

麦粒的横切面
这是一颗麦粒的横切面,由此可以看出其中83%是胚乳,14%是麸皮,3%是胚芽。

胚芽
发芽的种子部分含有Ω-3脂肪酸、维生素和矿物质

烹饪豆类
是否需要提前浸泡?

浸泡可以减少豆类的烹饪时间,但这是有代价的。

干燥的豆子和小扁豆均属于人们常说的"干豆",它们富含蛋白质、碳水化合物、纤维和多种营养物质,如人体所必需的维生素B。绝大多数食谱都会建议在烹饪之前浸泡干豆,但事实并非如此。

为了使因干燥处理而损失水分的豆子变得重新可以食用,最简单的方法便是恢复其水分。通过长时间的烹煮(大豆类最多需要2小时)便可以达到目的。在烹饪前预先浸泡豆类可以使其恢复水分,减少烹饪时间,但同时会影响豆子的质地,令豆子易煮烂,颜色变浅。可参照下页图表中的指导,决定是否需要提前浸泡豆类。

> "许多食谱都建议烹饪豆类需要提前浸泡,但实际上只说对了一半。"

水里应该加盐吗?
通常认为在烹饪豆子前或在烹饪过程中应该加盐,但这种想法实际上是错误的。向水中添加盐(大约每升水放入15克盐)可以提味,还能够防止过度浸泡或将豆子煮成糊状,因为盐会"吸走"豆子表皮上少量的水分,降低水分渗入豆子的速度。盐分最终会渗透到豆子内部,降低黏合细胞的坚韧果胶的稳定性,从而使烹饪过程更快更均匀。

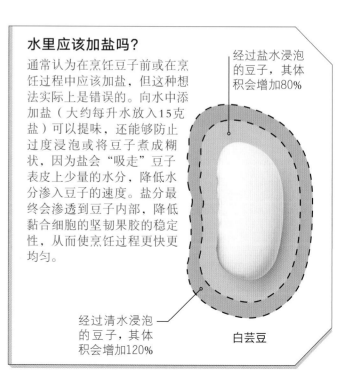

经过盐水浸泡的豆子,其体积会增加80%

经过清水浸泡的豆子,其体积会增加120%

白芸豆

豆子的种类		浸泡的影响		
豆子的大小会影响烹饪时间,同时也会影响浸泡后的效果。罐头豆子在高温消毒的过程中已经预先煮熟了,只需要重新加热即可。		**隔夜浸泡** 预先在冷水中浸泡过夜(或在烹饪前提前8小时浸泡)。	**提前浸泡** 烹饪前先在冷水中浸泡30~60分钟,以启动再水合(rehydration)。	**加速浸泡** 在滚水中煮1~2分钟后离火,加盖盖紧,在热水中浸泡30分钟,然后烹饪。
干豆类 豌豆类的种子去掉外皮,只留下子叶。 豌豆		除非豌豆非常老,否则无须长时间浸泡,去除种皮的内核很容易煮熟。	豌豆通过烹饪可以快速再水化并煮熟,所以短时间的提前浸泡并不会有任何好处。	对于只需较短时间烹饪的豌豆,加速浸泡没有必要。
小豆类 包括花豆、红豆、各种类型及大小的黑豆,以及其他体型更小的豆类。 黑豆		经过长时间的浸泡,小豆类会被彻底浸透,失去嚼劲并流失风味。	较短的浸泡时间可以稍稍提高烹饪速度,同时避免口感变差。	能够节省5分钟的烹饪时间,且能够最大限度地保留风味。
芸豆类和鹰嘴豆 包括白芸豆或多种更大的豆类。干鹰嘴豆的密度非常大,补水的过程非常慢。 芸豆　　鹰嘴豆		过夜浸泡可以减少40%的烹饪时间,但是会影响风味。	只能稍稍减少烹饪时间,但能够很好地留存风味和质地。	使豆类加速再水化,并保留风味,能够节省约30分钟的烹饪时间。

又老又干

无论大小,豆子越老,所含的水分越少,所以提前浸泡是有好处的。

豆类尺寸对比

可根据以下图表计算不同种类豆子的浸泡用时。

干豆类	小豆类				大豆类			
豌豆	小扁豆	大豆	黑豆	黑白斑豆	鹰嘴豆	白芸豆	芸豆	利马豆

'quinoa'（藜麦）一词源于盖丘亚语词 'kinua' 或 'kinÚwa' 的西班牙语变体。'qui' 的正确发音是 'kee'，而非 'kwi'。盖秋亚族人更习惯读作 'kee-NOO-ah'。

为什么藜麦如此特别？

印加人种植藜麦，并以藜麦为主食。
他们赋予藜麦神圣的地位，称其为"谷物之母"。

藜麦作为一种"天然食品"在市场上越来越受欢迎，其具有"超级食物"的所有特征：不含麸质，营养丰富，源自南美，有着悠久而迷人的历史。与小麦和其他农作物相比，藜麦绝对是一种超级食物，它的蛋白质含量极高，营养十分全面（见右侧"营养大餐"）。

藜麦与芥菜籽差不多大小。"白色"藜麦看起来像粗麦粉，是最受欢迎的品种。可以用类似煮饭的方法烹饪藜麦（见第130—131页），使其产生蓬松的口感。也可以用制作爆玉米花的方法将其爆开，加工成麦片中的脆片。

虽然藜麦因其营养成分而被视为全麦作物，但它并非真正的"谷物"，因为它不是禾本科植物的种子；相反，藜麦与甜菜和菠菜有关，因此被称为"假谷物"。藜麦和其他谷物外观也不尽相同，煮熟的藜麦表面会有一条类似小虫的细线（见下方图文）。

营养大餐

藜麦富含蛋白质，且拥有9种人体所必需的氨基酸、Ω脂肪酸、B族维生素和矿物质。

"藜麦形似北非小米，烹饪方法类似煮米饭。"

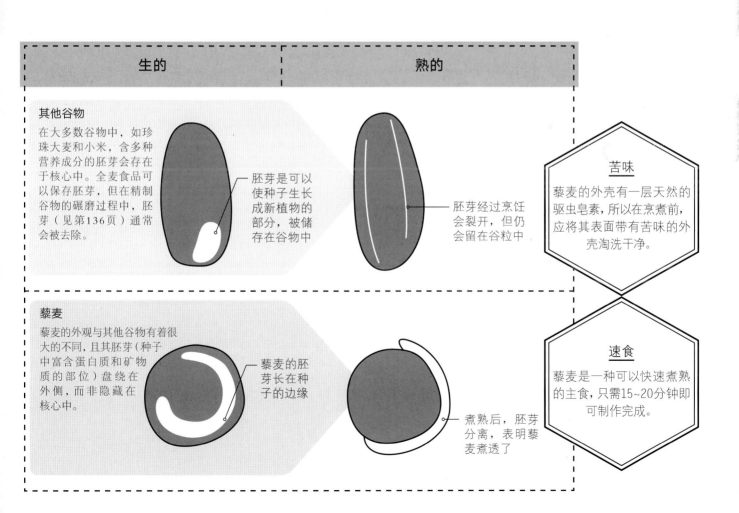

生的 | **熟的**

其他谷物

在大多数谷物中，如珍珠大麦和小米，含多种营养成分的胚芽会存在于核心中。全麦食品可以保存胚芽，但在精制谷物的碾磨过程中，胚芽（见第136页）通常会被去除。

胚芽是可以使种子生长成新植物的部分，被储存在谷物中

胚芽经过烹饪会裂开，但仍会留在谷粒中

苦味

藜麦的外壳有一层天然的驱虫皂素，所以在烹煮前，应将其表面带有苦味的外壳淘洗干净。

藜麦

藜麦的外观与其他谷物有着很大的不同，且其胚芽（种子中富含蛋白质和矿物质的部位）盘绕在外侧，而非隐藏在核心中。

藜麦的胚芽长在种子的边缘

煮熟后，胚芽分离，表明藜麦煮透了

速食

藜麦是一种可以快速煮熟的主食，只需15~20分钟即可制作完成。

如何防止
食用豆类后排气?

不要被豆类吓倒——事实上应多食用。

　　豆类富含纤维、蛋白质和人体所必需的营养物质,毫无疑问对健康有益。然而,对于那些通常不食用高纤维食物的人而言,一餐豆类食物会为肠道内生成气体的细菌带来过量的"燃料",供其消耗和繁殖。这些细菌消化掉我们无法消化的食物,即纤维,并产生副产品——气体。很多人认为,烹饪前提前浸泡并过滤掉浸泡豆类的水,可以去除一些可溶性纤维,比如通常被认为会产生气体的低聚糖。然而,浸泡无法去除不溶性膳食纤维,因此这样做是无效的。更有效的办法是,定期食用少量的扁豆和其他豆类,这样产生气体的细菌就不会因为突然过剩的"燃料"而过分活跃。

生芸豆真的有毒吗?

与许多植物类似,
芸豆也含有有毒物质。

　　芸豆的植物株的确是有毒的,它会产生一种有毒物质,以防止被动物吃掉。这种存在于芸豆中的毒素名为植物血凝素(phytohaemagglutinin),会破坏肠道内壁,导致严重的呕吐和腹泻。只要4颗生芸豆,便足以让肠子陷入"痛苦的愤怒"。植物血凝素只有在高温下才能被破坏;事实上,加热后芸豆的毒性会变得更强,所以未煮熟的芸豆比生芸豆更糟糕,这也是在低温下炖煮数小时的芸豆会引起食物中毒的原因。芸豆被煮至完全软化后,必须再猛火煮开至少10分钟,以破坏植物血凝素,确保食用安全;这一操作可以在烹饪的开始或结束时进行皆可。

　　罐装的芸豆是煮熟的,所以食品安全有保障。白芸豆和蚕豆中也含有少量的植物血凝素,虽然危险性较低,但也须煮熟。

形成爆炸的压力

通过加热,玉米粒的核心会升温,其内部的水分转化成水蒸气。在玉米粒坚硬外壳的包裹下,水蒸气无法逸出,所以当其内核变热时,压力便会上升。当温度达到180℃时,玉米粒内部的压力会飙升至标准大气压的9倍以上,玉米粒的外壳因此发生爆炸。

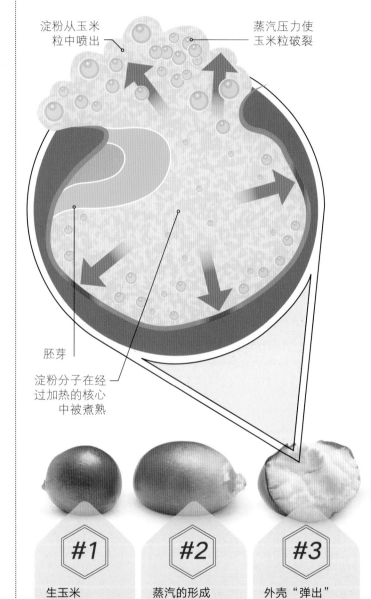

淀粉从玉米粒中喷出

蒸汽压力使玉米粒破裂

胚芽

淀粉分子在经过加热的核心中被煮熟

#1
生玉米
未爆开的玉米粒呈水滴状,由淀粉内核和坚硬致密的外壳组成。

#2
蒸汽的形成
经过加热,玉米粒内部的水分在达到100℃时转化成水蒸气,但依旧无法挣脱坚硬致密的外壳。

#3
外壳"弹出"
压力形成:当温度达到180℃,玉米粒内部的压力将达到9个大气压。随着"噼啪"声传来,外壳破裂。

为什么玉米粒可以爆开？

烹饪引发了一场难以置信的爆炸，
将硬壳的玉米粒变成了蓬松的白色爆米花。

爆米花是一种十分特殊的玉米的加工品。所有品种的干玉米粒都会爆裂，一粒粒玉米在"噼啪"声中依次爆开——玉米粒的外壳由纤维素纤维构成，非常致密而坚韧，玉米粒因此具有了爆开的潜力。

适合制作爆米花的玉米棒看起来和甜玉米棒几乎一模一样，只是其穗子会从玉米棒顶端垂下来，而甜玉米棒的穗子是直立的。玉米粒主要由淀粉和水组成，经过晾晒的玉米粒更容易被剥离。收割时，每颗玉米粒含有大约14%的水分，这些水分通过加热可以转化成水蒸气，从而令玉米粒爆开。因此，玉米粒应该储存在一个密封的容器中，以确保其中的水分不会蒸发。老且干的玉米粒无法制成爆米花，而是会留在锅底被彻底烧焦，并散发出辛辣的刺鼻气味。

作为一种全谷物食品，爆米花的纤维含量高，热量低，尤其是在用空气使其爆开（使用热空气作为加热方式）而非用油加热的情况下。就分量而言，每份爆米花比大多数水果和蔬菜含有更多的抗氧化物，比牛肉含有更多的铁。

由于旋转运动，淀粉从内核向各方向喷射，并随着其膨胀迅速冷却

玉米粒的爆开过程只需要⅕秒

致密的外壳最终被蒸汽气压征服

#4

推进力

热量已经将玉米粒的淀粉内核烤熟，当它从裂开的外壳中挤出来时，会使玉米粒发生旋转。

#5

淀粉喷出

在玉米粒旋转的同时，蒸汽的力量使煮熟的淀粉从内核中喷出。

#6

松脆的玉米花

在几毫秒内，喷出的玉米粒内核冷却，并凝结成一朵酥脆的白色淀粉花，体积为原来的40~50倍。

如何自制新鲜的意大利面？

在家制作意大利面其实非常简单，
但是面粉的种类会对成品产生很大的影响。

自制意大利面的食谱通常建议使用"00"号面粉，即意大利精度等级最高的面粉。这种面粉颗粒微小，很容易混合，能够制作出口感顺滑的意大利面。然而，"00"号面粉并非无可替代。白色的多用途面粉或蛋糕粉与"00"号面粉蛋白质含量相当（"00"号面粉的蛋白质含量通常为7%~9%），也能够产生很好的效果。

在制作新鲜鸡蛋意大利面时，低筋面粉的作用很重要。鸡蛋所提供的蛋白质已足以将面粉粘连在一起制成面食，因此若使用高筋面粉制作

一个筋道的面团

混合时应尽量避免掺入空气，因此如果你所使用的面粉不含硬块，就没有必要过筛。

的意大利面，成品的口感会过于致密有弹性。适合制作干意面的硬质小麦面粉蛋白质（麸质）含量高，所以不适合制作含有鸡蛋的新鲜意大利面。

可以跟随以下步骤学习手工制作新鲜的意大利面面团。食品料理机在批量生产意大利面时很有用，但要注意避免过度搅拌，以免麸质过多导致面团变硬。使用食品料理机搅拌30~60秒，待形成质地如蒸粗麦粉的粗糙的混合物时，停止搅拌，然后将混合物倒在工作台面上，搓揉成团。

实践

自制新鲜意大利面

如图所示，到目前为止，将意大利面面团擀薄的最简单的方法就是使用压面机。如果你选择用擀面杖，可以将面团分成几块，再将每块面团擀至2毫米厚。本食谱中使用的面粉为"00"号面粉，但也可以使用多用途面粉，或蛋糕粉和多用途面粉的混合物（2:1）代替。

#1

混合鸡蛋和面粉

将165克面粉倒在干净且干燥的工作台上，在面粉中间挖一个小"坑"，以防止液体流出。打散2个鸡蛋，将蛋液倒入"坑"中，加入半茶匙盐。淋上少许橄榄油，这样做可以使面团表面更加光滑且易操作。用餐叉轻轻搅拌鸡蛋，然后慢慢地将面粉由四周向中心搅动，与鸡蛋混合。

#2

揉制面团并静置

将剩余的面粉推到中间，搓揉成团，再揉约10分钟，使麸质形成网状结构，以增加面团的弹性。如果面团太干，可以添加少量水或橄榄油，使面团保持湿润；如果面团太湿，可以加入干面粉吸收水分。揉好的面团用保鲜膜包裹以保湿，在冰箱内放置1小时，其间淀粉颗粒充分吸收水分，麸质纤维会变得松弛并产生回弹。

#3

擀平面团

将面团从冰箱中取出，去除保鲜膜。在面团表面撒上少量面粉，将面团擀成圆形的面饼，然后将面饼反复放入压面机压制3次，以使麸质网络进一步形成。而后将面团折三折，压平，再次放入机器压制，重复6次。

"制作鸡蛋意大利面应使用低筋面粉，以避免意大利面质地过于致密，有弹性。"

#4

将面团轧至理想厚度

继续将面团放入压面机，逐步缩小厚度设置，直至面饼达到理想的厚度。如果要制作意大利饺子的面皮，应该将压面机的厚度调至最小值。

#5

切面

将面片顶端和底端对折，放入压面机切成条状：1厘米宽是意式宽面的标准尺寸，6毫米宽则是意式干面条的标准尺寸。食用前将切好的面条在沸水中煮熟，保持面条有嚼劲即可（见第144—145页）。

各种意面和酱汁的搭配

意大利面有多种形状和大小，很多形状是为特定菜肴而设计的。酱汁的黏稠度应与意大利面的几何形状相匹配。

- 传统的意大利细面条，很容易与以粗切蔬菜、海鲜或肉类制成的酱汁混合。

- 扁而宽的长条形意面，如意式干面条，可以轻易吸附较浓稠的肉酱，其长而扁平的表面也适合与黏稠的奶酪酱汁结合。

- 管状意面，如通心粉，其表面积较小，可以在黏稠的酱汁中滑动，因此搭配质地厚重的酱汁、油性酱汁或薄酱汁效果都很好。

- 斜管状、螺旋状或带有纹理的通心粉，适合搭配质地稀薄的、油性的或以番茄为基础的酱汁，如里加塔笔管面状通心粉，因为其轮廓和凸起有助于低表面张力的酱汁附着其上。

- 贝壳形意大利面与中等厚度的酱汁是理想组合。

- 圆柱形的意大利马铃薯饺子，非常适合搭配浓稠的奶酪酱汁，因为这种较大的饺子不易吸附酱汁。

新鲜意大利面比干的好吗？

许多人认为干意面是新鲜意面的廉价替代品，但在意大利，干、湿意面完全是两种不同的食材。

干意大利面通常比新鲜的便宜，但质量并不一定差；事实上，干意大利面在意大利的生产受到高度监管。相反，工艺拙劣的新鲜意大利面煮熟后质地黏稠，反而显得质量低劣。

在意大利，干意大利面与新鲜意大利面有不同的用途。新鲜意大利面含鸡蛋，口感柔韧，与干意大利面相比，具有更浓郁的黄油味，适合与以奶油或奶酪为基础的酱料搭配。干意大利面质地更紧实，煮制后口感更筋道，所以最好与油性、肉质的酱汁搭配[博洛尼亚肉酱面（bolognese）除外，它通常采用新鲜意大利宽面条（tagliatelle）制作]。选用何种意大利面取决于要搭配的食材，而非意大利面本身。

了解区别

干意大利面

干意大利面便于存储，有各种形状和品种可供选择。

 干意大利面由硬质面粉与水制成。揉好的面团经过静置，麸质网络会加强。切割成各种形状之前，面团会经过反复揉制。由于麸质含量高，意大利面具有足够的强度，可以在沸水中长时间烹煮。

 干意大利面需要煮得更久（9~11分钟），因为淀粉颗粒需要先充分补水。

新鲜意大利面

保质期相对较短，使用前须冷藏。

 制作新鲜意大利面时会用全蛋或蛋黄代替水。脂肪会增加面团的柔软度，蛋清则替代了硬质面粉中的麸质，增强面条的韧性，使其能够承受沸水的冲击。因此无须使用硬质小麦面粉。

新鲜意大利面的水分充足，在沸水中煮2~3分钟即可。

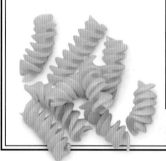

将意大利面放入沸水中后，须立即搅拌以避免其粘在一起

在煮意大利面的水中加入盐有何帮助？

传统的意大利面烹饪方法是将意大利面倒入一大锅沸水中，然后撒少许盐，但盐的作用经常被误解。

在煮制意大利面的水中加入盐可以改善口感，更容易煮出嚼劲，同时去除一些黏性淀粉。有些人认为加盐会加快烹饪速度，但事实恰恰相反。

沸腾速度

向快煮沸的水中加入盐会使水冒泡，因此给人一种盐能够使水沸腾的错觉，但实际上盐只是刺激了冒泡，并非提高了水的温度。盐水确实会沸腾得稍微快一点，但差别可以忽略不计。更值得注意的是盐对淀粉烹饪方式的影响。面粉中的小麦蛋白链（麸质）网络包裹着淀粉颗粒。意大利面煮制过程中，淀粉颗粒分解，进而吸收水分并凝结成凝胶。温度达到55℃时，小麦淀粉凝胶形成，但盐的加入会干扰这个过程，促使凝胶形成的温度升高，所以用盐水将意大利面煮熟的时间会更长。

盐的作用

将1升水的沸点提高0.5℃，需要加入4汤匙盐。

在煮意大利面的水中加入油，能否防止粘连？

了解淀粉在烹饪过程中如何与意大利面相互作用，
有助于理解意大利面易粘连的原因，并防止这种情况的发生。

一团黏糊糊且淡而无味的意面确实很倒胃口。要防止意大利面粘连，除了加入橄榄油，还要注意搅拌的时机。

搅拌的作用

善于观察的厨师会怀疑向煮面水中加入油是否确有其效，因为油只会浮在表面，而不会附着在意大利面上。在意大利面刚入锅时搅拌效果会更好，此时其表面的淀粉会变成黏稠的凝胶。当意大利面的形态逐渐稳定后，面条不再粘连，便可以停止搅拌。

何时添加油

酱汁
保留少量含淀粉的煮面水，作为酱汁的增稠剂和黏合剂。

另一个关键点出现在烹饪即将完成时，此时意大利面逐渐冷却，淀粉使其表面的水分变得黏稠。除非马上加入酱料，否则应在意大利面表面淋上少许橄榄油，以防止粘连。用热水淘洗煮熟的意大利面也可以去除其表面的"淀粉胶水"。

煮好的面可以加入一些油，以防止粘连

淀粉如何作用于意大利面

烹煮干意大利面大约需要8分钟。知道何时搅拌或添加油可以避免粘连。

淀粉从意大利面表面渗入煮面水中

煮制前
干意大利面中含有的淀粉颗粒被麸质网状结构固定着。烹饪时颗粒裂开。

煮制1~2分钟
意大利面吸水后会膨胀，淀粉变成凝胶状后质地黏稠。请于此时持续搅拌，以防止粘连。

煮制3~6分钟
淀粉在意大利面表面继续软化。不时搅拌一下，将意大利面分开。

煮制7~8分钟
一旦表面的淀粉层变硬，意面便不再粘连，此时可停止搅拌。

煮熟后
加一点橄榄油（如果不加入酱料的话），或者用刚烧开的水淘洗意大利面，防止粘连。

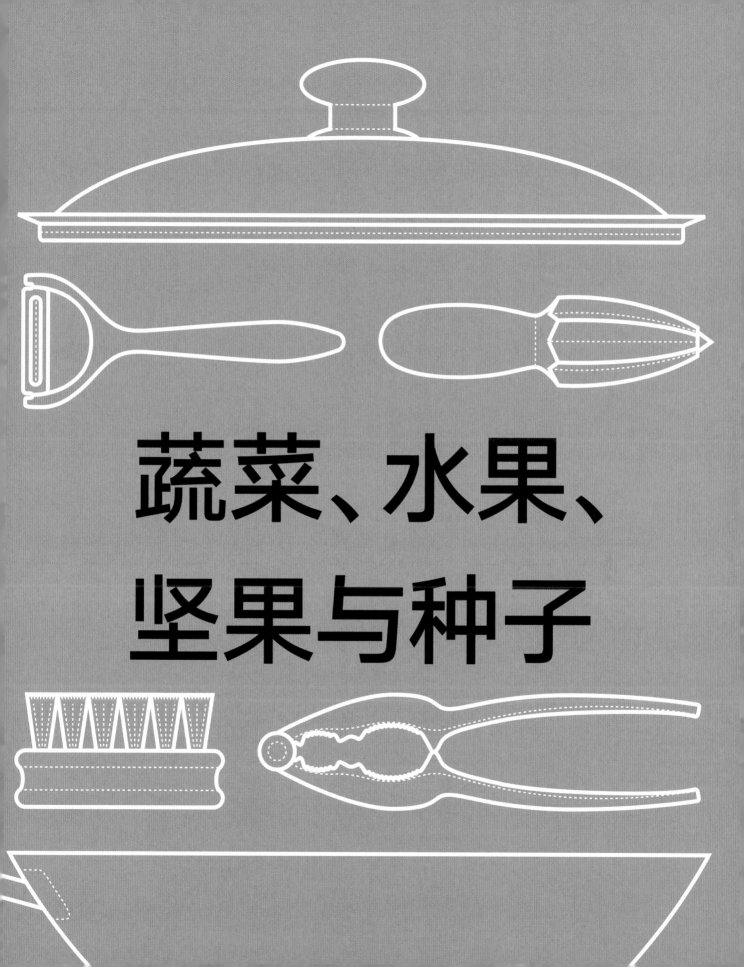

蔬菜、水果、坚果与种子

有机的蔬菜和水果更有营养吗？

人们通常认为有机农产品不含人工杀虫剂和化肥，
因而具有更好的风味和更多的营养。

味道不仅指食物的香气和风味。研究表明，食客对于食物的认同感会显著影响味觉感受，当我们食用合乎道德的有机食品时，会在获得道德满足感的同时增强食用食物的愉悦感。然而，有机食品生产商所声称的营养和风味实际上还未得到科学证实。针对有机食品营养水平的测试结果可以说是喜忧参半。简而言之，有机食品在营养含量方面的优势并不显著。另一方面，有机食品和非有机食品的风味分子相似，即使是受过专业训练的评鉴专家也很难分辨其中的差异。但耕种方法确实会影响农作物的品质（见右侧图文）。有机农产品大多来自当地的小型农场。

土壤的品质

比有机状态更重要的是土壤的质量和它提供的矿物质。

了解区别

小规模生产

小农场的农产品可以保有独特的风味。

 产自当地小农场的农产品，因降解时间短而更新鲜，且品相不易受损，有助于风味的保存。

 与大规模工业化生产的农场相比，小型农场更有可能种植风味浓郁的祖传品种（见下文）和甜香的葡萄品种。

大规模生产

大规模生产水果与蔬菜确实会影响风味。

 集约化生产的农产品价格更便宜，但用机器收获可能会使作物受损，影响风味和营养（见下页）。

 大规模生产的品种通常味道平淡，但有些品种经过培育，比其略带苦涩的祖传品种更香甜可口（见下文）。

祖传品种的水果和蔬菜

祖传品种的水果和蔬菜多达数十种，但相比之下，我们习惯购买的高产量的商业化品种屈指可数。

祖传品种通常具有浓郁的风味。

味道略苦的欧洲野苹果的抗氧化剂含量比香甜多汁的金冠苹果高15倍。

据统计，20世纪蔬菜种子品种灭绝的比例高达

93%。

很多祖传品种都带有酸味。

祖传品种更美味吗？

保持水果和蔬菜的稀有物种多样性有助于
保持植物王国的生物多样性。

祖传品种特指传统的蔬果品种，它们在过去50年内都没有经过任何交叉授粉的集中化农业生产。祖传品种的风味更足，营养更丰富，并且能够呈现古老的味道。祖传品种通常含有更多的维生素和抗氧化剂，但总矿物质含量由土壤质量决定，与品种无关。

许多祖传品种的水果和蔬菜比今天的产品体型更小、质地更硬，甚至会带有苦味。而今天的蔬果则被专门培育成体型更大、质地更软、甜度更高的产品。祖传品种是否美味往往取决于个人喜好，对于厨师而言，想要寻找一种现代蔬菜无法提供的独特风味，祖传品种是很好的选择。

随着成熟度提高，
蔬菜的营养会下降吗？

新鲜蔬菜是多种维生素和矿物质的绝佳来源。

从作物被采摘或挖取的那一刻起，营养流失的倒计时便开始了。水果或蔬菜在收获时并未死亡，会继续吸收氧气并存活数天或数周。然而，与母体植物切断联系后，水果或蔬菜中的维生素和营养就会从储存转化成消耗，等到最终食用时，留给我们的营养就更少了。

影响营养物质流失速率的因素较多。高温和光照会损害许多维生素，尤其是对阳光敏感的维生素B和维生素C，这两种维生素在柑

高温损伤

菠菜在室温下放置4天，便会失去超过½的叶酸。

橘类水果、青椒、番茄、花椰菜和绿叶蔬菜中含量丰富。维生素A和维生素E比较稳定，纤维和矿物质在较长时间内也不会受损。营养物质损失的数量取决于蔬菜的种类和采收、物流与储存的状况，以及土壤的条件——土壤贫瘠意味着农产品最初的营养物质更少。下方图表展示了农产品从收获到消费的过程，以及在这一过程中营养储备是如何被消耗殆尽的。

蔬菜品种	采收	物流	储存
精细蔬菜 质地细嫩的蔬菜，如芜菁、芦笋，以及各种适合制作沙拉的叶菜，如果处理不当很容易受损，使营养物质的流失加剧。 	如果在采收过程中处理不当，这些质地细嫩的蔬菜可能会被割伤或擦伤，进而开启"防御模式"，其中的营养便会消耗殆尽。因此，这类蔬菜通常采用手工采收，而非使用机器。	**本地** 运输距离较短的精细蔬菜若于采摘后两天内食用，可以获得最佳营养。 **运输** 精细蔬菜在运输过程中很容易受损，因此菜农会在其完全成熟前采收。切割和挤压都会导致细胞破裂，使营养流失。	**冰箱** 大多数精细蔬菜都应该冷藏。低温可以延缓细胞内的化学反应，避免维生素C等脆弱营养物质被破坏（精细蔬菜中的维生素C含量通常很高）。 **橱柜或桌面** 罗勒等草本植物如果冷藏会受损，所以应该放在可被阳光直射的台面上。未成熟的番茄或鳄梨可以放在厨房柜台上等待成熟，但如果不马上食用，成熟后可以转移至冰箱中。
耐寒蔬菜 相比精细蔬菜，萝卜、胡萝卜和欧洲防风等根茎类蔬菜质地较硬，如果没有明显的损伤，其维生素和抗氧化剂的含量可以维持很长时间。 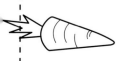	大多数市场上出售的根茎类蔬菜都是使用机器采收的，这增加了采收时蔬菜被破坏的风险，并间接导致宝贵的营养物质流失。	**本地** 本地产的耐寒蔬菜是最理想的选择，其在运输途中受损的风险较小，营养也能够得到最大限度的保存。 **运输** 耐寒蔬菜可以经受住粗糙的处理，以及紧密包装。但其营养依旧会在采摘后逐步消失，因此长距离运输还是会使营养受损。	**冰箱** 一些耐寒的蔬菜，如胡萝卜、欧洲防风、芜菁，与羽衣甘蓝等更耐寒的绿色蔬菜，最适合冷藏保存。 **橱柜或桌面** 一些质地较硬的蔬菜，其风味会受到冰箱中寒冷空气的影响，并因此加速腐烂。马铃薯、红薯、洋葱和南瓜等蔬菜可以存放在凉爽、阴暗、通风良好的橱柜中。

生食蔬菜好吗？

烹饪蔬菜既不是什么坏事，也不是什么好事。

烹饪对于食物中营养成分的影响是复杂的，它在破坏了一些维生素和抗氧化剂的同时，又增加了一些维生素和抗氧化剂。例如，番茄会释放出更多相对罕见的抗氧化剂——番茄红素；胡萝卜煮熟后会释放更多的胡萝卜素，但维生素C（也存在于番茄中）、几种B族维生素和某些酶会因为加热而被破坏。为了我们的健康，正确选择蔬菜的食用方式很重要。下方图表显示了哪些蔬菜适合生食，哪些蔬菜经过烹煮才能释放有价值的营养。

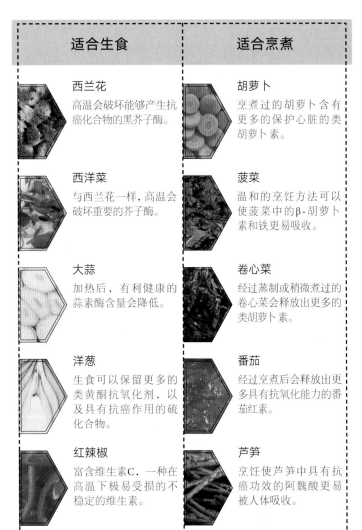

适合生食	适合烹煮
西兰花 高温会破坏能够产生抗癌化合物的黑芥子酶。	**胡萝卜** 烹煮过的胡萝卜含有更多的保护心脏的类胡萝卜素。
西洋菜 与西兰花一样，高温会破坏重要的芥子酶。	**菠菜** 温和的烹饪方法可以使菠菜中的β-胡萝卜素和铁更易吸收。
大蒜 加热后，有利健康的蒜素酶含量会降低。	**卷心菜** 经过蒸制或稍微煮过的卷心菜会释放出更多的类胡萝卜素。
洋葱 生食可以保留更多的类黄酮抗氧化剂，以及具有抗癌作用的硫化合物。	**番茄** 经过烹煮后会释放出更多具有抗氧化能力的番茄红素。
红辣椒 富含维生素C，一种在高温下极易受损的不稳定的维生素。	**芦笋** 烹饪使芦笋中具有抗癌功效的阿魏酸更易被人体吸收。

物尽其用

胡萝卜等根茎类蔬菜的绿叶通常会被丢弃（见下文），但这个部分实际上可以食用，加入配菜和沙拉，可以增添一丝辛辣的味道。

如何使用此类绿叶

根茎类蔬菜的绿叶可以用来为沙拉调味，与其他绿色蔬菜一起炒，也可以加入清汤或肉汤中增加风味。

胡萝卜、小萝卜、萝卜、甜菜根

胡萝卜缨中的生物碱有辛辣的味道

胡萝卜缨比其根部的维生素C含量更高

胡萝卜缨

根茎类蔬菜的绿叶可以食用吗？

对安全的不确定性使许多人对食用顶部的绿叶保持怀疑。

胡萝卜等根茎类蔬菜的顶部通常长着细长的绿叶，这种叶子一直以来都被作为汤品的点缀，且大多数人不确定这些叶片是否真的可以食用。有关胡萝卜缨中含有"有毒"生物碱的报道确实引发了一些恐慌，同时，由于其含有与毒铁杉相似的成分，许多人对类似胡萝卜缨的绿色叶子更加敬而远之。不可否认，胡萝卜缨中的生物碱含有轻微的苦味，摄入量足够大时确实会引起中毒，但胡萝卜缨的生物碱含量并不足以引发中毒。事实上，芝麻菜等适合制作沙拉的叶菜，都因含有苦味生物碱而具有独特且怡人的辛辣味道。根茎类植物的叶子与其他草本植物其实没什么不同；不过，使用此类味道浓烈的叶子时应严格把握用量，以避免喧宾夺主。

清洗或削皮，怎样处理更好？

相信许多人都被教导说削皮可以去除蔬菜表面的污垢和苦味。

在处理苦涩坚硬，难以清洗的蔬果皮时，传统的做法是去皮。然而时至今日，许多蔬菜被培育得更肥厚，表皮更薄，仅做适当处理便可以令其变得美味。

研究表明，蔬果皮上含有大量有益健康的营养物质，包括多种具有抗氧化作用的植物化学物质。蔬果表皮的色素不仅赋予蔬果以色彩，同时也是其含有抗氧化剂的重要指标。胡萝卜等表皮和内部颜色统一的蔬菜，意味着表皮和内部都含有抗氧化剂。因此，去皮必然导致一部分维生素的损失。但在大多数蔬菜中，许多营养物质集中在表皮下。

相比清洗表皮，去皮的好处是能够最大限度地去除农药残留。高温加热会破坏掉一部分残留的农药，因此对于农药残留较少的蔬菜，清洗或擦洗是保持营养的最好方法。

如果削皮，受损的细胞会进入防御模式，迅速耗尽营养储备

红薯的营养含量

红薯的表皮含有维生素C和多种宝贵的抗氧化剂。削去红薯的皮会使其维生素C含量减少35%。

红薯中的铁、钾和钙藏在表皮之下

将蘑菇置于阳光下能否提高维生素D含量？

更接近动物，真菌具有独特的营养成分，可以提供多种关键营养。

蘑菇是真菌，具有独特的风味和类似肉类的口感。其蛋白质含量比大多数蔬果都高，并且含有氨基酸，因而具有极为鲜美的风味。真菌还含有通常只存在于动物制品中的维生素D和维生素B_{12}。蘑菇通常生长在室内，所以几乎不含"光照维生素"，只有在接受紫外线照射时才能产生维生素D。然而，由于蘑菇在收获后仍能存活，所以将它们置于强烈的阳光下至少30分钟，可以使其表皮产生丰富的维生素D（见右侧图文）。

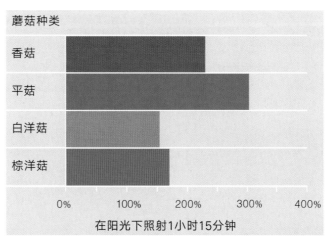

蘑菇种类

香菇

平菇

白洋菇

棕洋菇

0%　100%　200%　300%　400%

在阳光下照射1小时15分钟

阳光对蘑菇的影响

这张图表显示了不同的蘑菇置于阳光下1小时15分钟，其维生素D含量的变化。将蘑菇切碎使其表面积增加，可以提高维生素D的"产量"。

蒸煮
的原理

如何工作

食物被放置在水面上方，而非放入水中，热量通过蒸汽传递至食物上。

适用食材

蔬菜、鱼排及鱼片、去骨鸡胸和小家禽、里脊肉和腿肉。

注意事项

如果使用多层蒸笼，应将肉或鱼放在底层，以避免其水分滴到下面的食物上。

在蒸制过程中，水始终保持沸腾，并不断蒸发，变成水蒸气，在锅中向上升腾，将热量传递给上层的食物。

　　蒸是最健康的烹饪方法。烹饪过程无须添加脂肪，且由于食物不浸泡在水中，水溶性的营养物质得以保存。此外，蒸是一种节能的烹饪方法，只需少量的水便可完成。水变成蒸汽时会迅速膨胀，其"潜热"能量（等温等压情况下，物质在不同固相之间变化时所吸收或放出的热量，编者注）在接触到凉的食物时便会释放。下页的图表展示了蒸制的完整流程，可以帮助我们了解食物是如何在循环蒸汽中完成烹煮的。

将蔬菜切成大小相近的小块，确保其受热均匀

蒸西兰花会损失

14%

的维生素C，煮制则会损失54%。

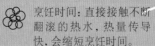

将水烧开，以产生足够的蒸汽，使热量均匀分布。当水沸腾时，水分子吸收了足够的能量，并将以蒸汽的形式释放。

#2

蒸汽循环

蒸制只需少量的水。因为上升的水蒸气凝结成水滴后会滴落，形成循环。

#1

在蒸锅中加热少量的水——高度约为2.5厘米。加热时，水分子的运动加快，能量增加，直至水温上升至100℃。

潜热

蒸汽泡在变回液态水滴时会释放能量（或者说热量）。

了解区别

蒸	煮
食物通过循环蒸汽烹饪。	食物直接在沸水中烹饪。
烹饪时间：略长于水煮，因为食物被一层冷凝水包围着，加热缓慢。	烹饪时间：直接接触不断翻滚的热水，热量传导快，会缩短烹饪时间。
风味和质地：可以很好地保存食物的甜味和口感。	风味和质地：高温可能会使细嫩的食物损失风味和口感。
营养物质：可以有效地保留维生素和矿物质。	营养物质：水溶性营养物质会溶于水中，或被高温破坏。

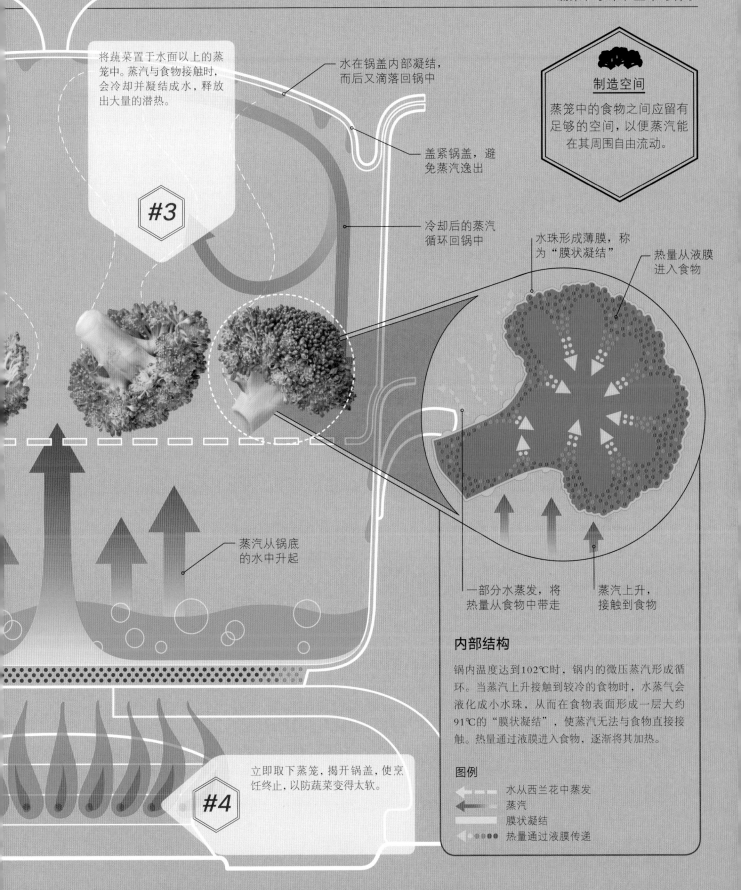

将蔬菜置于水面以上的蒸笼中。蒸汽与食物接触时，会冷却并凝结成水，释放出大量的潜热。

水在锅盖内部凝结，而后又滴落回锅中

盖紧锅盖，避免蒸汽逸出

冷却后的蒸汽循环回锅中

#3

制造空间

蒸笼中的食物之间应留有足够的空间，以便蒸汽能在其周围自由流动。

水珠形成薄膜，称为"膜状凝结"

热量从液膜进入食物

蒸汽从锅底的水中升起

一部分水蒸发，将热量从食物中带走

蒸汽上升，接触到食物

内部结构

锅内温度达到102℃时，锅内的微压蒸汽形成循环。当蒸汽上升接触到较冷的食物时，水蒸气会液化成小水珠，从而在食物表面形成一层大约91℃的"膜状凝结"，使蒸汽无法与食物直接接触。热量通过液膜进入食物，逐渐将其加热。

立即取下蒸笼，揭开锅盖，使烹饪终止，以防蔬菜变得太软。

#4

图例

水从西兰花中蒸发
蒸汽
膜状凝结
热量通过液膜传递

切洋葱如何能够不流泪？

学习如何对抗洋葱的"自卫机制"。

与许多蔬菜一样，洋葱不喜欢被食用。洋葱细胞受损后会释放出一种名为"催泪因子"（见下方图文，"生洋葱的细胞解剖"）的刺激性气体，目的是抵御饥饿的动物。一旦这种气体接触到眼睛表面，就会与眼球上的水发生反应，变成硫酸和其他刺激性化学物质。此时眼睛便开始流泪，产生眼泪的目的是带走这些令眼睛疼痛的酸。有多种方法可以延缓这些刺激性的气体与眼睛的接触（见下方图文），比如，使用锋利的菜刀，并使切口尽量整齐，由此最大限度地减少洋葱细胞的损伤，从而减少刺激物的释放。

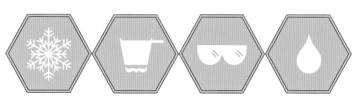

冷藏
将洋葱放入冰箱冷藏30分钟后再使用，以减缓酶的释放。

预煮
先将整个洋葱焯水，使能够产生刺激性物质的酶失去活性。

保护措施
戴上合适的护目镜和鼻塞，防止刺激物进入泪腺。

浸泡
在流动的水龙头下切洋葱，并防止刺激性的水雾飘到你的脸上。

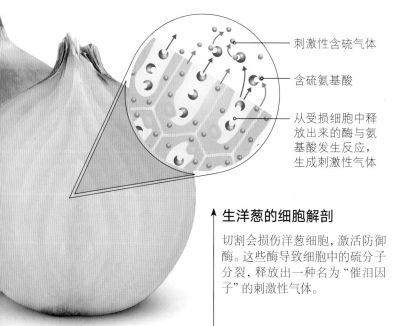

刺激性含硫气体

含硫氨基酸

从受损细胞中释放出来的酶与氨基酸发生反应，生成刺激性气体

▲ 生洋葱的细胞解剖

切割会损伤洋葱细胞，激活防御酶。这些酶导致细胞中的硫分子分裂，释放出一种名为"催泪因子"的刺激性气体。

为什么不同颜色的菜椒味道不同？

菜椒的味道比你尝过的丰富得多。

在菜椒的众多颜色中，绿色是最特别的。青椒实际上是未成熟的菜椒，而非不同的种类。这意味着在此阶段，其含有大量的叶绿素——一种可以将日光能量转化成自身所需能量的绿色色素。随着菜椒逐步成熟，叶绿素无须再为菜椒提供能量，因而开始分解，像秋天的落叶一般"掉落"，使其他色素逐渐显现。菜椒的颜色和风味取决于它的种类（见下方图文）。随着菜椒质地逐渐变软，原本维持其质地的果胶强度逐渐减小，碳水化合物转化为糖，新的风味就此产生。

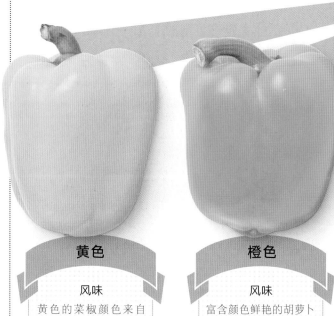

黄色

风味
黄色的菜椒颜色来自叶黄素，口味清淡，果香浓郁。

用途
具有天然的甜味，适合生食、烘烤或炙烤。

橙色

风味
富含颜色鲜艳的胡萝卜素，味道温和，带有甜味。

用途
与红菜椒搭配食用，它们的高果糖含量有助于烤至上色。也可以加入沙拉、蘸酱或炒菜中。

红菜椒的果糖含量
是青椒的

200%。

制作红甜椒粉

甜而微辣的红色菜椒先被晒干，然后研磨成粉状，制成红甜椒粉。

绿色

风味

富含绿色叶绿素的青椒质地结实且芳香四溢，有一种新鲜的"绿色植物"香气。

用途

切成小块，可以在炖菜或咖喱菜中加入少许，增加菜肴的立体感和清新感。

将菜椒放置在家中是不可能令它成熟的

许多水果和蔬菜可以在购买后慢慢静置成熟，但菜椒的情况略有不同。

收获与成熟

说到成熟，可食用植物的果实可分为两类：一类是收获后依旧可以继续成熟的果实，另一类是未切断与其原生植株的连接时才能成熟的果实（见第168—169页）——菜椒就属于后者。因为菜椒不会在冷藏或常温环境中成熟，所以最好在购买时选择已经成熟的。

"青椒实际上是未成熟的菜椒，而非某个特定的品种。"

红色

风味

红菜椒香甜多汁，颜色深，其颜色源于辣椒黄素和辣椒红素。

用途

用于酱汁、炖菜、谷物、碎牛肉或羊乳酪的制作，以增添风味和口感。

紫色

风味

甜度较低、质地偏硬，风味随品种而异。

用途

紫色的辣椒通常有一个对比鲜明的绿色内腔，所以可以用作装饰。

棕色

风味

红菜椒的变种，表皮呈类似红木的棕色，带有甜味。

用途

高温会使菜椒褪色，所以棕色菜椒最好生食。

烤蔬菜如何避免受潮？

烘烤过的蔬菜外皮酥脆，口感柔嫩扎实，非常美味。

蔬菜烤得成功可以说是烧烤的最高境界。技巧不纯熟的厨师制作出来的烤蔬菜往往软烂而油腻。其实只要掌握一些科学知识，就能确保每次制作的蔬菜口感既酥脆又紧实。

保持水分

蔬菜的含水量很高。在干燥的烤箱中，水分流失过多会导致蔬菜的表皮起皱，从而失去口感。在将蔬菜放入烤箱之前，可以先将蔬菜用小火蒸制，如此操作可以缩短烘烤的时间，减少水分流失，有助于蔬菜保持形状。当温度达到45~65℃时，植物中的一种保护酶，果胶甲基酯酶（pectin methylesterase）将永久开启。这种强力的果胶加强了黏性，牢牢地将蔬菜的细胞粘在一起，这有助于防止蔬菜在烘烤时因失去水分而萎缩。因此，成功的关键在于使用温和的烹饪手法。此外，在将烤盘放入烤箱之前，可以先覆盖一层铝箔纸（如下方图文所示），让蒸汽先将蔬菜蒸熟，再揭掉铝箔纸，让热空气将蔬菜的表皮烤脆。

> 水分占胡萝卜的
> # 90%，
> 马铃薯中含有80%的水分。

实践

烤制香脆的蔬菜

烤制胡萝卜、欧洲防风或马铃薯等根茎类蔬菜时，应将其切成尺寸相同的小块，平铺在烤盘上，避免堆砌。这种方法可以用于烤制一种根茎类的蔬菜，也可以用于同时烤制混合在一起的多种蔬菜——只要确保烤盘足够大，将全部蔬菜铺平避免堆叠即可。

#1

将蔬菜切成均匀的小块

将烤箱预热至200℃。将1千克混合的根茎类蔬菜和1颗红洋葱切成尺寸均匀的小块，以确保其受热均匀。淋上2汤匙橄榄油，用盐和新鲜研磨的黑胡椒调味，然后搅拌均匀。

#2

将蔬菜放入烤盘

将蔬菜松散地铺在一个足够大的浅烤盘中，不要堆叠。撒上香草，例如迷迭香或百里香。在烤盘中预留足够的空间，有助于烹饪后期蔬菜均匀地释放蒸汽，使表皮变得酥脆并上色。

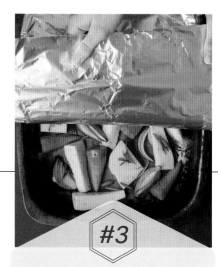

#3

覆盖铝箔纸或加盖，以防止蒸汽泄漏

用一张铝箔纸覆盖烤盘，或加盖盖紧烤盘，以锁住水分，然后将烤盘放入预热好的烤箱中。覆盖严密，烹饪10~15分钟，其间蔬菜蒸发出的水分会将其蒸熟，并能够将质地更紧致的酶激活。然后移除铝箔纸或盖子，将烤盘重新放回烤箱中。

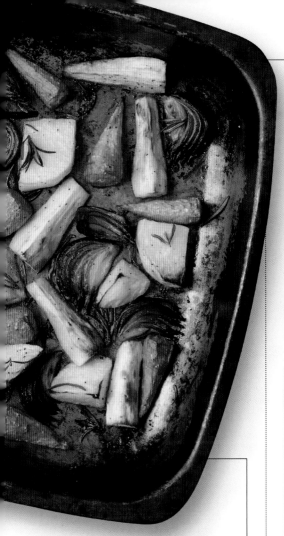

如何最大限度地
保留蔬菜中的营养?

烹饪方式对蔬菜的营养价值有多种影响。

在所有烹饪的方法中,蔬菜经过油炸和水煮损失的营养比例最高。沸水可以将热量迅速地传递给食物,但营养物质也随之渗入水中。蒸煮通常被认为可以最大限度地保留营养,但研究表明,各类蔬菜所适用的烹饪方法各有不同。例如,对于大多数蔬菜而言,轻微的煎烤不如蒸制,但在处理西兰花、芦笋和小胡瓜时却更适合。此外,相比蒸制,用沸水煮制胡萝卜可以产生更多的类胡萝卜素。研究结果还表明,采用真空低温烹饪法(见第84—85页)可以保留大部分的营养物质,其间温度受到严格控制,牢牢锁住营养物质。

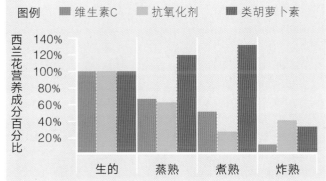

图例 ■ 维生素C ■ 抗氧化剂 ■ 类胡萝卜素

西兰花营养成分百分比

140% 120% 100% 80% 60% 40% 20%

生的　蒸熟　煮熟　炸熟

为了营养而烹饪

这张图表展示了生、熟西兰花之间的营养水平差异。加热会降低其大多数营养物质的含量,因此温度较低的烹饪方式更为适合。同时,有些方法可以提高类胡萝卜素的含量。

#4

蔬菜烤至焦脆

去掉覆盖物,将烤盘放回烤箱后继续烤35~40分钟,或直至蔬菜变软,边缘开始焦化,便可将蔬菜从烤箱中取出,趁热食用。

向水中加盐
可否更快煮熟蔬菜?

人们通常认为盐会提高沸水的温度。

不可否认的是,在沸水中加盐确实会略微提升水温(差别不足1℃,详见第144页),但这并非用盐水煮蔬菜真正的好处。

煮菜水中的盐和其他矿物质还会起到其他重要的作用。植物细胞有着坚硬的细胞壁,由坚韧的木质素和纤维素构成,以保持植物的强韧。烹煮的过程能够软化这些木质纤维,使蔬菜变软。但在加热温度足以引发这一变化之前,将植物细胞粘在一起的化学"胶水"——果胶和半纤维素——会先溶解。烹饪水中的酸度、盐分和矿物质含量可以加强或削弱使这些胶状物保持坚固的分子键。盐会使帮助"胶水"保持完整的果胶丝发生分离。盐中的钠会破坏果胶分子之间的连接,所以加盐的蔬菜熟得更快。

完美的炒蔬菜秘诀何在？

炒蔬菜看似简单，其成功的关键在于火力和娴熟的技巧。

在专业的厨房中，厨师娴熟地掂锅翻勺，眨眼间便炒好一盘菜。由此得见，炒菜成功的秘诀在于"猛火快攻"，这需要极高的温度和充分的准备。

感受火候

要想炒出一盘完美的蔬菜，需要确保锅加热到足够的温度，热到冒烟。食物接触热锅的瞬间，其表面的水分便几乎立即蒸发，开始发生美拉德反应（见第16—17页）。食用油分子在炙热的锅中分解，转化成充满香气的风味分子。

这些分子与美拉德反应产生的分子结合，成就一道微微焦香，镬气十足的炒菜。入锅前应将食物切成薄片或均匀的小块，这样在中心部分炒软之前，表面不至烧焦。

以极高温度猛火加热，不断翻炒使食材保持翻动很重要，这样才能确保食材受热均匀。调至大火，分批加入配料，避免炒锅的温度大幅下降。在翻炒过程中，即使没有紧贴锅壁，与空气接触的食材也会在上升的蒸汽中继续加热。

炒蔬菜

想炒出一盘正宗的，镬气十足的菜，炒菜时应保持猛火高温，油加热至冒烟后，开始加入各种食材。锅铲和一口中式的炒锅是必要的工具。炒制过程中，确保所有食材都在锅的中心位置，不要让食材贴在锅的边缘。锅的边缘比中心温度低很多，会降低烹饪速度。

实践

#1

切成小块

将600克混合蔬菜（如辣椒、胡萝卜、蘑菇、西兰花和甜玉米）切成条状或小块。拇指大小的生姜切碎，1片柠檬草和2片大蒜切成薄片。6汤匙酱油、1汤匙糖、2茶匙麻油混合搅拌均匀。

#2

炙锅，烹锅

调至大火炙锅，向锅中淋一些水，水会在2秒内蒸发掉。加入1汤匙花生油，旋转炒锅，使锅壁均匀涂上一层油。当油开始冒烟时，加入大蒜、生姜和柠檬草，炒1~2分钟，让香味散发出来。

#3

翻炒，风味形成

按照所需烹饪时长，分批将蔬菜依次加入锅中——首先放入质地较硬的菜。当所有的蔬菜都炒熟了（依旧有嚼劲），将备好的酱汁沿锅的边缘倒入锅中，再翻炒1分钟，即可出锅。可以搭配米饭或面条食用。

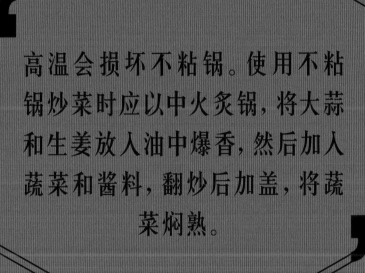

高温会损坏不粘锅。使用不粘锅炒菜时应以中火炙锅,将大蒜和生姜放入油中爆香,然后加入蔬菜和酱料,翻炒后加盖,将蔬菜焖熟。

聚焦 马铃薯

马铃薯是全球最受欢迎的蔬菜，其种植规模比洋葱、番茄、小胡瓜和豆类的总量还要多。

看似不起眼的马铃薯是一种用途广泛、营养丰富的食材。马铃薯是一种生长在地下的能量储备（块茎），也是冬季极好的能量来源。马铃薯富含淀粉，热量相比之意大利面和大米更低，是足纤维素、矿物质和维生素的良好来源。同时富含钾，维生素C和维生素B。颜色鲜艳的马铃薯，如紫色和蓝色马铃薯，含有额外的色素（名为花青素），有助于降低患癌症

和心脏病的风险。马铃薯品种之多，足以令人眼花缭乱。但从厨师的角度来看，它们可以分为"粉质马铃薯"和"蜡质马铃薯"（见右侧图文）。其分类取决于煮熟后的质地和黏稠度。选择合适的种类很重要。"新"马铃薯并非是一种特定类型的马铃薯，而是在收获季早期采摘的未完全成熟的马铃薯。

马铃薯皮
富含纤维，包含一层具有自我修复的周皮，能够保护马铃薯内部

蓬松的马铃薯泥

科学
粉质马铃薯的细胞充满淀粉颗粒，在烹饪过程中会膨胀并破裂。

烹饪
易碎，适合制作马铃薯泥，或添加到汤中，也适合烘烤和油炸。

粉质马铃薯

了解马铃薯

粉质马铃薯

一些马铃薯的淀粉含量比其他马铃薯高。粉质马铃薯的细胞中充满了淀粉颗粒，这些颗粒会在烹饪过程中爆裂，使煮熟后的马铃薯质地更绵密。蜡质马铃薯含有较少的淀粉和更强的细胞，因而质地更坚实。

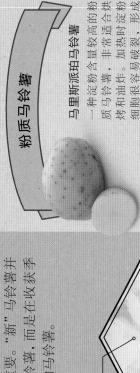

马斯派珀马铃薯
一种淀粉含量较高的粉质马铃薯。非常适合烘烤和油炸。加热时淀粉细胞很容易破裂，形成一层蓬松的外壳，可以褐变成美味的脆皮。
淀粉含量：高
纤维：2.4克/100克

维特咯特马铃薯
这种体形修长、呈深紫色的马铃薯具有类似面粉的质地和温暖的坚果味，煮熟后也可保持原有的颜色。适合煮、烤、炸，也可以制成色彩绚丽的马铃薯泥。
淀粉含量：高
纤维：2.6克/100克

育空金马铃薯
质地松软，淀粉含量为中等的黄色马铃薯。这种马铃薯很适合烘烤或制作马铃薯泥。烹煮后仍能保持原有的颜色。
淀粉含量：中等
纤维：2.7克/100克

淀粉含量高，具有光滑的黄色果肉，用途广泛，烘焙、烤、煮，或捣碎成泥状皆适合。

淀粉含量：中等

纤维：1.6克/100克

蜡质马铃薯

小马铃薯

这种肉质光滑，呈蜡质的马铃薯含有较少的淀粉颗粒，在烹饪过程中可以保持形状，是制作沙拉和奶油烤马铃薯的理想选择。

淀粉含量：低

纤维：1克/100克

德西雷马铃薯

这种受欢迎的红色马铃薯内部呈奶油色，质地坚实，易于保持形状，适合烹制或捣成薯泥。这一点也有别于其他质地非常坚硬的蜡质马铃薯。

淀粉含量：中等

纤维：1.3克/100克

尼古拉马铃薯

内部呈淡黄色，有黄油的味道，非常适合用于制作沙拉，也适合加入炖菜中或制作奶油烤马铃薯。

淀粉含量：低

纤维：1克/100克

安雅马铃薯

质地坚硬，有轻微的坚果味道，是制作沙拉或烤蔬菜的理想选择。

淀粉含量：低

纤维：1.2克/100克

颜色的变化

马铃薯淀粉含量很高的内部通常是黄和红色的。含有色素的马铃薯较高紫色色素的含量抗氧化物含量较高

瑕疵与斑点

小而黯淡的斑点被称为皮孔，这些小孔有助于块茎呼吸。水分会使这些小孔膨胀，所以马铃薯应该放在干燥的地方。

紧实的质地

烹饪

优良的造型能力使蜡质马铃薯成为制作沙拉，或烤、煮、蒸的理想选择。

科学

蜡质马铃薯含有较少的直链淀粉，很难通过烹饪使细胞爆裂。

蜡质马铃薯

甘薯

甘薯和大多数马铃薯属于完全不同的科，只能算是马铃薯的远亲。

要制作口感绵密醇厚的马铃薯泥，可以使用德西雷马铃薯等蜡质马铃薯。制作马铃薯泥需要充分搅拌，粉质马铃薯会释放出过多的淀粉，令马铃薯泥变得黏稠。

如何制作口感轻盈的马铃薯泥?

相比马铃薯泥，果蔬泥质地更顺滑。制作马铃薯泥需要格外小心。

制作马铃薯泥时切忌过度搅拌，否则会使马铃薯泥的质地过于黏稠，或过于有弹性。因此，搅拌的力度和强度应类似搅打蛋白霜或混合油酥面团，极为轻缓柔和。

要制作口感轻盈的马铃薯泥，我们可以选择粉质马铃薯，例如淀粉含量较高的褐皮马铃薯（Russet）或者爱德华国王马铃薯（King Edward potato）。马铃薯煮熟后，其中的淀粉会膨胀并软化，使用餐叉或捣碎器（见下方图文）可以轻易地将马铃薯块茎的细胞完全分离。然而，如果过度搅拌，淀粉就会变得非常有弹性，原本轻盈的糊状物便会变成黏稠的胶质。当捣碎的马铃薯开始冷却，淀粉会重新变得紧实，这种被称为"回生"（retrogradation）的现象会使马铃薯泥进一步变硬，因此，制作完成的马铃薯泥最好趁热食用。

在制作马铃薯泥时，向马铃薯泥中添加水，会使马铃薯中的淀粉过度凝胶化；相反，如果加入奶油、黄油或食用油等油脂，则可以起到润滑细胞的作用。待马铃薯泥冷却后，这些油脂会阻碍马铃薯泥"回生"，使隔天加热的冷冻马铃薯泥食用起来同样美味。

制作质地顺滑的马铃薯泥

下面展示的是如何使用捣碎器制作质地顺滑的马铃薯泥。你也可以使用压泥器，这种器具在将马铃薯压碎的同时可以避免过度搅拌。按照指导将马铃薯切成小块，但不要切得过小，否则会破坏马铃薯细胞，导致钙流失，进而增强果胶与细胞的结合，使马铃薯泥的制作变得更加困难。

实践

#1

切成均匀的块状

将马铃薯切成尺寸均匀的块状，以确保受热均匀。将切好的马铃薯放入冷水而非沸水中，这同样有助于使其均匀受热，并防止边缘过度软化甚至碎掉。将马铃薯煮至半熟，然后清洗，以去除多余的淀粉。

#2

捣碎马铃薯，释放淀粉

捣碎马铃薯，如此操作会将细胞分离并破坏掉，释放出凝胶化的淀粉，逐渐混合形成一种顺滑、黏稠的糊状。在捣碎的过程中无须添加任何油脂，质感滑腻的油脂会增加此步骤的难度。

#3

加入油脂增加口感

在将马铃薯完全捣碎之后，便可以加入少量油脂，例如黄油、奶油或食用油。这有助于降低马铃薯的淀粉含量，防止马铃薯泥变得过于黏稠。搅拌马铃薯泥至顺滑蓬松即可，过度搅拌会导致膨胀的淀粉颗粒结合得过于紧密，形成坚韧的质地。

微波加热的工作原理

解冻不均匀
由于固态水分子（冰）的活性远远低于液态水分子，所以用微波很难使食物均匀地解冻。

上色
微波很难使食物上色：食物表面一旦开始干燥，由于水分的缺失，微波的加热效率将会降低。

电磁波
微波并没有放射性，它只是电磁辐射的一种，类似光和无线电波。

不同于传统加热方式，微波通过加热食物中的水和脂肪分子完成烹饪，而非加热周围的空气，因而是一种更加快捷高效的烹饪方式。

微波对于水分和脂肪分子有着极强的影响力：它可以将分子排列成行，好像一队受命接受检阅的士兵一样。波通过改变微电子的旋转方向，使水分子（以较小幅度）和脂肪分子充分震动，进而温度升高（即所谓的"电介质加热"），从而达到烹饪的目的。

因为烹饪时间短，微波烹饪可最大限度地保留营养物质，而且几乎没有多余的水分导致营养物质流失。

流言终结者

流言
微波炉可由内而外加热食物。

真相
这句话只道出了部分事实。微波的穿透力比直接加热的方式强一些，可以深入至食物内部约2厘米处，但无法直达核心（除非食物的体积很小）。

内部结构
微波炉的玻璃门内有一层直径约1毫米的金属滤网，微波的波长大约为12厘米，无法穿越这层细小的缝隙。而波长为400~700纳米的可见光可以穿透，因此我们可以透过玻璃门观察到微波炉内正在被加热的食物。

金属内壁可以反射微波，并使其在微波炉内不断反弹

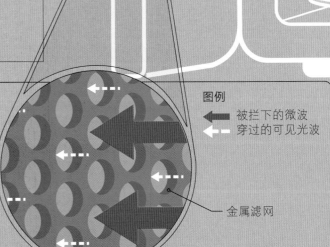

图例

被拦下的微波

穿过的可见光波

金属滤网

可旋转搅拌器

旋转的金属扇叶可将微波反射到微波炉内的各个角落，从而使微波的方向不断地发生改变，以达到均匀烹饪的效果。

#5

波导系统

波导系统通过传递和引导，使由磁控管生成的微波耦合至炉腔内。

#4

磁控管生成微波

磁控管是一种电子管（阴极射线管），与老旧的电视机原件类似，可生成高能量的微波，将食物加热。

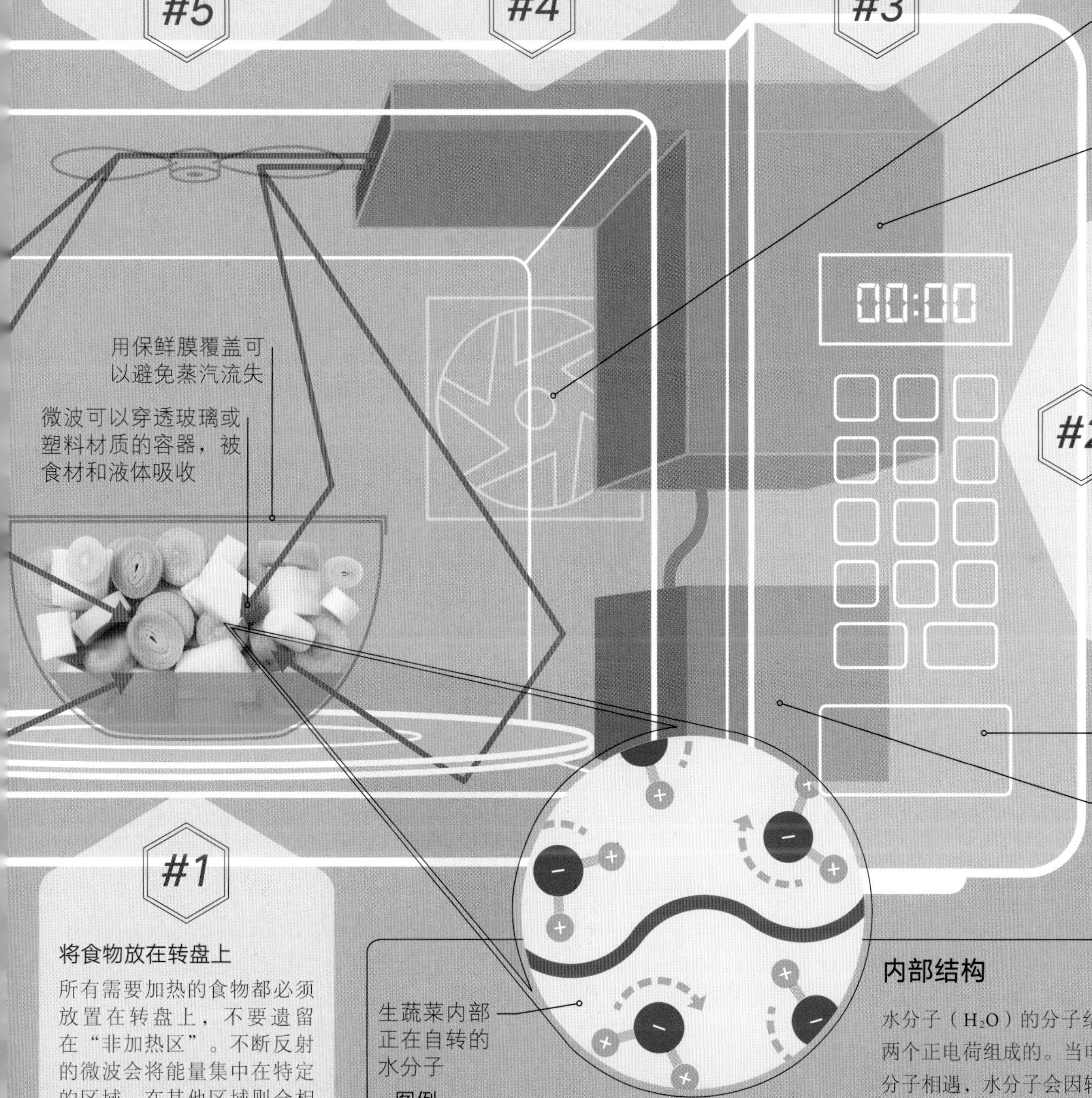

#3

为磁控管降温的风扇

磁控管可以生成微波

00:00

用保鲜膜覆盖可以避免蒸汽流失

微波可以穿透玻璃或塑料材质的容器，被食材和液体吸收

设定时间和功率

食物吸收微波的能量后开始升温，加热2份食物所需的时间远比加热1份要多。若烹饪1个马铃薯需要5分钟，2个则需要9分钟。

#2

通过开门切断磁控管的供能

变压器会将进入磁控管的电压升至2000~3000伏特

#1

将食物放在转盘上

所有需要加热的食物都必须放置在转盘上，不要遗留在"非加热区"。不断反射的微波会将能量集中在特定的区域，在其他区域则会相互抵消。因此，食物在烹饪过程中应放置在转盘中央。

生蔬菜内部正在自转的水分子

图例

水分子

水分子的行动轨迹

电磁微波的辐射

内部结构

水分子（H_2O）的分子结构是由一个负电荷和两个正电荷组成的。当电磁微波和食物中的水分子相遇，水分子会因辐射发生自转。在微波炉内，微波的方向会持续变化，从而带动分子的旋转以达到烹饪食物的目的。在更小的范围内，脂肪和糖的分子也发生着同样的反应。

柠檬汁为何能够
防止切开的水果变色？

大多数水果都有保护性的褐变反应。

水果中的大量酶和化学物质，会使暴露在空气中的果肉变成暗沉的棕色（见下方图文），以阻止害虫、寄生虫和细菌的入侵。酶促褐变的发生可以放缓，但完全阻止其发生非常难（除非将食物加热至90℃或更高温度，使褐变酶永久失活）。所以，抑止褐变最有效的方法是在切好的水果蔬菜上淋上柠檬汁，因为酸会令褐变酶失效。除此之外，还可以将切好的水果或蔬菜放入水或糖浆中，使之与氧气隔绝；抑或将其冷藏或冷冻，但这些方法都不算非常有效。

酶如何使水果变色

水果细胞内有一个被称为液泡的贮藏室，其中含有苯酚。当细胞破裂时，苯酚就会逸出，同时逸出的还有一种酶，将无色的苯酚变成锈棕色的色素。

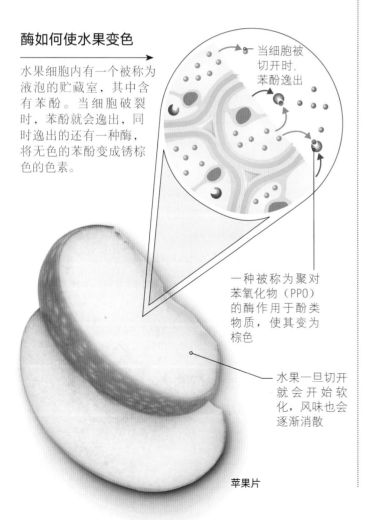

当细胞被切开时，苯酚逸出

一种被称为聚对苯氧化物（PPO）的酶作用于酚类物质，使其变为棕色

水果一旦切开就会开始软化，风味也会逐渐消散

苹果片

果蔬汁是否可以
替代完整果蔬？

果蔬汁可以满足我们每天对果蔬的部分需求。

果蔬之所以有坚固的结构，是因为其内部有数万亿个细胞，每个细胞周围都有坚韧的支撑。这些细胞壁因含有人体不易消化的纤维素和木质素而变得更加坚固。果汁或混合果蔬汁的倡导者认为，将果蔬分解有助于释放营养物质，使其更快地进入血液。然而，传统的榨汁机在丢弃果肉的同时，也损失了众多宝贵的纤维和营养物质；搅拌机能够保留所有的果肉，但营养物质会迅速降解，因为果蔬中的保护酶一旦被破坏，果肉和蔬菜就会开始变成褐色（见下页）。果蔬汁虽然不是完整果蔬的理想替代品，但可以作为一种高营养的补充，使膳食结构更加均衡。

制作流程

完整果蔬
食用完整的果蔬可以摄入大量纤维素，且几乎没有营养流失。蔬菜和水果经过加热会损失部分营养，尽管有些烹饪方法也可以增强营养（见第157页）。

搅拌机
高功率的破壁机可快速将水果、蔬菜和种子粉碎并搅拌成泥状。使用破壁机的高速挡位也可以粉碎坚果。果肉被打成泥状，再与果汁混合，可以最大限度地保留果蔬的纤维素。

榨汁机
榨汁机锋利的叶片转速高达每分钟1.5万次，可分解木质纤维及果蔬细胞。榨汁机只滤出果汁，颗粒较大的果肉则会被滤掉。

对营养物质的影响	结果

完整果蔬

全部营养
完整果蔬提供了最完整的营养，在食用之前营养不会有任何损耗。

维生素保留 **100%**
纤维保留 **100%**

许多有价值的抗氧化剂存在于果蔬的果核和果皮中。

食物被咀嚼时，风味在口中逐渐形成。

注意事项
食用完整果蔬时，果蔬会首先通过牙齿和口腔中的酶，进而通过胃中的消化酶被自然分解，释放营养。所以相比同质量的果汁，消化完整的果蔬需要更长的时间，摄入的营养相应地会少一点。

搅拌机

保留绝大部分的营养
大部分的纤维素得以保留。一旦果蔬被切开，维生素便开始流失。

维生素保留 **90%~100%**
纤维保留 **90%**

果汁应尽快饮用，水果一旦被切开，酶会使其迅速丧失风味。

柑橘类果汁中的酸会损害牙釉质。

注意事项
榨汁会消耗大量的果蔬。搅拌机保留了果蔬的纤维素和维生素，但与榨汁机一样，果肉一旦切开并暴露在空气中，其保护酶就开始发生作用，并分解果蔬中的营养物质。因此，榨果汁后，水果中的维生素C和其他脆弱的抗氧化剂会迅速降解。

榨汁机

纤维流失
纤维素会随着果肉分解而流失，因此榨汁机榨出的果汁几乎不含纤维素，同时也会流失大量抗氧化剂。

维生素保留 **70%~90%**
纤维保留 **0.1%**

没有果肉与纤维，果汁中的糖分会很高，一杯250毫升的果汁大约含有5茶匙糖。

9个中等大小的胡萝卜才能制作出一杯胡萝卜汁。

注意事项
与搅拌机一样，榨汁机会消耗大量的果蔬，同时果皮和果核中的抗氧化剂也会流失。离心榨汁机在工作时，会注入大量的空气，使果汁产生大量气泡，进而加速酶解反应。食用完整果蔬时，风味需要通过咀嚼逐步释放，而果汁具备浓郁的风味，能够带给人即时且强烈的味觉体验。

香蕉如何催熟其他水果？

香蕉会加速其他水果的熟成——
了解香蕉的特性，便可以解释这种水果的催熟能力。

许多植物会同时结出大量果实，最大限度地增加吸引动物的机会，从而使其种子被播撒至更广泛的区域。果实的成熟是通过乙烯气体这一化学信号来调控的，当气候适宜或果实受损时，植物就会释放这种气体。随着果实的成熟，果肉会逐渐软化，释放出芳香分子并增加糖的含量（见下页）。香蕉会产生大量的乙烯，可以催熟放置在家中的跃变型水果。

> "乙烯的释放是果实成熟的标志。"

跃变型水果	可以由乙烯催熟的水果，将其放在成熟的香蕉旁边可以加速催熟（见右侧图文）。 香蕉、瓜类、番石榴、杧果、木瓜、西番莲、榴莲、猕猴桃、无花果、杏、桃、李子、苹果、梨、鳄梨、番茄
非跃变型蔬果	果实只有在植株上才能成熟，离开植株后便无法成熟。 橙子、葡萄柚、柠檬、酸橙、菠萝、火龙果、荔枝、辣椒、葡萄、樱桃、石榴、草莓、覆盆子、黑莓、蓝莓

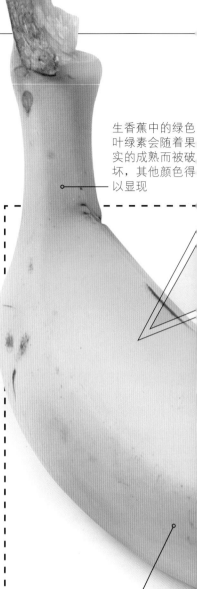

生香蕉中的绿色叶绿素会随着果实的成熟而被破坏，其他颜色得以显现

乙烯含量此时开始飙升，在香蕉完全成熟之前达到顶峰

未成熟

未成熟的香蕉表皮呈绿色或黄绿色，皮厚且肉硬。此时淀粉还未开始分解成糖，细胞壁仍呈坚韧的纤维状。

最适合

切成薄片搭配燕麦粥，制成油炸青香蕉片，作为冰沙的增稠剂，或作为芭蕉的替代品。

绿色香蕉中，糖分占碳水化合物的
36%；
香蕉变黄时，糖分会达到83%。

遍布世界的香蕉
每年种植和销售的香蕉超过1.1亿吨。印度是世界上最大的香蕉生产国。

如何使用不同熟成阶段的香蕉？

又硬又绿的香蕉很快就会变软并带有斑点，但仍可以用于烹饪。

成熟的香蕉是一种方便携带的零食，但绿色的香蕉也有很多食用方式，能够成为良好的食材。当香蕉逐渐熟成，外皮从绿色变成黄色，再变为棕色，果肉会变得更软、更香、更甜。未成熟的香蕉富含纤维素和果胶细胞，可以为菜肴增加层次和温和的风味。柔软、甜美、成熟的香蕉可以生食，也可以用于烘焙（见右侧图文）。香蕉成熟得很快，所以无论你喜欢何种成熟度，应尽早食用，或将其冷冻，以减缓熟成过程。

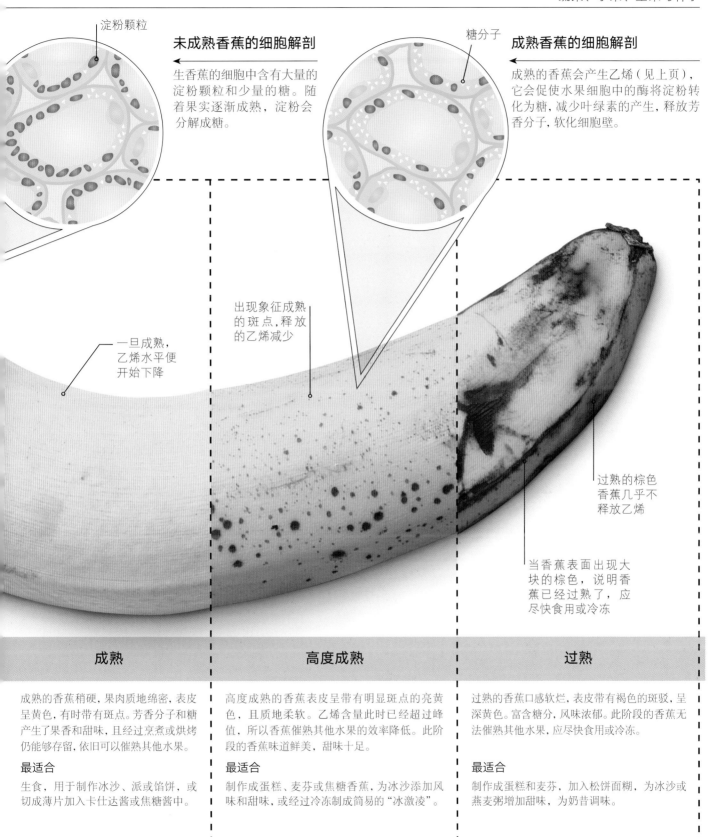

淀粉颗粒

未成熟香蕉的细胞解剖

生香蕉的细胞中含有大量的淀粉颗粒和少量的糖。随着果实逐渐成熟,淀粉会分解成糖。

糖分子

成熟香蕉的细胞解剖

成熟的香蕉会产生乙烯(见上页),它会促使水果细胞中的酶将淀粉转化为糖,减少叶绿素的产生,释放芳香分子,软化细胞壁。

一旦成熟,乙烯水平便开始下降

出现象征成熟的斑点,释放的乙烯减少

过熟的棕色香蕉几乎不释放乙烯

当香蕉表面出现大块的棕色,说明香蕉已经过熟了,应尽快食用或冷冻

成熟	高度成熟	过熟
成熟的香蕉稍硬,果肉质地绵密,表皮呈黄色,有时带有斑点。芳香分子和糖产生了果香和甜味,且经过烹煮或烘烤仍能够存留,依旧可以催熟其他水果。	高度成熟的香蕉表皮呈带有明显斑点的亮黄色,且质地柔软。乙烯含量此时已经超过峰值,所以香蕉催熟其他水果的效率降低。此阶段的香蕉味道鲜美,甜味十足。	过熟的香蕉口感软烂,表皮带有褐色的斑驳,呈深黄色。富含糖分,风味浓郁。此阶段的香蕉无法催熟其他水果,应尽快食用或冷冻。
最适合	**最适合**	**最适合**
生食,用于制作冰沙、派或馅饼,或切成薄片加入卡仕达酱或焦糖酱中。	制作成蛋糕、麦芬或焦糖香蕉,为冰沙添加风味和甜味,或经过冷冻制成简易的"冰激凌"。	制作成蛋糕和麦芬,加入松饼面糊,为冰沙或燕麦粥增加甜味,为奶昔调味。

冷冻水果能否
直接用于烹饪？

冷冻水果是一种很方便的食材，但烹饪时需要多加小心。

在制作甜品时，冷冻水果可以替代新鲜水果。有了冷冻产品，烘焙师一年四季都可以制作出美味的蓝莓麦芬。不过在此之前，你需要了解冷冻会对水果造成何种影响。与其他食物一样，水果内部在冷冻时会形成冰晶，并因此受到损伤（见右侧图文）。市售的冷冻水果都采用"急速冷冻"技术，在至少-20℃的环境中可以最大限度地防止冰晶的生成。但由于水果自身通常含有超过80%的水分，冷冻还是会造成一些不可避免的损害——例如使水果失去原有的口感。

解冻后的水果比新鲜水果质地更柔软黏稠，还会有果汁析出。在制作冰沙、果汁或为牛奶添加风味时，这并不是问题。但在烘焙时，这些果汁可能会使成品出现一些难看的斑点。使用冻品时可参照右侧图表。

> "市售的冷冻水果采用'急速冷冻'技术，以最大限度地防止冰晶形成。"

仅使用鲜果

敞口的水果派不能使用冷冻水果制作，只有新鲜水果切片才能为这类甜品提供所需形状和口感。

新鲜

冷冻

解冻

▲ 新鲜蓝莓的细胞结构

新鲜水果的细胞壁完好无损，支撑其结构的坚固支架也完好无损。

▲ 冰冻蓝莓中的冰晶

水果在冷冻过程中，内部会形成尖锐的冰晶，并因此受到破坏。

▲ 蓝莓解冻后细胞出现损伤

随着冰的融化，细胞壁上微小的孔被冲开，进而使细胞内的汁液渗出。

烹饪技巧

- 为避免烹饪时水果析出过多果汁，煮制之前不要解冻，以确保水果的重量和新鲜时相同。

- 将冷冻水果的烹饪时间稍微延长，以吸收解冻水果所需的能量。

- 如果冷冻浆果在放入烘焙混合物之前已经开始解冻，撒上一层糖或面粉以吸收汁液。

- 冷冻过程会使水果变成棕色。糖和抗坏血酸可以减缓水果的褐变反应，所以购买含有这些成分的冷冻水果是值得的，需要注意的是，这些成分会使成品偏甜或偏酸。

如何避免将水果煮烂？

水果经常被厨师忽视，但是这种天然的糖分
却可以为甜味或咸味食物带来鲜甜和清新的风味，使菜肴增色不少。

若想成功地将水果入菜，首先要选择正确的水果品种（见下方图文），其次应准确把握水果的熟成度。

水果在成熟过程中发生的变化

在果实成熟的过程中，天然酶会起作用，将淀粉分解成糖，并释放出果香，进而破坏绿色色素，削弱使细胞壁黏合在一起的强大的化学"果胶"。加热过程会进一步分解果胶，所以如果想让水果保持形状与质地，必须选择味道甜且质地硬的熟成期果实。将水果与酸（见下方图文）或者糖一起烹饪，果胶的能力会

强化果胶

若烹饪的水质属于硬水，水中含有的丰富钙质可以增强果胶，维持水果的质地。

得到增强。糖需要从果胶中吸收水分，所以溶解得更慢。用柠檬汁或葡萄酒等酸性液体浸泡水果，再加入甜味糖浆，也能使水果保持紧实的质地。使用水果制作浓汤和酱汁时，先不加糖，使水果迅速变软，待制作后期再加入糖。如果选择在低温下烘烤水果，应先将水果用热水焯一下。沸水可以使水果中的果胶强化酶，即果胶甲基酯酶失效，这种酶在温度低于65℃时会阻止水果软化，若想让它失效，需要将温度升至82℃。

选择苹果

苹果种类繁多，其中有很多适合烹饪的品种。苹果中的果胶会与钙结合，并被酸强化。低酸度的苹果直接食用口味较好，却不适于烹饪。

适合烹饪	适合生食

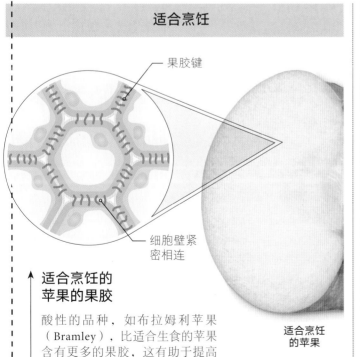

果胶键

细胞壁紧密相连

适合烹饪的苹果的果胶

酸性的品种，如布拉姆利苹果（Bramley），比适合生食的苹果含有更多的果胶，这有助于提高细胞壁的强度。

适合烹饪的苹果

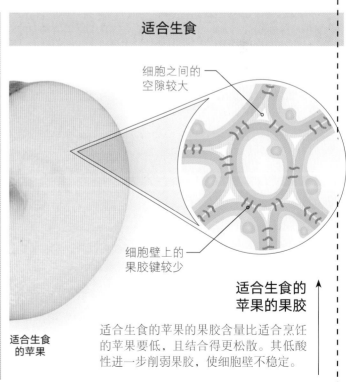

细胞之间的空隙较大

细胞壁上的果胶键较少

适合生食的苹果的果胶

适合生食的苹果的果胶含量比适合烹饪的苹果要低，且结合得更松散。其低酸性进一步削弱果胶，使细胞壁不稳定。

适合生食的苹果

橄榄为什么
需要经过腌制？

除了最成熟的鲜橄榄，其他
橄榄都不易咀嚼，
甚至可以说难以下咽。

橄榄中含有一种名为橄榄苦苷的苦味物质，所以鲜橄榄非常苦，几乎不可食用。为了软化并去除橄榄苦苷，橄榄需要经过浸泡、腌制和（或）发酵。根据传统制法，橄榄会以盐渍法浸泡至少6周，使其失去水分并发酵（见右侧图文）。反复用清水浸泡也能够清洗掉大量的橄榄苦苷，使其可食用。

利用目前的食品加工技术，橄榄在1~2小时内便可食用（见右侧图文）。这项技术是罗马时代的一项技术的现代版，即在水中加入草木灰，以分解橄榄苦苷。

制作可食用的橄榄		
方法	时间	结果
工业规模的浸泡 未成熟的橄榄被浸泡在装有"碱液"或苛性钠的巨型罐中。这一过程会使坚固的橄榄苦苷分子分裂；坚硬的蜡质皮肤变软，细胞壁破裂，并使细胞中的"果胶"溶解。	1~2小时	这种方法可以生产出一种质地坚硬的橄榄，但味道可能相对寡淡，甚至会带有一点化学物的后味。经常用于生产比萨配料。
传统的浸泡 **洗涤法** 橄榄经过数周的清水清洗，以去除尽可能多的橄榄苦苷。	1~2周	此步骤可以去除部分苦味，经过清洗的橄榄即可用盐水浸泡。
盐渍法 将橄榄浸在盐水中发酵或用食盐腌制至少6周。随着耐盐微生物酸化形成新的风味分子，渍物的形态、味道和香气不断演变。	6周以上	橄榄的表皮可能会起皱（如果仅以盐腌制），味道很浓，可以通过添加油、香草和香料提升风味。

"新鲜橄榄的苦味源于
一种名为橄榄苦苷的物质。"

黑橄榄是否经过染色？

橄榄的果实最初为绿色，熟成后慢慢变为深紫黑色。

当一颗新鲜的橄榄完全成熟时，它的表皮会起皱，同时产生一种强烈的泥土味。而市售的量产"黑橄榄"罐头中装的并非这种风味浓郁的产品，而是采用人工手段调整过味道的品质较差的绿橄榄。

加利福尼亚州的"熟黑橄榄"将上述的碱洗流程又向前推进了一步，生产商会反复洗涤绿橄榄，直到它们完全浸透。然后，橄榄被"加工"成黑色：通过向浸泡橄榄的水中注入空气，促使橄榄表皮的色素开始氧化，颜色变暗，然后添加一种名为葡萄糖酸亚铁（ferrous gluconate）的铁盐，使表皮的颜色固定为墨黑。经过这一系列的步骤，橄榄的外观已蜕变成为成熟的黑橄榄，但又具备绿橄榄一样坚硬光滑的表面。这是最受欢迎的比萨饼配料，很容易切成薄片，而且无苦味。

加利福尼亚州产区占美国总种植量的
95%，
种植面积超过1.1万公顷。

> 罗马时代的厨师们意识到，
> 将橄榄浸泡在含有草木灰的
> 水中，能够有效去除橄榄的
> 苦味。草木灰使水变成碱
> 性，分解了橄榄中苦涩的橄
> 榄苦苷分子。

聚焦坚果

坚果富含人体所需的营养成分，可以为各种各样的菜肴增加香味和松脆的口感。

坚果的香味令人回味无穷。加入坚果可以使风味得到提升，并为各式菜肴带来松脆的口感。

这些美味日营养的"小金库"富含脂肪和蛋白质——坚果植物在繁衍的过程中，为了给下一代最好的生存机会，会将自身所有的资源转化给其果实和种子。人类食用坚果和种子的历史已经超过12000多年，按单位重量计算，坚果比大多数食材（除食用油和黄油外）含有更多的热量，平均每135克含有800卡路里，因此食用坚果要适量。许多人认为坚果是一种"超级食物"，因为除了蛋白质和维生素，坚果还含有一系列重要的矿物质和维生素。此外，坚果的Ω-3不饱和脂肪酸水平含量很高。

大多数坚果可以生吃，但经过烘烤或烤。坚果的香味会更浓郁，有时还会产生些许黄油的香气，外皮也会更加酥脆。坚果的体型通常不大，很容易在烘烤过程中烧焦，因此烹饪坚果时应格外精心。

科学
软质的坚果果被碾压时，其细胞中的小油包被打开。

烹饪
用杵和臼将腰果和巴西坚果捣碎，可以制作出一种坚果酱。

坚果酱

杏仁坚果酱

榛子甜而脆，富含健康油脂。在制作油炸或水煮的菜肴时，榛子的加入可以使菜肴的质地和口感得到提升。

脂肪含量：中等
蛋白质含量：中等

核桃

核桃是一种体形较大的坚果，它富含苦味单宁，可以和甜味成分形成很好的味觉平衡。其富含Ω-3脂肪酸，较易腐坏，需要小心储存。

脂肪含量：中等
蛋白质含量：中等

巴西坚果

这些大而富含硒的坚果具有耐嚼、柔软的质地，是制作坚果酱或坚果奶的理想原料。这是因为其细胞内的油会像牛奶中的脂肪一样形成球状物。

脂肪含量：中等
蛋白质含量：中等

美国山核桃

美国山核桃有一种甜美、浓郁的香味，能够为甜点和烘焙食品增添爽脆的口感。其含有维生素B，以及与橄榄和鳕梨类似的健康脂肪。

脂肪含量：高
蛋白质含量：低

夏威夷果

质地柔软，奶香浓郁，非常适合用于制作甜点或烘焙食品。虽然夏威夷果的所有坚果中，夏威夷果含量最高，但其中脂肪含量最高，但其中大部分是不饱和脂肪，有助于降低胆固醇。

脂肪含量：高
蛋白质含量：低

常有苦味的外皮

许多坚果薄如蝉翼的果皮含有抗氧化剂，但往往带有苦味，令人难以下咽。经过轻度烘烤，表皮通常可以轻松剥去。

开心果

坚果的结构

坚果本质上是一种坚硬的单籽水果，从生长到成熟都被坚硬的外壳所包裹。

烘或烤

烤腰果

烹饪

坚果经过烘或烤，可以释放更浓郁的香味，使其口感更加松脆。

科学

热量通过美拉德反应（见第16页）将糖和蛋白质转化成更具风味的分子。

不是真正的坚果

实际上，花生是一种豆科植物，并非真正的坚果，而是豆类。

如何挑选到最新鲜的坚果?

坚果的独特特性很大程度上源于
其所含的油脂,这些油脂同时也会影响坚果的寿命。

坚果富含气味芬芳、有益健康的不饱和脂肪,对我们的动脉有着莫大的好处,但极高的脂肪含量也增加了储藏的难度。这些脆弱的脂肪分子很容易被光、热和水分分解,并容易与氧气发生反应,分解并降解成具有酸性和刺激性的分子。

如何挑选?

应该购买和食用不超过6个月的坚果——下方的一些方法可以帮助你选购到最新鲜的坚果。如果你在市场上买坚果,可以拜托

干燥的坚果

坚果的外壳和果皮能够防水,有助于坚果的储存。

摊主为你打开一颗坚果,以便检查其质量。新鲜的果肉看起来应该是苍白的——任何变暗或发亮的迹象都表明坚果已经受损,油脂开始从细胞中渗出,即坚果已变质。此外,高温也会导致密封在细胞内的油包破裂,进而加速其腐败变酸。然而坚果脱离植株后,若果壳和果皮完好无损,这些保护层可以使坚果良好地保存长达数月。总之,务必精心储存坚果,以保持其新鲜(见下方图文)。

坚果的外壳可保护坚果免受光和热的破坏

购买真空包装的坚果

若买不到新鲜的坚果,可以购买真空包装产品。坚果在真空环境中可储存长达2年之久。

购买应季产品

主要的收获季节在夏末秋初;应避免在初夏时节购买坚果。

**选择完整且
未经加工的坚果**

完整的坚果有果壳和果皮的保护,可以防止水分进入,保持最新鲜的口感。

烤制

避免购买现成的烤坚果;可以于食用前在家中烤制坚果(见下页)。

如何储存坚果?

为了保持新鲜,应将坚果放在密封的容器中,置于阴暗凉爽的地方。光线直接照射会破坏坚果中脆弱的脂肪分子,而高温和空气会加速分解反应。较好的方法是将坚果分装后冷冻保存。坚果的含水率很低,所以不会像其他冷冻食品那样遭受冰晶的损害。

经过烹饪的坚果或种子是否更美味？

坚果与种子富含细胞壁十分纤薄的油脂分子，
口感宜人，风味美妙。

坚果和种子被加热至超过140℃后，会散发出一种令人无法抗拒的香气，外皮变得松脆并呈棕色，同时散发出浓郁的奶香，这一切要归功于美拉德反应（见第16页）。坚果在烘烤的过程中会失去水分，但不会变干，反而会令其口感变得更为酥香油润。在单一的坚果细胞内，微小的油块（称为油质体）爆裂，渗透到整个坚果中。烤过的坚果在温热时质地最软，油脂也最具流动性，如需切片，最好在烹饪后立即操作。加入菜肴时，可以将坚果提前煸炒一下，令其上色，但当温度达到80℃，便会发生热解反应，导致坚果被烧焦，使成品的风味变苦，并散发出一种刺鼻的味道。

软质坚果

不同于其他的坚果，栗子富含水分和淀粉，煮熟后质地粉糯。

烘烤坚果和种子

烘烤坚果和种子十分简单，但由于其体积小，极易烧焦。抖动、搅拌和翻动能够帮助坚果均匀受热。可以利用美拉德反应的进程作为烹饪的指导，当食材表面变为金黄色并散发出诱人香气时，将其远离火源。此时加热并未终止，这被称为"加热惯性"。

煎锅	烤箱	微波炉

煎锅	烤箱	微波炉
在一个干燥或涂有薄油的平底锅中烘烤坚果和种子是最直接的方法。锅中并非必须加入油，但油可使烘烤变得更容易，使热量更均匀地进入每一颗坚果和种子中。	使用烤箱时，在烤盘上淋少许油，然后将烤盘放入预热好的烤箱中。每隔2~3分钟取出烤盘轻微摇晃，直至坚果和种子的表面变成金黄色。	使用微波炉烘烤坚果和种子是最节能的方法。研究还表明，微波比烘焙更能释放坚果的香味。将坚果和种子铺在盘子上，每隔1分钟检查和搅拌一次。
设备 厚底平底煎锅。	**设备** 烤箱。	**设备** 可以在微波炉中使用的盘子。
温度 中高温（180℃）。	**温度** 预热至180℃，天然气调至4挡。	**温度** 设置中功率。
持续时间 1~2分钟。	**持续时间** 5~10分钟。	**持续时间** 3~8分钟（每分钟检查一次）。
优点 快速。	**优点** 比使用平底煎锅或微波烹饪需要的关注少。	**优点** 快速且有效。
缺点 需要全神贯注，否则易烧焦。	**缺点** 会消耗较多能量，易烧焦。	**缺点** 上色明显不足；提前涂油可以改善上色问题。

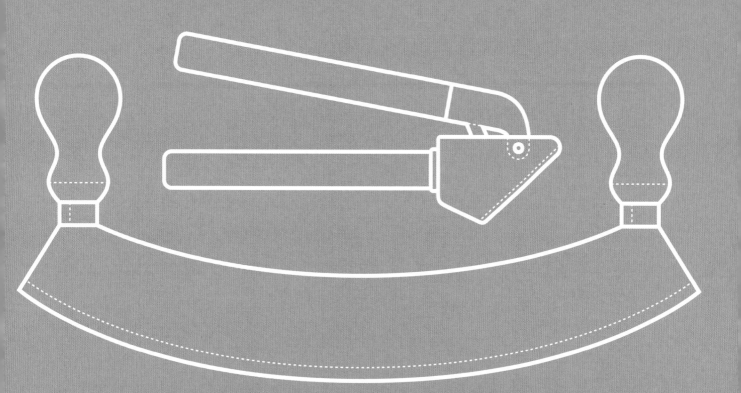

香草、香料、油脂与调味料

聚焦 香草

香草的香味通过芳香精油传递，可以为菜肴增添生气。人类主要通过气味感知香草的风味。

使香草散发芳香的化学物质来自其叶片内的微小油滴——只占其重量的1%。这些挥发性油脂能够驱赶食草类动物。且在食用一定量时会产生毒性。因此烹饪时应把握好香草的用量。大多数香草的芳香化合物是脂溶性的，却很难溶溶于水。一些食用油或脂肪（如奶油）经过加热，便可以让香草的风味更好地融入其中，为菜肴提味。除了油脂，香草的风味也可以在酒精中得到较好的释放，效果优于在水中。

香草主要分为两种——坚韧型和柔嫩型——它们的用法也不尽相同。

脂溶性
香草中的大多数风味分子可以很好地浸入油脂，因此油脂能够成为香草风味的优质载体。

科学
坚韧型香草的叶片质地坚硬，释放风味分子的速度比柔嫩型香草慢。

坚韧型香草有叶片和强健的茎干坚韧的茎

烹饪
用脂肪烹制坚韧型香草，并在烹饪初期加入菜肴中，使其叶片充分软化并释放油脂。

油腺
香草的腺体中含有油滴，油滴中含有丰富的风味分子的风味分子

了解香草

坚韧型香草通常需要加热以释放其风味，通常干处理效果会更好（见第183页）。鲜嫩型香草既可以用于烹饪，也可以用作装饰。这两种香草皆可以借助油或脂肪释放风味。

坚韧型香草

迷迭香
坚韧的迷迭香叶子生食味道不佳，因此需要与脂肪一起烹饪以充分激发其香味。在烘烤之前，先摘下叶片，剁碎，或在烹饪的一开始加入锅中。
鲜食期限：3周
最佳用法：鲜或干

百里香
烹饪前先从茎上摘下小而强韧的百里香叶子。如果茎很嫩，也可以将其茎切碎，与叶子一起使用。
鲜食期限：2周
最佳用法：鲜或干

鼠尾草
鼠尾草的叶子太硬了，不宜生食。用黄油煎一下即可作为装饰的摆盘，也可以尝试将切碎的鼠尾草和肥肉一起烹饪。
鲜食期限：2周
最佳用法：鲜或干

月桂叶
坚硬的月桂叶可以散发出木质的香气。新鲜的叶子尝起来有点苦，所以干燥的月桂叶效果更佳。在烹饪之初便可以加入。

鲜食期限：2周
最佳用法：干

柔嫩型香草

薄荷
将叶子切开或压碎，即会释放出更浓烈的味道。茎在烹饪时可以丢弃。

鲜食期限：2周
最佳用法：鲜

罗勒
将罗勒像雪茄一样卷起，切成丝，以防止褐变。与其他香草不同，罗勒冷藏后会枯萎，所以须常温保存。

鲜食期限：2周
最佳使用方法：鲜

扁叶欧芹
这种可塑性极强的香草经常被用作装饰，也可以在出锅前加入。扁叶欧芹没有什么味道；新鲜的时候使用最佳。

鲜食期限：3周
最佳用法：鲜

芫荽
高温或长时间加热会降低芫荽的风味分子，所以应该在烹饪结束时加入芫荽。干燥或黄色的芫荽无味，应择净。

鲜食期限：3周
最佳用法：鲜

释放的风味
香草被切开或压碎时，油腺会被破裂，释放出风味分子

存储坚韧型香草
用纸巾包住坚韧型香草，吸干多余的水分，然后置于密封容器中，放入冰箱冷藏保存

烹饪
于上菜前加入切碎的柔嫩型香草作为装饰，或在烹饪结束时加入，以免风味受损。

科学
柔嫩型香草一旦采摘或切碎，即可迅速释放风味分子。

柔嫩型香草
柔嫩型香草具备娇嫩的叶子和柔软的茎

存储柔嫩型草药
将柔嫩型香草的茎浸泡在水里，像插花一样

一束香草

制备新鲜香草的最佳方法？

新鲜香草的处理方式直接关系到其释放香味的程度和速度。

香草的风味分子存在于叶片的油腺中或叶片表面（见下方图文）。当叶片破损，油腺便会爆裂，释放出芳香的精油，这些精油保留了香草的风味。

香草的处理和使用，没有"放之四海而皆准"的道理，但可以简单地将其分为"坚韧型"和"柔嫩型"两类。坚韧型的香草，如迷迭香和月桂叶，通常生长在干燥的气候环境中。其坚韧的叶片善于保持水分和油脂，因此风味悠久绵长。而罗勒和芫荽等柔

嫩型香草，叶片质地脆弱，具有较温和的、带有花香的气味，而且它们的风味极易蒸发。以罗勒和薄荷为代表的众多柔嫩型香草含有大量的褐变酶——多酚氧化酶（polyphenoloxidase，缩写为PPO），因此非常容易发生褐变，当细胞受损，这种酶便会被激活。

下表介绍了处理坚韧型和柔嫩型香草的不同方法，以最大限度保存其风味。

品种问题

绿叶的褐变程度取决于香草的品种，例如相比普通罗勒，纳波利塔诺罗勒的褐变反应就不明显。

香草油腺

无论坚韧型香草还是柔嫩型香草，其香味都来自叶片腺体中的油脂。当叶片受到损坏，腺体爆裂，香草便会释放出香味。

叶肉细胞

气孔让空气进入叶片

在叶片的两面分布着两种主要的充满香味的油腺

新鲜的罗勒

叶片背面

香草类型	如何制备
柔嫩型香草 这种类型的香草可迅速释放出风味，所以在加入菜肴前避免过度挤压或损毁，以免其在食物煮熟前失去所有的风味。 罗勒、香葱 芫荽、莳萝、薄荷 欧芹、龙蒿叶	• 为了防止褐变，可以将香草稍微蒸制或焯一下，约5~15秒即可。无须高温烹饪，持续高温会使香草枯萎。 • 切之前要确保香草表面干燥，然后用一把非常锋利的刀将香草切丝，以最小的损害将腺体破坏。 • 可将切碎的香草浸入油中，防止空气进入受损细胞，以避免褐变反应发生（见第166页）。另外，将切好的叶子放入柠檬汁中也能够抑制褐变酶的活动。
坚韧型香草 这类香草适应干燥的生长环境，质地坚韧，因此在烹饪时具有更多的可能性。 月桂叶、牛至 迷迭香、鼠尾草 百里香	• 若不希望风味过于浓郁，可以将迷迭香和百里香等坚韧型香草整体加入炖菜或砂锅菜中，然后在上桌前取出。 • 若想更快地获得更浓郁的香味，可以将叶子切碎，以打破更多的油腺。

干香草的
最佳使用方法?

除了月桂叶,香草的芳香化合物
在叶片干燥时极易挥发。

香草干燥后,其芳香分子会随着香草中的油蒸发而逸出。另外,每种香草都有自己独特的芳香化合物组合,且各自以不同的速率蒸发,因此每一种干香草都有着不同的味道。

坚韧型香草一般生长在温暖的气候中,为了在正午的烈日下锁住水分,逐渐进化出坚硬的叶片和茎,因此比柔嫩型的香草更耐旱。当这类香草经过干燥处理后,它们的风味可最大限度地保留下来。

即使是最适合干燥处理的香草也会随着时间的推移而失去风味。与新鲜香草一样,正确处理、存储和使用干制香草可以最大限度地为菜肴增添风味(见右侧图文)。

适当的用量
干香草的用量仅为新鲜香草的⅓。

使用前研磨
使用前用杵和臼研磨干燥的香草,可以促进香味的释放。

在油中爆香
将干香草放入油中煸炒,可以释放出风味分子。

小心储存
光和热会使风味流失。干香草应储存在密封容器中,置于干爽阴暗处。

自己制作干香草
在家中使用烤箱制作的干香草才是最美味的。

干迷迭香

烹饪过程中
应该何时加入香草?

在烹饪的过程中,适时地加入香草有助于其释放出最浓郁的风味。

香草的使用与它的制备一样,同样取决于香草的种类。

坚韧型的香草通常具备较丰富且多元的风味,适用于搭配各种肉食,相比之下,柔嫩型的香草则带有一种水果的清香。坚韧型香草的叶片具有弹性,且在油脂中能够焕发出无限活力,因此更适合在烹饪初始阶段放入锅中,以使其风味分子有足够的时间在菜肴中扩散。至于柔嫩型的香草,其风味逸出迅速,所以最好在烹饪的最后几分钟甚至最后一刻加入,或撒在做好的菜肴上作为装饰。如果过早将柔嫩型香草放入锅中,热量会破坏掉其细腻的风味。

烹饪前
月桂叶、牛至、迷迭香
鼠尾草、百里香

出锅前
罗勒、香葱
芫荽、莳萝、薄荷
欧芹、龙蒿

制备方式是否会影响大蒜的风味？

大蒜、洋葱和韭菜同为葱属植物，
含有大量刺激性的含硫化合物。

与洋葱和大葱一样，当大蒜细胞受损时，大蒜的味道便会释放。这种植物的防御机制将含硫蛋白质转化为具有强烈气味和辛辣味道的分子。这种辛辣的蒜味物质被称为大蒜素，它类似辣椒中的辣椒素（见第190—191页），会刺激舌头上的热量感受器。

大蒜强度

蒜瓣被切分或被碾压得越细碎，大蒜素生成得就越多，味道也就越刺鼻。防御酶会持续产生蒜素，因此应在使用大蒜前1分钟将其压碎，以使其风味充分增强。在室温下，受损蒜瓣中的大蒜素含量在60秒左右达到峰值，而后随着大蒜素和其他分子分解形成更复杂的味道，其味道逐渐变得醇厚。当温度达到60℃，大蒜素生成酶将失效。

大蒜口气

当大蒜中的大蒜素被消化时，会产生一种气味特殊的含硫化合物，从而产生"大蒜口气"。这种分子会被血液吸收，因此这种气味很难被彻底掩盖，但一些方法可以降低它的强度。

解决方法：

- 一些植物性食材含有分解大蒜素的酶：尝试将大蒜与蘑菇、牛蒡、罗勒、薄荷、小豆蔻、菠菜或茄子同食。
- 苹果和沙拉叶片中的酶可以分解有气味的分子。
- 果汁中的酸会使风味生成酶失效。
- 牛奶中的乳脂能够捕获大蒜的芳香分子。

薄荷

常备大蒜

如果保持密封、凉爽和干燥，干蒜粉中的大蒜素可以稳定保存数月。

制备方法和效果

不论生食还是加热，不同的处理方式会对大蒜的刺激性味道产生各种影响。

切碎

切碎大蒜，仅会损伤很少的细胞，几乎不会产生汁液。

- 生食：口感醇厚，适合制作沙拉酱汁。
- 加热：加热后，味道会趋于平和，带有一丝甜味。

压碎

使用压蒜器会制成湿润的条状碎片，会破坏许多细胞。

- 生食：味浓而甜，挤压后的大蒜风味易消散。
- 加热：具备中等辣度，可以在油中翻炒一下。

捣碎

相比压蒜器，使用杵和臼捣碎的大蒜更细更均匀。

- 生食：比挤压的蒜风味略强，易消散。
- 加热：加热后带有温和的辣度和甜味，且具有浓郁、复杂的风味。

蒜泥

将大蒜碾碎，制成质地细腻的糊状。

- 生食：大蒜细胞损伤殆尽，增加蒜素的产生，风味强烈和辣度较高。
- 加热：加热使其口感更加醇厚，甜味十足。

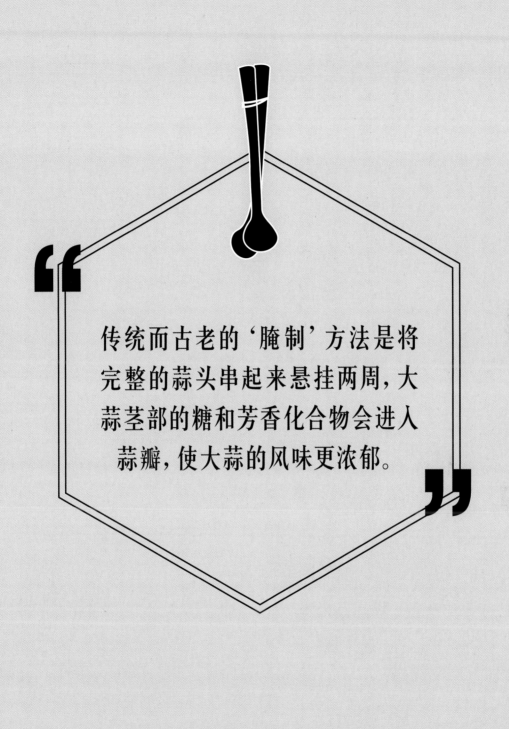

传统而古老的'腌制'方法是将完整的蒜头串起来悬挂两周，大蒜茎部的糖和芳香化合物会进入蒜瓣，使大蒜的风味更浓郁。

如何最大限度地
激发香料的风味？

大多数香料都是携带芳香化合物的坚韧型食材。

香料可能来自植物的任何部分，例如根、树皮或种子，可以是完整的也可以研磨成粉末状。大多数整粒的香料都经过高温的干燥处理。与香草不同的是，香料可以通过干燥处理产生更浓郁的味道。

作为植物质地较坚韧的部分，香料通常能够抵御其他元素的侵入，往往需要精心的料理才能激发其风味。

浸泡的作用

干芥菜籽只有在水分充足时才会散发出强烈的香味，所以最好先浸泡3~4小时。

破坏香料的完整性会导致其释放防御性的酶，并引发风味的连锁反应，与大蒜被切开时的情形类似。长时间烹饪完整的香料也能够破坏其细胞，高温会引发美拉德反应（见第16页），产生令人着迷的芬芳。在香料被磨碎后，破碎的细胞已经开始了风味连锁反应，因此需要更加小心地处理。参照下方指导，学习如何使用整粒的和研磨成粉状的香料。

完整的香料

包裹在植物纤维组织中的风味需要激发才会被释放。

香料的制备从其被粉碎或被研磨时开始。

烹饪的时间越长，风味释放得越充分，所以最好在烹饪早期加入。

高温开启并加速香味的释放。

小豆蔻籽 ▶

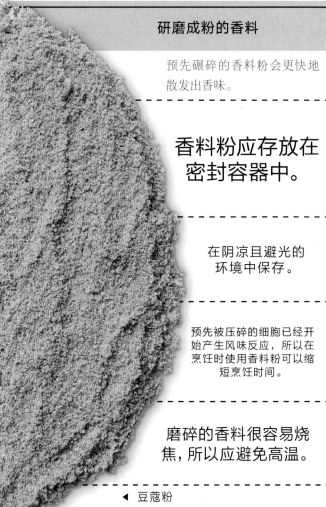

研磨成粉的香料

预先碾碎的香料粉会更快地散发出香味。

香料粉应存放在密封容器中。

在阴凉且避光的环境中保存。

预先被压碎的细胞已经开始产生风味反应，所以在烹饪时使用香料粉可以缩短烹饪时间。

磨碎的香料很容易烧焦，所以应避免高温。

◀ 豆蔻粉

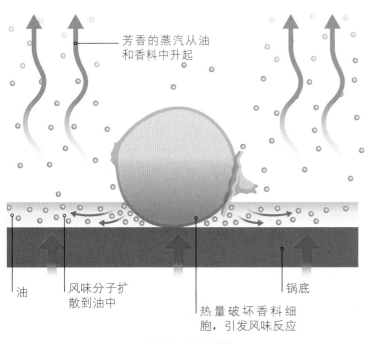

芳香的蒸汽从油和香料中升起

油

风味分子扩散到油中

热量破坏香料细胞, 引发风味反应

锅底

香料在锅中 "绽放"

为什么食谱总是建议 在烹饪的初始阶段 向油中添加香料?

油作为媒介, 可以将香料的风味 有效地融入菜肴之中。

将整块或刚碾碎的香料放入油中煸炒, 然后再加入其他配料, 可以帮助热量均匀地进入香料, 同时避免烧焦。最重要的是, 香料在油中 "绽放": 风味分子在高温下产生并溶解在油中, 增强了油和香料的风味 (见左侧图文)。

香味携带者

和香草一样, 大多数香料具有的风味物质在油中的溶解度高于在水中的溶解度。例如, 将干辣椒片在93℃的油中翻炒20分钟, 其释放的辣椒素是水煮时的2倍。

藏红花为何如此昂贵?

藏红花仿品众多, 真正的藏红花有一种挥之不去的,
极具穿透力的干草芬芳, 还混合着肉桂和茉莉的独特香气。

我们平常所吃的藏红花是番红花苞里深红色的细小 "柱头"。藏红花需要人工收割, 且每个花苞里只有3个柱头。生产450克的藏红花大约需要10~25万株植物, 甚至更多, 所耗工时高达200多小时。这种珍贵的香料携带着150多种芳香化合物。在日常烹饪中, 姜黄是一种很好的黄色替代品, 但味道较重, 并不能在制作甜品时取代藏红花。与其他香料不同的是, 藏红花的芳香化合物在水中比在油中溶解得更好。将藏红花浸泡20分钟, 有助于提升风味。浸泡并非必要步骤, 但有助于萃取藏红花的香味。

"藏红花含有150多种芳香化合物, 是独一无二的香料之王。"

1公顷

采集针状柱头作为香料, 1公顷的种植面积只能产出很少的藏红花。

藏红花

48克

干藏红花

1公顷

根茎类的姜黄每公顷产量相当可观。

姜黄

2~3吨

姜黄粉末

聚焦辣椒

辣椒的活性成分——辣椒素是一种有毒的刺激物，当我们接触它时会产生燃烧的感觉。然而，适量的辣椒素可以创造出令人愉悦的辛辣滋味。

辣椒进化出辣椒素是为了避免被吃掉，几乎所有哺乳动物都不吃辣椒素。然而，人类在食物中加入辣椒至少有6000年的历史了。辣椒素实际上并不无味或有气味——进入口腔后，辣椒素会直接附着在口腔和舌头的神经上。这些神经可探测到因接触燃热源而产生的疼痛，并传到至我们的大脑，使其感知到灼热，因此我们会在吃辣椒时感受到灼烧。

股的痛感。尽管如此，辣椒仍是一种很受欢迎的调味料。人们通常认为辣椒的籽是最辣的部分，事实却并非如此。辣椒籽几乎没有什么辣度。就算有，辣度也非常低。辣椒的果肉最辣，也不高，呈柔软的奶白色或白色水滴状（见下方图义）。大多数厨师认为应该去除辣椒籽以降低辣椒的辣度，但真正应该去除的是白色胎座。

了解辣椒

对于辣椒"辣度"最广为人知的评级是斯科维尔指数（Scoville scale），以SHU为单位。不同品种辣椒的辣度差异很大。以下是一些来自世界各地的辣椒，它们在各个菜系中都极受青睐。

斯科维尔指数

苏格兰帽子辣椒

这些非常辣的辣椒味道很佳。可加入炖菜和咖喱菜中，但注意不要切开，以防辣度过高。

辣度：10~35万单位
直径：2~3厘米

泰式辣椒

通常被称为"鸟眼辣椒"，这些小辣椒非常辣。它们微妙的风味与柑橘和椰子相得益彰。经常用于制作泰国咖喱。

辣度：10~35万单位
长度：4~8厘米

霹雳辣椒

霹雳辣椒在非洲各地分布很广，但这种植物实际上原产于南美洲。霹雳辣椒酱则原产于葡萄牙。

辣度：5~10万单位
长度：8~10厘米

苦涩的味道

从辣椒中去除种子实际上并不能减少辣度，但辣椒种子确实含有苦味物质。

烹饪

在油或含脂肪的酱汁中烹煮辣椒，可以激发其辣度和风味。

科学

辣椒素，使我们产生"烧灼感"的成分，在油中易溶解，在水中很难溶解。

辣椒的皮几乎没有味道。烤制后，很容易发生

茎

皮

新鲜辣椒

辣椒和洋葱为菜肴增添风味

柠檬椒

有时被称为"柠檬汁"辣椒，这种秘鲁辣椒带有类似柑橘的味道，并因此得名。可以用来为肉类菜肴和炖菜添加香味。

辣度：3~5万单位
长度：5~8厘米

塞拉诺辣椒

赛拉诺辣椒的风味鲜明。经常生食或放在凉菜中，烟熏或烧烤可以提升其风味，是墨西哥菜的关键原料。

辣度：1~2.5万单位
长度：3~5厘米

墨西哥辣椒

墨西哥辣椒的辣度变化很大。在墨西哥，它们经过熏制，制成一种被称为"chipotle"的干辣椒。

辣度：0.35~1万单位
5~8厘米

响尾蛇辣椒

这种圆辣椒有一种类似坚果的甜味，而且体积小。适合与肉、鸡和鱼搭配，经常被烤制加入调味料和炖菜中。

辣度：1500~2500单位
直径：2~3厘米

红色柿子椒

西班牙人最喜欢的辣椒，是比大多数辣椒都要温和的辣椒。它们甜而多汁、芳香十足，经常用于填充橄榄。

辣度：100~500单位
长度：8~10厘米

肉 辣椒果肉的水分会增加松脆的口感和质地

籽 色白无味，几乎不含辣椒素

胎座 微小水滴状的辣椒素产生并储存在白色胎座中

"chipotle"，即墨西哥烟熏红辣椒

烹饪 你可以去除干辣椒的茎和种子，烤至表皮起泡。浸泡、搅拌，然后加入酱汁。

科学 干辣椒风味浓郁，具有一种复杂的泥土气息和坚果的味道。

干辣椒

泰式辣椒

如何"驯服"辣度?

就像过量的盐一样,
烹饪时过量的辣度也很难调和,
但是有一些小技巧可以为你提供帮助。

不幸的是,几乎没有任何方法可以消除辣椒素的辣度影响(见右侧图文)。预防是最好的方法——使用新鲜辣椒或干辣椒时,尽量少量多次加入,并不断品尝,必要时可以再加少许(辣度会随着温度下降而降低)。如果已经一次性加入了过多的辣椒,那么可以增加其他食材的用量,以分担辣度(见下方图文)。在为辣味菜肴调味时,切记辣味比味道需要更长的时间才能发挥作用——在辣椒素触发舌头上的热感受器前有一个短暂的延迟(见右侧图文)。

水和蔬菜
在酱汁中加入水或更多的蔬菜,可以稀释辣椒素分子,降低辣度。

奶油或酸奶
乳脂球被乳化酪蛋白包围,能够吸收一部分辣椒素分子。

适度的盐分
盐增加了舌头上热感受器对辣椒素的敏感度,提升了辣椒的辣味。

糖或蜂蜜
甜度高的食材,如蜂蜜或糖,会降低舌头上热感受器的敏感度,因而能够平衡辣椒的辣度。

避免酸性成分
酸性食物,如醋和柑橘汁,会刺激舌头上的热敏神经。加入小苏打可以中和酸性,降低辣度。

解辣的
最佳方法是什么?

用科学的方法降低辣椒带来的灼烧感。

我们从辣椒中感受到的"辣"是由一种名为"辣椒素"的物质引起的,这种化合物可以有效地附着在痛觉神经的热感受器上(见下方图文)。对于你的大脑而言,肢体被灼烧的感觉和辣椒的"辣"并无分别。酒精和碳酸饮料等公认的辣椒灼烧感"解毒剂"只会让情况更糟,但如果你正在承受辣的痛苦,可以试一试这些快速缓解的方法(见下方图文)。时间是最好的良药:大多数辣椒产生的灼烧感在3分钟后会减弱,15分钟后应该会完全消失。

缓解辣椒灼烧感的方法

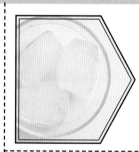

冰
在嘴里含1~2个冰块可以消除吃太多辣椒后的灼烧感。冰块的温度能够迷惑大脑,暂时忽略辣椒带来的烧灼感。

牛奶和酸奶
牛奶和酸奶中的脂肪和酪蛋白会吸收辣椒素,从而阻止更多辛辣的分子与痛觉感受器结合。冷藏奶制品的温度和质地也会让舌头感到舒适。

薄荷
就像辣椒素会刺激口腔中的热敏神经一样,薄荷中的薄荷醇也会刺激我们感知寒冷的神经。嚼几片新鲜的薄荷叶,或在冷酸奶中加少量薄荷叶,有助于消减辣的感觉。

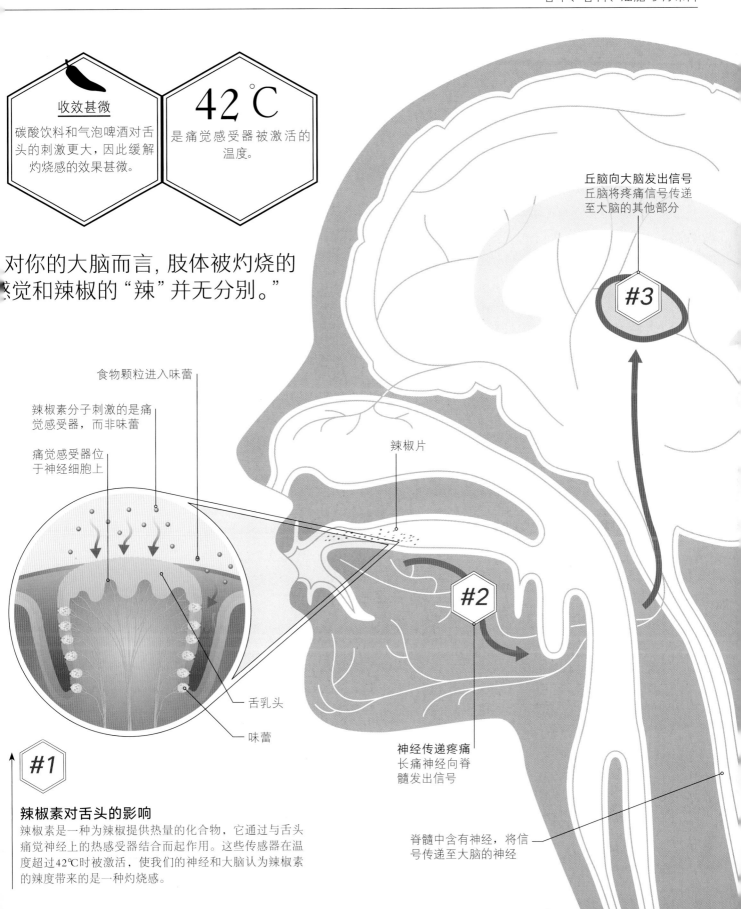

收效甚微
碳酸饮料和气泡啤酒对舌头的刺激更大，因此缓解灼烧感的效果甚微。

42℃
是痛觉感受器被激活的温度。

"对你的大脑而言，肢体被灼烧的感觉和辣椒的"辣"并无分别。"

食物颗粒进入味蕾

辣椒素分子刺激的是痛觉感受器，而非味蕾

痛觉感受器位于神经细胞上

辣椒片

丘脑向大脑发出信号
丘脑将疼痛信号传递至大脑的其他部分

#3

#2

舌乳头

味蕾

神经传递疼痛
长痛神经向脊髓发出信号

#1

辣椒素对舌头的影响
辣椒素是一种为辣椒提供热量的化合物，它通过与舌头痛觉神经上的热感受器结合而起作用。这些传感器在温度超过42℃时被激活，使我们的神经和大脑认为辣椒素的辣度带来的是一种灼烧感。

脊髓中含有神经，将信号传递至大脑的神经

聚焦
油与脂肪

油与脂肪不但能够从其他食物中吸收风味分子，
其本身也是一种食材，且风味各异。

食用油，尤其是以植物为原料榨取的油在室温下通常呈液态，而室温的动物脂肪则呈固态。植物油通常含有Ω-3和Ω-6不饱和脂肪酸。而饱和的动物脂肪则存在增加胆固醇的风险。

各类油脂都可以提升食物的风味和口感。香草和香料的风味分子在油中易于溶解，因此味道可以经由油脂充分渗透至菜肴中。油与多种芳

香化合物配合得当，可与辣椒、柠檬、迷迭香、罗勒等原料完美结合。与水不同，油脂可以在非常高的温度下烹饪食物，但操作时务必小心谨慎。在油脂达到沸点之前，其分子会被撕裂开并变黑，散发出刺鼻的蒸汽，风味受损，发生这一变化的温度被称为"烟点"（见右侧图文）。当锅中出现微弱的蓝色烟雾时，应立即关闭热源。

了解油脂

未精炼的油含有矿物质、酶和带有风味的杂质，它们都可以被点燃。所有的油和脂肪在不同的温度下燃烧，被称为"烟点"。油脂可以在不同的烟点采用不同烹饪方式以帮助你选择合适的油或适合的脂肪。

食用油

特级初榨橄榄油

这种质地黏稠、风味甚佳的橄榄油烟点很低，所以不适合爆炒，最好用于制作凉菜和沙拉酱汁。

烟点：160°C
脂肪：91.5克/100克

橄榄油

烹饪常用橄榄油比初榨橄榄油用途更广。它由未精炼和精炼的油混合而成。烟点更高，因此可以用于油炸食品添加温和调和的橄榄风味。

烟点：200°C
脂肪：91.5克/100克

菜籽油（油菜籽）

这种常见的食用油具有泥土和坚果的香气，但过度精炼就会失去味道。精制菜籽油有相当高的烟点，适用于油炸、爆炒和烘烤。

烟点：205°C
脂肪：91.7克/100克

烹饪

油在食物和锅底之间形成一层润滑膜，防止食物粘锅或散架。

科学

油脂携带风味分子，并可以作为介质有效地将热量传递至全食物表面。

油

味道渗入
油被加热后，食材中的味分子便会溶解在油中，

花生油

高烟点使它成为爆炒的理想选择。与所有坚果油一样，它温和的坚果味道即使在烹饪后也能得到很好的保留。

烟点：230℃
脂肪：91.4克/100克

椰子油

近些年越来越受欢迎。这种质地厚实的油脂在室温环境中便能够从固态变为液体。未经提炼的椰子油在煎炸过程中会冒烟。

烟点：175℃
脂肪：97.3克/100克

动物脂肪

黄油

在制作酱汁、面包和糕点时能够带来无与伦比的浓郁香气。含水量高达16%，烟点低，不适合高温煎炸。

烟点：175℃
脂肪：82.9克/100克

酥油

坚果味酥油在印度烹饪中应用广泛。黄油中的水分被滤掉，提炼出"澄清的"黄油。具有很高的烟点，可以用于煎炒。

烟点：230℃
100克/100克

猪油、牛油

由猪油或牛脂制成的脂肪在室温下为固体。性质极为稳定，可反复用于油炸。

烟点：猪油185℃、牛油205℃
脂肪：98.8克/100克

香味增强剂
优质橄榄油具有复杂的果味、胡椒味，呈绿色并具有花香。

最好的存储方式
橄榄油最好保存在深色或深绿色玻璃瓶中，以防止紫外线照射，避免脂肪分子加速分解，出现酸味。

科学
脂肪中的蛋白质和其他固体经过加热，加速褐变，形成新的香味。

添加黄油
黄油提升了风味和质地，使糕点更加松软。

烹饪
饱和脂肪最适合用于丰富的酱汁、糕点和烘焙食品的口感。

黄油

特级初榨橄榄油

为什么有些橄榄油的品质比其他的更好？

"特级初榨"表示质量，但我们经常被"冷榨"和"初榨"等术语搞糊涂。

用于榨油的橄榄在采摘后，首先会被碾压成一种黄褐色糊状物。传统的工艺，是将麻编成的垫子浸入此糊状物中，然后靠人力挤压出橄榄油。如今，大多数的橄榄油都是通过离心机提取的。离心机不但使提取效率明显提高，还缩短了橄榄油与空气接触的时间，提高了出品的质量。加热糊状物可以使提取油的效率得到提升，但要以牺牲风味为代价，这是因为热量会导致风味的挥发，同时加快橄榄油变质的速度。产品标有类似"冷压（cold pressed）"或"冷萃（cold extracted）"的标签，是指在榨油的过程中，最高温度不超过27℃。若要选购高品质的橄榄油，应该选择具备"初榨（virgin）"字样或标记的产品：为了提取出品质最好的油，橄榄只经过一次压榨或离心机提取。橄榄油的酸度表明脂肪分子由于损伤或加工不良而分解成脂肪酸的程度。顶级初榨橄榄油的酸度很低（见下方图文）。

特级初榨橄榄油
只有品质最好、风味最优良的橄榄油才能持有这个标签。若想达到"特级"标准，酸度必须低于0.8%。

初榨橄榄油
必须符合基本的国际口味标准，且酸度必须低于1.5%，以体现整体质量。

橄榄油
低于"初榨"的标准，这些橄榄油通常经过精炼以去除杂质。缺乏风味，但可以承受高温。

> **"初榨橄榄油是指只经过一次压榨或离心机提取，所获得的质量最优的橄榄油。初榨油意味着被压榨的次数不可超过一次——而"首次压榨"这种说法，不过是一种营销说辞罢了。"**

如何挑选最美味的初榨油？

选择最好、最美味、最新鲜、最具有果香的油并不简单。油色为墨绿色或金色并不能说明油的品质上佳——品质优良的橄榄油大多呈浅色。购买时选择生产日期在12个月以内的新鲜橄榄油，或者选择保质期至少为2年的。未经过滤的橄榄油瓶中可能有沉淀物，但这并不意味着它风味更好，反之其变质的速率可能更快。

储存橄榄油的最佳方法？

像葡萄酒一样，如果不小心储藏，原本风味鲜美的橄榄油也会发臭或发霉。

高温、光和空气都会破坏油的风味。尽管总量不大，但油的香味分子气味很强烈，如捏碎的水果、碾压的种子和坚果的油香一般，对我们的嗅觉冲击很大。油在新鲜时风味最好，不会随着时间的推移而得改善，所以储存橄榄油的目的是尽可能长时间地保持其香味。

氧气对油的风味的影响是毁灭性的，所以一定要将油保存在密封的容器中。温度加速了风味的衰败，光线则严重破坏了未精炼油中脆弱的分子。诱人的绿色橄榄油含有大量的绿叶植物色素——叶绿素。叶绿素能够吸收更多的阳光，使绿色橄榄油更容易变质。即使是在完全密封的低温环境下，来自太阳射线的能量，尤其是最强大的紫外线，也足以引发氧化反应（见下方图文）。

一点帮助

顶部用惰性气体（如氮气或氩气）密封的瓶子保质期更长。

瓶装橄榄油

三分子脂肪

油的分子结构

在分子层面上，油主要由含有三分子脂肪酸的三酰甘油构成。氧气、光和高温会使脂肪酸的连接断裂，每条分支都变成高度活跃的脂肪酸，引发连锁反应，产生腐臭的异味——这个过程被称为氧化。

被氧化时，三分子脂肪酸会分解，产生腐臭的味道

瓶子种类
瓶子颜色越深越好。深棕色比绿色更能阻挡光线。塑料瓶身会缓慢地漏气，所以玻璃材质最好。

温度
高温会加速风味衰败，所以要让油远离热源和阳光。

暴露在空气中
氧气会破坏油的风味。一定要将油存放在密封的容器中。

有些油冷却后保存得更好

高温通常会对于橄榄油的品质产生负面影响，但并非所有类型的油都适合低温保存。

你知道吗？

- 对于未经提炼的橄榄油（初榨橄榄油和特级初榨橄榄油）而言，最佳储存温度是14~15℃——低于室温，但高于冰箱冷藏温度。橄榄油不能从冷藏中受益，因为当温度下降时，橄榄油中最稳定和最耐光的脂肪首先变成固体，留下更脆弱的甘油三酯分子形成的液体。

- 精制食用油经过过滤或清洗后，其大部分味道和杂质都被去除，同时保质期变长。与其他食用油不同，坚果油和种子油在冰箱中保存的时间更长，其间可能会变混浊或凝固。

为什么油炸食物熟得快？

油炸是最省时的烹饪方式，也因此收到众多厨师的
青睐——油的化学特性道出了这种快速烹饪方式的本质。

油炸是烹饪食物最快的方法之一。它比以水为基础的烹饪技术要快的原因是其可以达到更高的温度：油炸的温度可达到175~230℃，相比之下，水煮最高仅能达到100℃。此外，油的升温速度远超过水，即使温度最高的烤箱，加热食物的速度也不及油炸。

油炸的风味

油炸的优势不仅在于速度和温度。油炸食物时，不论食材表面是否裹了面糊，其表面温度都会迅速升至140℃，美拉德反应（见第16页）随即开始，同时食物的表面会形成酥脆可口的外壳。当温度达到165℃，食物中的糖开始焦糖化，为食材带来额外的风味。油本身也为食物的风味做出了

贡献。黄油是最美味的油脂之一，却不适合用于油炸。油炸时应选择高烟点的油（见第192—193页），以确保在不燃烧乳脂的情况下，将食材加热至足以引发食材褐变甚至焦糖化的高温。油炸所用的油可以反复使用多次，效果甚至会越来越好。当部分脂肪分子在高温下发生反应，会产生极为诱人的风味，并逐步渗透到食物中，形成质地更致密的外壳。

初炸、复炸

炸薯条时，通常先将炸炉调至160℃，将薯条炸熟，再将温度提升到190℃，将表皮炸酥脆。

整鸡的烹饪时间

25 分钟	40 分钟	90 分钟	90~120 分钟
油炸	压力锅	水煮	烤箱

烹饪速率比较

右图是使用不同方法烹饪整鸡的速率比较。食材表面的水分须完全蒸发，其表层温度才能超过100℃，进而发生褐变。

为什么油炸食物对健康有害？

众所周知，油炸是一种不健康的烹饪方法，但是有很多方法可以降低健康风险。

与所有其他烹饪方式相比，油炸食品所含的热量（卡路里）无疑是最多的。这是因为油炸过程中，油始终包裹着食材表面，并且逐渐被食物吸收。脂肪本身并无害处，但摄入过多的脂肪会影响身材和健康——脂肪所含的热量是蛋白质或碳水化合物的两倍多。炸制食物时，食物中的水分会因高温转化为蒸汽并逸出（见第76—77页），这个过程会抑止烹饪过程中油对于食物的渗透，因此大部分的油会停留在食物表面。这

计算热量

1汤匙脂肪的热量高达120千卡，因此食用油炸食品应有节制。

说明，如果在食物炸熟后，用厨房纸迅速将其表面多余的油吸走，将有效地降低油炸食品的脂肪含量。暂且不论热量，如果油温太高，油炸食品也会对你的健康有害。如果热油散发出蓝色的烟雾，那么意味着其已达到烟点（见上方图文），带有辛辣味道的有害化合物开始形成。煎炸时应使用高烟点的油（见第192—193页），并选择更健康的脂肪类型，加热时也应注意油温。

重复使用的油能够使油炸食品更美味，因为部分氧化的油可以为食材增添风味。但当太多的脂肪氧化后，油便会发臭，应该丢弃。

如何使用酒精强化食物的风味？

酒精不但能醉人，还可以提升食物的风味，
因此在烹饪中有着非常重要的地位。

葡萄酒、啤酒和苹果酒可提升炖菜、酱汁和甜点的风味，不仅凭借其酒精含量，还可以用所含的糖分补充甜味，酸味增加清爽，氨基酸提升鲜度，与食材本味相互融合，激发无限潜力。

文火慢炖

添加酒精的菜肴应以文火慢炖，以防止酒精中精致微妙的芳香分子迅速蒸发，浓缩出令人不悦的味道，或使汤汁酸度过高。应避免使用陈年葡萄酒烹饪（陈酿时间过长的葡萄酒会因单宁而产生涩味，水果中的单宁的存在原本是为了抑制寄生虫），其微妙的味道会随其他配料蒸发。可以使用右侧图表作为酒精与食物口味搭配的指导。

	腌肉、火腿	红肉	禽类	鱼类	贝类	奶酪酱	番茄酱	甜品
苹果酒	●	•	•	•		◐	◐	◐
啤酒	◐	●	•	•		◐	◐	•
贮藏啤酒	●	●		◐	●	◐	•	◐
白葡萄酒	◐	•	•	◐	◐	•	•	●
红葡萄酒	•	◐		•		•	●	◐
威士忌	◐	◐	•			•	◐	●

烹饪用酒精

上方图表显示了在烹饪过程中，如何使用酒精与不同食物搭配。圆圈越大，表明配合度越高。

当食物燃烧时会发生什么？

火焰是一种装饰菜肴的美妙方法。

上菜或烹饪时为菜品点起一团火焰是一种令人印象深刻的表现形式，但其技巧其实很简单。将高浓度的温热的酒或室温酒倒入不沸腾的炊具中，将锅倾斜，然后用打火机点燃即可。在火焰燃烧的过程中，以酒精蒸发时的蒸汽作为燃料：蓝色的火舌在炊具上方稍稍盘旋跳跃，腾起一团团烟雾。

为了达到最佳的视觉效果，建议锅中仅留少量酱汁，再添加酒精。以使酒精浓度达到可点燃的标准——可点燃的酒精浓度最低为30%。酒精蒸汽的挥发非常迅速，这也意味着火焰的点燃会非常迅猛，所以务必小心头发和袖子，手边准备一个锅盖，以备随时灭火。

更美味？

就味道而言，火焰几乎不起作用。火焰可以达到260℃，这是足以碳化食物表面并产生焦香的温度，但实际上大部分的热量会盘旋在食物上方。"盲品"味觉测试结果显示，火焰不会以任何方式改善风味，许多厨师认为点燃火焰更多是一种表演，而非烹饪，纯粹是为了和食客形成互动，提高食客对于这一餐的预期，并加深印象。

30%
是制造"火焰"效果所需的最低酒精浓度。

没有火焰
葡萄酒和啤酒不会燃烧，因为其释放的可燃气体不足以被点燃。

烹饪过程中
酒精是否会蒸发?

酒精会随着你烹饪的时长而蒸发,但总是有一些会残留下来。

酒精可以迅速溶解并释放芳香分子,增强风味。然而,在烹煮或煨煮的过程中。降低酒精浓度很重要,如果酒精浓度过高——超过菜肴自身味道的1%——就会压住其他味道,让人难以忍受。酒精也会触发痛觉感受器,所以在添加入菜肴时需格外小心。

还剩下多少酒精?

烹饪确实会促使酒精蒸发,但即使经过长时间的烹饪,菜肴中还是会残留一些酒精。从一道菜中去除酒精需要耐心——即使在热炉子炖煮2小时,仍会有多达10%的酒精残留在酱汁中。

> "烹饪确实会促使酒精蒸发,但即使经过长时间的烹饪,菜肴中还是会残留一些酒精。"

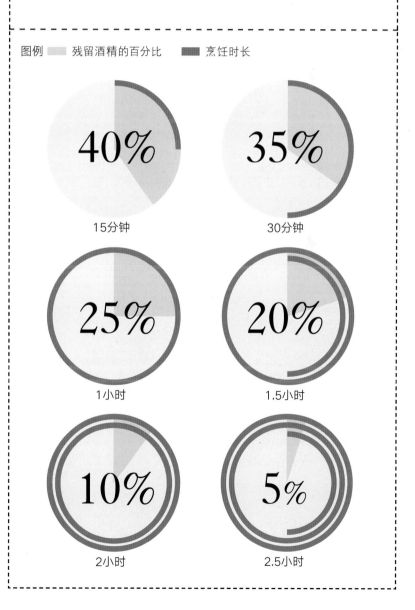

烹饪时长

下图显示了菜肴在烹饪到不同阶段时,酒精残留的百分比。经过15分钟,60%的酒精已经蒸发,经过1小时,酒精会剩下25%,而经过2.5小时的烹煮后,菜肴中仍会有一些酒精残留。

图例 ▨ 残留酒精的百分比   ■ 烹饪时长

40% 15分钟

35% 30分钟

25% 1小时

20% 1.5小时

10% 2小时

5% 2.5小时

如何防止沙拉酱油水分离？

油和醋的分子组成使得两者自然分离——需要另一种化学元素将它们结合起来。

橄榄油和香醋混合并搅拌均匀后会形成由微小油滴形成的浑浊泡沫，这样的状态通常会保持几分钟，直到油水分离。水分子是极性分子，其电荷分布不均匀。水分子的形状就像是一个回旋镖，每个尖端都有一个小小的正电荷，弯曲处则是一个负电荷。当弯曲处的负电荷时接近附近水分子尖端的正电荷时，水分子之间会相互附着。

然而油的分子是非极性分子，与水分子之间无法形成这种吸引力，因此会发生油水分离。为改善这种情况，我们可以加入一种"乳化剂"，使脂肪和水这两种元素相互结合。芥菜籽中含有一种黏稠的乳化剂，被称为"胶水"（mucilage）。在240毫升的油醋汁（油醋比为3∶1）中加入一汤匙芥末酱，就可提供足够的"胶水"，将油和醋结合在一起形成酱汁，并使其更好地包裹食材。

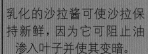

额外好处

乳化的沙拉酱可使沙拉保持新鲜，因为它可阻止油渗入叶子并使其变暗。

不同等级的香醋差异很大吗？

香醋有着千年的历史，是一种黑、甜、味浓的调味品。

香醋（balsamic vinegar）是以葡萄为原料制作的，有一套非常特殊的生产方法。以白葡萄酒醋为例，香醋是由酒精饮料和可以消化酒精的产酸细菌混合而成，这个过程称为酸化（acidification）。通过使葡萄汁同时发生发酵和酸化，含酒精的液体最终转化为香醋，称为一种截然不同于其他醋的调味品。正宗的香醋应该产自意大利北部的艾米利亚-罗马涅亚地区（Emilia-Romagna），尽管通常情况并不如此，

而且价格较低的品种无法提供复杂的味道。法定产区（Denominazione di Origine Protetta，缩写为DOP）标志标明了香醋的最高品质。另外，持有产区（indicazione geographica protetta，缩写为IGP）和意大利调味汁协会（Consorzio di Balsamico Condimento，缩写为CBC）标签的产品也是经过意大利香醋质量机构认证的。

由专业零售商代理

市售品种

传统等级

意大利香醋

这种质地如糖浆般的香醋由意大利特雷比奥罗（Trebbiano）和兰布鲁斯科（Lambrusco）葡萄酿制而成，至少需要发酵12年。

最适合

上菜前滴在菜品上，甚至可以直接饮用。

调味等级

调味香醋

由新鲜和熟成的香醋混合而成，高品质的调味香醋不含其他添加剂。

最适合

直接淋在食物上，便能展现其浓郁而甜美的风味。

认证等级

摩德纳芳香醋

酸味较淡的多用途香醋。标签上应有"葡萄汁"（grape must）字样，证明其来源可靠。

最适合

非常适合用于烹饪，或为沙拉汁调味。

大众等级

巴萨米克香醋

如果没有IGP字样的标签，其可能是由醋、甜味剂和调味料混合而成的产品。

最适合

用于烹饪，味道过酸，不适合直接淋在食物上。

用传统方法制作香醋时，葡萄被浓缩成焦糖化的糖浆，然后倒入5桶或5桶以上不同熟成度的醋中，借助表面碳化的木桶为香醋增香并上色。

聚焦 盐

作为百味之王，盐在厨房中的地位可想而知，有时，一点点盐便可以化腐朽为神奇。

我们的身体天生就渴望盐，因为盐对我们的身体至关重要。然而，摄入过多的盐会导致高血压，所以控制盐的摄入量十分重要。盐有其基本味道，但也会影响我们体验其他味道。盐的加入可以减少苦味，提升甜味和鲜味。许多甜点加盐即是为了提高甜度。除了调味功能，盐还有特殊的烹饪用途。向面团中添加盐，能够促进麸质蛋白形成，使面包内部组织更紧实，并于烘烤时增加体积；它可使肉和鱼的表面脱水，烹饪后口感更加酥脆；卤水中的盐分可以使腌制后的肉鲜美多汁，还可以延长各种食材的保存期限。精制盐和非精制盐通常仅质地有区别（见右侧图文）。

盐的形成

与精制盐的立方结构不同，非精制盐的粗盐的晶体形状不规则。

精制盐

科学

精盐结晶体积小，形状规整，易溶于水，易分散。

烹饪

精盐适合用于调味，也能够均匀地溶入卤水中或涂抹在食物表面。

腌制盐

腌制盐是一种添加了亚硝酸钠的食盐混合物，用于食品保鲜。其能够抑制细菌的生长，防止因肉毒杆菌引起的食物中毒。

晶体尺寸：细（0.3毫米）

粗盐

粗盐

这种颗粒较大、未经过度研磨的晶体被称为岩盐。因外形呈锯齿状，可以提升菜肴的质感。可在烹饪过程中为菜肴调味，或在上菜前撒入少许——较大的晶体颗粒使人更容易识别盐的存在。

晶体：大且不规则

海盐

由于未经过深度加工，这种盐含有微量的矿物质，如氯化镁。海盐是一种优质的烹饪用盐，用途十分广泛，味道与粗盐相似。

晶体：粗糙或呈片状；可以精制

彩色的盐

极品盐种类繁多，以喜马拉雅粉盐为例。如果在上菜前撒上少量，便可品尝到它盐和它的味道，并为菜肴增添微妙的松脆口感。

晶体：大且不规则

盐的颜色

大多数盐晶体是白色的，且通常是半透明的。微量矿物质可以使一些品种的盐具有不同的颜色。

烹饪

在烹饪的尾声添加粗盐，有助于去除苦味。

科学

将粗盐撒在食物上，会产生一种美妙的口感。

粗盐

粗岩盐

过咸的菜肴还有救吗？

用盐是一门学问。

不幸的是，盐一旦被添加到食物里，就无法去除（见下方图文）。通过添加糖、脂肪或柠檬汁等酸性物质有助于分散味蕾的注意力，进而产生掩盖过度咸味的效果。但我们的味觉对盐的敏感度很高，所以这些方法收效甚微。

有些厨师建议在过咸的菜肴中加入马铃薯，以吸收盐分，而后在上菜前将其取出，但科学实验证明这是行不通的。马铃薯在烹饪过程中会吸收一些汤汁，但不会将盐带走。取出马铃薯后，酱汁的浓度依旧保持不变。拯救过咸菜肴唯一可靠的方法是加入更多的液体以稀释汤汁。添加更多的配料也有助于降低咸味。

"化学酱油"

塑料包装的酱油通常是一种未经酵母发酵的化学仿制品。一般由用于榨油的大豆残留物与强盐酸混合制成。此步骤会使淀粉和蛋白质分解成糖和氨基酸，然后用碳酸钠（小苏打）降低烧灼喉咙的酸度。再用玉米糖浆调味和上色，如果添加真正的酱油，口感反而会使人不悦。

化学酱油

酱汁

盐水

盐

钠
氯

水分子

盐的结构

盐由钠原子和氯原子组成（见第202—203页）。氯原子和钠原子相遇时，会形成一种格子状的晶体。

水是如何作用于盐的

盐被加入酱汁后，水分子会聚集在盐晶体周围，将钠原子和氯原子分开。

盐原子的分离

钠原子和氯原子被水分子包围并分离，所以盐无法从菜肴中分离和去除。

淡酱油的风味和用途

淡酱油的黏稠度较低，风味较咸。

这种多用途的调味料，可以增加咸味和特殊的风味。

是炒菜时最常用的酱料。

用作浅色肉类（如鸡肉）的调味料，以避免肉变黑。

作为寿司的蘸料，可以为其增添风味。

可以淋在冷盘上，或作为饺子的蘸料食用。

烹饪时应使用淡酱油还是浓酱油？

酱油具有浓郁的鲜味，以及酸味、甜味和咸味，
可以为一碗清淡的米饭带来活力。

许多人认为淡酱油就是稀释过的普通酱油，其实不然，而且它也并非低热量轻食。淡酱油和浓酱油成分不同，用途也各有不同（见下方图文）。

在制作酱油时，需先将煮熟的大豆和烤熟的小麦混合在一起。而后混合物须经过两次发酵——第一次用被称为"曲霉"的霉菌发酵3天，在此过程中曲霉菌可将淀粉分解成糖。接下来加入盐、酵母和乳酸菌，它们会在6个月左右的时间里将糖消化掉，并产生风味浓烈的乳酸。相比之下，浓酱油发酵时间更长，味道也更浓郁。在较长的发酵过程中，酱油中还会产生各种各样的其他微生物，这些微生物将大豆中原本淡而无味的各种成分分解成我们熟悉的酱油风味分子。经过发酵的酱油约含2%的酒精，蛋白质被分解成氨基酸谷氨酸，这是鲜味的关键。原料中含小麦的酱油比不添加小麦的酱油更甜更浓。

标签警告

不要食用含有水解植物蛋白的酱油，那只是酱油的廉价仿制品。

淡酱油 ▲

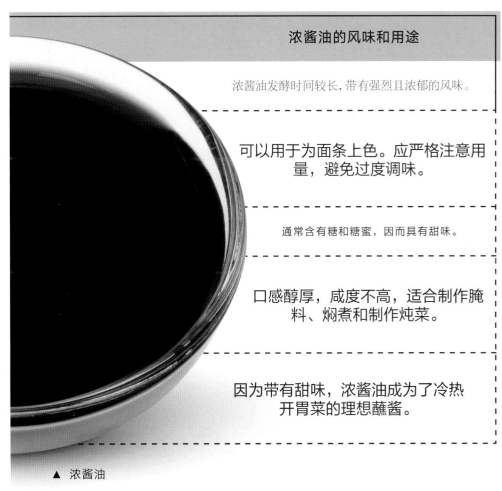

浓酱油的风味和用途

浓酱油发酵时间较长，带有强烈且浓郁的风味。

可以用于为面条上色。应严格注意用量，避免过度调味。

通常含有糖和糖蜜，因而具有甜味。

口感醇厚，咸度不高，适合制作腌料、焖煮和制作炖菜。

因为带有甜味，浓酱油成为了冷热开胃菜的理想蘸酱。

▲ 浓酱油

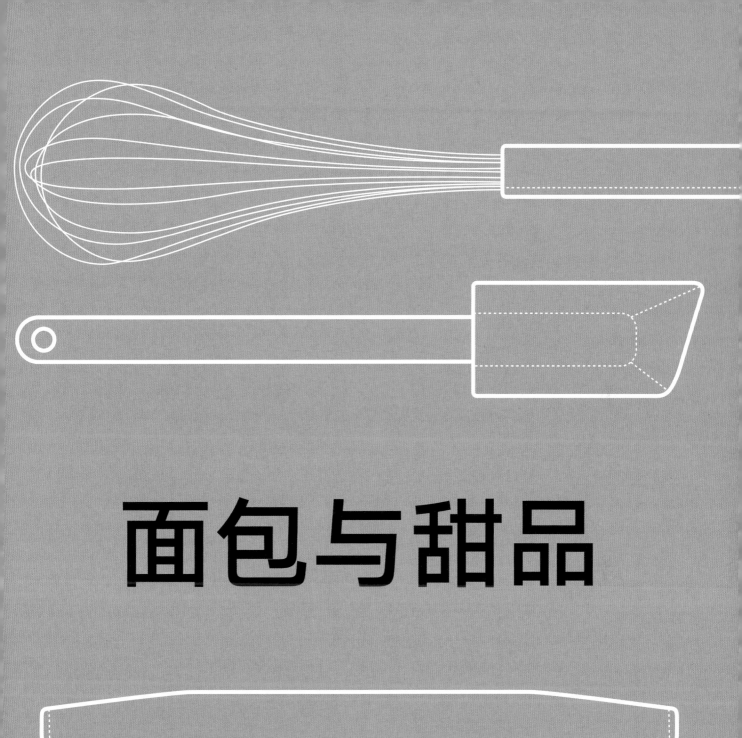

面包与甜品

聚焦 面粉

面粉在任何厨房都是必不可少的。它广泛应用于各色菜肴和甜品中，大多数现代烘焙制品也都是基于面粉制成的。

小麦面粉是各类烹饪的核心食材。面粉是中小麦粒碾磨而成的粉状物。在研磨过程中，麦粒的各个部分——淀粉核（胚乳）、纤维状麸皮和富含营养的胚胎（胚芽）——会经过筛选和分离。麸皮和胚芽中含有易变质的油脂，因此为了延长保质期，大部分麸皮和胚芽通常会被丢弃。所有谷物都含有淀粉，以面包的制作过程为例，小麦粉与水混合并经过揉制后，面粉中的两种蛋白质会形成麸质。麸质是一种非常强韧且富有弹性的物质，可以包裹住空气形成气泡，因而发酵后的面团经过烘烤会变成质地蓬松的面包。不同面粉的蛋白质含量有高有低，这也直接决定了面团的麸质含量。应根据烹饪目的选择蛋白质含量适合的面粉。这一点十分重要（见右侧图文）。

营养丰富
全麦面粉含有原始比例的麸皮和胚芽，这是谷物中所含有纤维、蛋白质和营养物质（如铁和维生素B族）最丰富的部分

科学
刚磨的面粉麸质较弱。随着时间的推移，麸质会因氧气之间的反应而不断增强。

烹饪
揉面和静置松弛的过程可以使麸质发育并增强。当与酵母混合时，麸质可以圈住气泡。

麸质

麸质气泡膨胀

了解面粉

面粉的类型和颜色多样，颜色与其精制程度相关——白色的精制程度最高（同时也表明了其蛋白质含量（反映面粉中的麸质含量）。对于面包制作，高筋面粉可发育成更有弹性的麸质，所以是最好的选择。淀粉是制作蛋糕和糕点的关键成分。由于麸质过多会使成品质地紧实，所以低筋面粉是理想选择。为了使意大利面保持弹性，应选择麸质足够高的面粉。同时应避免麸质过多，否则面团因将难以擀开。

高蛋白面粉

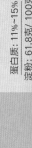

高筋面粉
亦称面包粉，由硬质小麦制成，蛋白质含量高，可以产生质地紧实、有弹性的麸质，形成气泡。捕获空气。这种有弹性的面团有助于制作出蓬松的面包。
蛋白质：12%~13%
淀粉：66.8克/100克

全麦面粉
全麦面粉保留了麸皮和胚芽。标有"棕色"（Brown）字样的面粉含有少量麸皮，标有"杂粮"（multi-grain）字样的面粉则含有各种磨碎的谷物。这些面粉可以制作出更美味且更有营养的面包。
蛋白质：11%~15%
淀粉：61.8克/100克

中低筋面粉

00面粉

也叫意大利面粉，00面粉是意大利面粉等级中最精细的面粉。它含有7%~11%的蛋白质，可以形成中等强度的麸质，令意面有嚼劲儿。它也可以用于制作糕点，蛋糕和饼干。

蛋白质：7%~11%
淀粉：68.9克/100克

普通白面粉

即我们常说的中筋面粉。精制的白面粉去除了麸皮和胚芽，营养物质也有所损失。这种多用途面粉为甜品提供了细腻的质感，并可用于制作发汁。

蛋白质：7%~10%
淀粉：76.2克/100克

自发面粉

这类面粉加入了泡打粉。与水混合后，泡打粉中的化学物质碳酸氢钠会释放出二氧化碳，帮助面团膨胀。

蛋白质：7%~8%
淀粉：74.3克/100克

全麦面粉

筛选和分离

由于全麦面粉在碾磨过程中保留了谷粒的全部成分，因此外观比高度精制的面粉颜色更深，更有质感。

注意存储

全麦面粉的保质期比精制面粉短，因此应存放在阴凉、避光的地方

淀粉可以增强泡沫壁

科学

蛋糕糊中的淀粉可以增强泡沫壁，使其在烘烤时保持形状。

烹饪

低筋面粉可以使淀粉在不增强麸质的前提下提供结构和质地。

淀粉

为什么面粉需要过筛?

传统的过筛是为了去除杂质。

今天,面粉颗粒已经可以被碾磨和筛选至不足0.25毫米。然而,在制作蛋糕时,过筛仍然很重要,其作用并非是使面粉细化,而是借助筛网将沉淀或挤压在一起的面粉颗粒分离,使其与空气接触。将粉末状的配料筛入糊状混合物中,使其均匀分散,这一过程实际上增加了面粉的体积。如果不过筛,这些成团的粉末在受潮时会紧密地粘在一起,通过搅拌或搅打很难将其打碎。这些面粉团会使打入面糊的小气泡壁变厚,并将其压扁,使烤制后的蛋糕体变紧实,影响成品的口感和外观。

无须过筛

在制作面包时,面粉最终会被揉捏成团,因此过筛就显得不那么重要。

高速混合

食品料理机可以快速地将面粉变得松散,但过筛依旧很重要。

> "过筛能够使在包装袋中积压已久的面粉再次变得松散。"

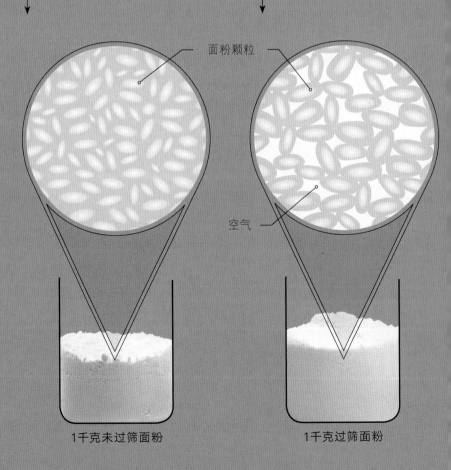

加入未过筛的面粉

若未经过筛便直接使用,面粉颗粒会始终粘连在一起,形成质地较紧实的细小面团。

加入过筛的面粉

同样质量的面粉一经过筛,聚集在一起的颗粒被分离开,体积会因此增大50%。

面粉颗粒

空气

1千克未过筛面粉

1千克过筛面粉

为什么烘焙食谱经常建议加盐？

人的身体天然地渴望盐分，
因此盐可以使我们的味觉感到愉悦。

盐可以增强几乎所有食物的风味：鲜味、甜味和酸味的味觉感受器会因盐的加入变得更加敏感，同时苦味被淡化。过多的盐会让人难以忍受，但少量的盐却会影响人对甜味的感受：在一杯加了1茶匙糖的茶中加入少量盐，这杯茶尝起来仿佛加了3茶匙糖。

向蛋糕糊中加入过多的糖会导致烤制后的蛋糕体过软，因为糖会附着在水分子上，妨碍为蛋糕体提供支撑的蛋白质的展开和重组，从而降低蛋糕的稳定性（如果在甜面包中加入糖，也会对麸质蛋白产生同样的不稳定影响）。加盐是在不破坏口感的前提下增加甜味的简单且有效的方法。

轻盈的面包

盐在面包的制作中很重要，因为其能够促进麸质发育，使面团在揉面时更有弹性。

3勺糖 ＝（ 1勺糖 ＋ 1撮盐 ）

我可以
用泡打粉替代小苏打吗？

两者虽然都是发酵剂，实际应用上却有天壤之别。

在膨松剂发明之前，想向蛋糕糊中打入空气需要大力搅拌。

现如今，小苏打（化学名为碳酸氢钠）和泡打粉都可以轻松混入面团，帮助面团膨发，但两者的成分和使用方式却不尽相同。使用小苏打时需要添加一种酸，以帮助蛋糕膨胀（见右侧图文），而泡打粉已含有粉末状的酸。如果你想用小苏打代替泡打粉，你需要用¼茶匙的小苏打和½茶匙的酸（如塔塔粉）代替1茶匙的泡打粉。相反，将1茶匙小苏打换成3~4茶匙的泡打粉，应相应去除配方中的塔塔粉。注意，有些食谱使用小苏打是为了平衡其他配料的酸度。

了解区别

碳酸氢钠	泡打粉
也被称为小苏打，这是一种碱性化学发酵剂，或"膨松剂"。	它含有小苏打（见左栏），与粉末状的酸混合。
工作原理：小苏打需要一种酸与之反应，并彼此中和，进而产生二氧化碳，这有助于蛋糕的膨胀。塔塔粉、发酵酪乳、酸奶、果汁、可可、红糖或糖蜜即可成为酸的来源。	工作原理：泡打粉与酸混合，形成现成的发酵剂。与水混合后开始发泡，并在烘烤时继续发泡。有些粉末混合两种酸：一种反应迅速，另一种会稍缓产生气体，因此可以产生"二次膨发"。
最佳用途：在制作饼干时可避免二次膨发（见右栏），可以使成品口感如蛋糕般松软，而非酥脆。	最佳用途：制作蛋糕时的最佳选择，经过二次膨发，蛋糕可以膨胀到更高的高度。

哪种脂肪
最适合烘焙？

每种脂肪都有其优点和缺点。

在烘焙过程中，脂肪会起到软化的作用，能够使蛋糕更松软，饼干更酥脆。脂肪可以阻止水与面粉混合，延缓麸质发育。脂肪分子还会使麸质无法牢固地黏合在一起，从而削弱会使蛋糕质地变紧实或变硬的蛋白质链。因此，你所选择的脂肪的含水量会影响烘焙成品的质地。

除了成品的质地，选择脂肪时还应将捕捉气泡的能力、易用性、风味和口感纳入考量。人造黄油和植物起酥油可制作出质地轻盈的蛋糕，且操作起来比使用黄油更容易，但黄油在味道上更胜一筹。右侧图表列出了每种脂肪在烘焙过程中的优点和适用范围。

> **质地**
>
> 水果麦芬的蛋糕糊中不会搅入空气，可通过添加液体油脂等纯脂肪使之变得更轻盈。

刚出炉的麦芬蛋糕

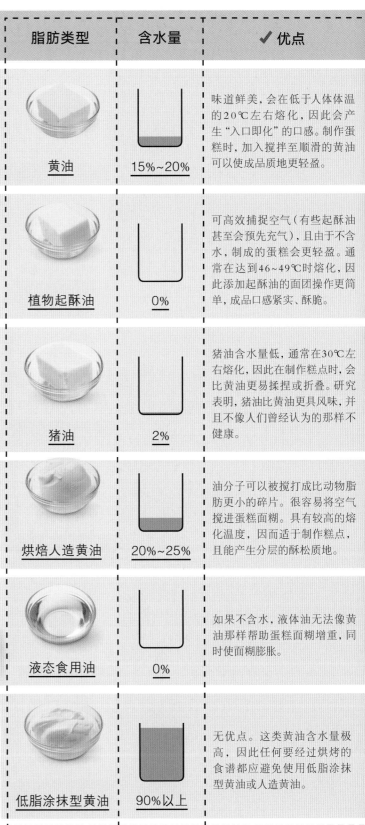

脂肪类型	含水量	✔ 优点
黄油	15%~20%	味道鲜美，会在低于人体体温的20℃左右熔化，因此会产生"入口即化"的口感。制作蛋糕时，加入搅拌至顺滑的黄油可以使成品质地更轻盈。
植物起酥油	0%	可高效捕捉空气（有些起酥油甚至会预先充气），且由于不含水，制成的蛋糕会更轻盈。通常在达到46~49℃时熔化，因此添加起酥油的面团操作更简单，成品口感紧实、酥脆。
猪油	2%	猪油含水量低，通常在30℃左右熔化，因此在制作糕点时，会比黄油更易揉捏或折叠。研究表明，猪油比黄油更具风味，并且不像人们曾经认为的那样不健康。
烘焙人造黄油	20%~25%	油分子可以被搅打成比动物脂肪更小的碎片。很容易将空气搅进蛋糕面糊。具有较高的熔化温度，因而适于制作糕点，且能产生分层的酥松质地。
液态食用油	0%	如果不含水，液体油无法像黄油那样帮助蛋糕面糊增重，同时使面糊膨胀。
低脂涂抹型黄油	90%以上	无优点。这类黄油含水量极高，因此任何要经过烘烤的食谱都应避免使用低脂涂抹型黄油或人造黄油。

X 缺点	最佳使用方法
使用难度高，处于冷冻状态时很难混合，且达到20℃时会迅速熔化，而后黄油中的水分会渗入面团，导致蛋糕体不够松软。	为糕点和饼干提供美妙的风味和口感。在蛋糕中，其味道明显，口感也较难以察觉。
缺少风味。人体体温无法使其熔化，因此制成糕点后不会产生"入口即化"的口感，且可能会腻口。含有氢化油（也称为反式脂肪）的合成产品是不利于人体健康的。	使蛋糕体轻盈蓬松，质地精致细腻。可以使糕点分层（起酥），但口感和味道并不出色。
味道温和，不像黄油那样适用于烘焙甜点。一些在超市售卖的产品经过氢化处理，添加了有害的反式脂肪，以延长保质期。	制作咸味面包和糕点的最佳选择。
人造黄油的生产工艺与植物起酥油类似，因此也缺乏风味，制成糕点后可能会产生油腻的口感。比起酥油的含水量高。	制作出的蛋糕轻盈、蓬松，质地松软。烤好的蛋糕体不易分辨出黄油的味道。脂肪含量为80%或以上的人造黄油可以制作出最轻盈的蛋糕。
不能通过乳化包裹住空气，因此只适用于靠发酵剂膨发的蛋糕。无法用于起酥，因为其不能使面团分层。	在制作胡萝卜蛋糕等无须乳化的蛋糕时，液态油可以产生出轻盈、湿润的质地。也可以替代酥皮糕点中的固态脂肪。
其成分不适合乳化和捕捉空气。其高含水量会使蛋糕的质地变得厚重，无法用于制作酥皮糕点。	无。低脂型涂抹黄油和可涂抹的人造黄油均不适合烘焙。

为什么预热烤箱如此关键？

预热烤箱所花的额外时间是完全值得的。

　　将烤箱充分预热可以降低开门时温度下降的风险，因此应预留足够的时间让烤箱内的空气和金属壁达到目标温度。热的金属被称为"热壑（heat sink）"，其将热量向内辐射以保持烤箱的温度稳定，起到了储存热量的作用。烤箱门被打开的一瞬间，热气涌出，此时如果炉壁是冷的，小型加热元件重新加热空气尚需一段时间，但若炉壁保持高温，即可迅速将炉内空气加热至目标温度。

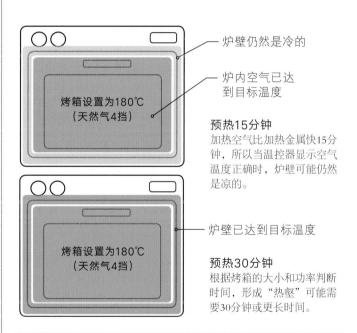

烤箱设置为180℃
（天然气4挡）

—— 炉壁仍然是冷的
—— 炉内空气已达到目标温度

预热15分钟
加热空气比加热金属快15分钟，所以当温控器显示空气温度正确时，炉壁可能仍然是凉的。

烤箱设置为180℃
（天然气4挡）

—— 炉壁已达到目标温度

预热30分钟
根据烤箱的大小和功率判断时间，形成"热壑"可能需要30分钟或更长时间。

流言终结者

—— 流言 ——
贸然打开烤箱，已膨发的蛋糕会塌陷。

—— 真相 ——
打开烤箱门前先问自己一个问题：烤箱预热好了吗？如果在温度上升的关键阶段打开门，烤制中的蛋糕可能会因空气温度的骤然下降而塌陷（见第214页），充分预热烤箱可以避免这场灾难。此外，务必确保温度下降是短暂的，即应迅速地关闭烤箱门。

蛋糕烤制失败的5种真相

了解烘焙蛋糕背后的化学原理有助于发现问题。

烘烤蛋糕要经过三个阶段：第一阶段是上升阶段，此时蛋糕糊开始膨胀；第二阶段，蛋糕糊逐渐凝固，内部形成细密的气泡；第三个阶段为"褐变"阶段，标志着烘焙的完成。

制作蛋糕糊的方法、配方含量和添加比例，以及烤箱的温度都会影响蛋糕成品的品质。

正常的烘烤温度为175~190℃（天然气4~5挡），但家用烤箱通常不可靠，误差甚至可以达到25℃。充分预热烤箱，以确保如若须在烤制过程打开烤箱门，炉内空气的温度可以迅速恢复至标准温度（见第213页）。下方表格列出了烘焙的过程，并探讨了每个阶段可能出现失败的原因。

蓬松的蛋糕糊

如果使用食品料理机，将黄油和糖搅拌至质地轻盈至少需要2分钟。

蛋糕在烘烤时经历的三个阶段

	第一阶段：上升			第二阶段：凝固	
	0~80℃			**80~140℃**	
	气泡扩大	二次发酵	更大的泡沫	蛋白质放松	淀粉吸收水分
发生了何种变化？	泡打粉开始起作用。随着温度的升高，蛋糕糊中的气泡会膨胀，能够产生二氧化碳的化学反应速度也会加快。	若使用具有二次膨发作用的泡打粉延迟发酵（见第211页），当温度达到50℃时，二次膨发开始，产生更多的空气帮助蛋糕糊膨胀。	当温度达到70℃时，水分开始迅速转化成蒸汽。水蒸气进一步将面糊内部的微小空隙撑开，使气泡继续膨大。	当温度达到80℃时，蛋白质开始展开并重组成紧实胶质。在没有麸质的情况下，由蛋白质提供分子结构，形成质地和口感。因此蛋糕糊中含有足量的鸡蛋至关重要。	随着蛋糕糊逐渐凝固，面粉中的淀粉会吸收水分，开始"凝胶化"，并慢慢形成柔软蛋糕体。糖会减缓淀粉的凝结，所以非常甜的蛋糕需要更长的时间才能变硬。
	空气迅速进入蛋糕糊中	新的气泡形成	蒸汽使气泡进一步膨胀	蛋白质在气泡周围重组	由淀粉构成的蛋糕体
失败的真相？	没有充分混合 黄油和糖如果没有充分搅拌，就不能吸收足够的空气。黄油和糖经过乳化应质地蓬松，而非沉在碗底。	错误的剂量 如果发酵剂太少，便无法产生足够的气体使蛋糕糊膨胀；发酵剂过多则会使蛋糕糊中气体过多，发生塌陷。	过重的蛋糕糊 面粉或液体太多，或搅拌过度，使麸质过于紧实，蛋糕糊可能会过重。面粉须过筛以避免结块（见第210页）。	错误的温度 如果烤箱太热，蛋糕糊的外层在气体膨胀到足以使蛋糕膨发前便会凝固，残留的空气会将蛋糕顶部撑开。如果烤箱预热不充分，蛋糕糊不能及时捕捉不断膨胀的气泡，气泡会聚集在大的空腔中，使蛋糕坍塌。	

为什么蛋糕会变硬饼干会变软?

了解甜食中成分的浓度有助于理解其在老化过程中发生的变化。

随着时间的推移,蛋糕会变干变硬,因为水分从海绵一般的蛋糕体中蒸发,淀粉凝结成坚硬的"晶体",这一过程被称为"淀粉凝沉"(见下方图文)。低温会加速这一过程,所以蛋糕不应冷藏,而是应该常温保存。另一方面,饼干含有更多的保湿成分——糖。糖分子吸水,这种特性被称为"吸湿性"(见下方图文),随着时间的推移,这一特性会使饼干越来越潮湿。蜂蜜和红糖(含有糖蜜)比蔗糖更容易变湿,所以如果你想制作质地较湿润的饼干或布朗尼,可以用它们代替砂糖。

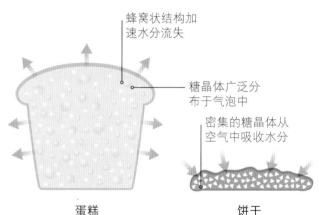

蛋窝状结构加速水分流失

糖晶体广泛分布于气泡中

密集的糖晶体从空气中吸收水分

蛋糕

饼干

淀粉凝沉
水从含有淀粉的蜂窝状蛋糕体中蒸发,导致凝胶状的淀粉失去水分,聚集成干燥的晶体,即发生"淀粉凝沉"。

吸湿性
糖有吸湿性,因此随着时间的推移,饼干中的糖会吸收周围空气中的水分,使饼干变得越来越潮湿。

"蜂蜜和红糖的吸湿性很强,因此是制作软饼干的理想材料。"

第三阶段:褐变

140℃以上 ✓

表面开始褐变
当温度达到140℃时,蛋糕的表面开始变干,糖和蛋白质相互作用,引发美拉德反应(见第16页),使蛋糕表皮金黄酥脆,出炉时香气四溢。水分流失,蛋白质收缩后,蛋糕便可以轻松脱模。

美拉德反应形成表皮

合适的模具
使用过大的模具,会使过多的面糊暴露在热空气中,蛋糕膨胀度低,并迅速变干。

完美膨发

过度烘焙
如果烤得太久,蛋糕会变干。温度达到160~170℃时,蛋糕表层的糖开始焦糖化,为蛋糕添加坚果、奶油的风味。
一旦温度达到180℃,表面会开始烧焦,所以控制烘烤时间非常重要。

X 完全失败

酸面团面包的
发酵剂是什么？

千百年以来，面包师都会特地留一块"老面"，用于下一批面包的制作。

在颗粒状纯化干酵母大行其道的今天，面包师已无须为保存酵母而留存一部分发酵面团，作为下一次烘焙的"发酵剂"。然而，随着传统手工食品越来越受欢迎，这种做法又重新流行起来。酸面团面包——由含有天然酵母菌的发酵剂制成的面包——通常比用纯化干酵母制成的面包味道更复杂。这是因为天然酵母不仅含有酵母，也含有在生长在小麦上的细菌。由于天然细菌种类繁多，由不同的酵母生产的面包口味略有不同。乳酸菌（如使牛奶变酸的细菌）和其他生活在发酵剂中的产酸细菌所产生的乳酸和醋酸，赋予面包其特有的酸味。

从在线商店可以购买到从老的酸面包酵种中提取的，含有干酵母（和其他微生物）的颗粒状"发酵剂"，但在家自制实际上并不难（见右侧图文）。

制作酸面团面包的酵种

时间	步骤
第1天	• 在一个大玻璃瓶中加入200克面粉和200毫升温水，搅拌使其混合成糊状。用透气织物覆盖罐子顶部，并用橡皮筋固定。 • 将罐子放在温暖（不热）的地方。面粉中的酵母和细菌会开始繁殖。
第3~6天	• 到了第3天或第4天，一旦酵种开始冒泡，丢掉总体积的一半（约200克），然后加入100克面粉和100毫升水，搅拌至混合均匀。酵母需要新鲜食物的持续供应才能继续快速繁殖，否则其数量将不再增长，并开始死亡。喂养应每天重复1次。 • 酵种顶部可能会出现泡沫——只需将其撇掉或重新混合均匀即可。
第7~10天	• 你的酵种现在应呈泡沫状，并散发一种类似啤酒的酸味。 • 这个阶段的酵种可以来制作面包。取一半量的酵种用于制作面团，剩下的与新的面粉和水混合，可继续保存。在制作面包面团时，面粉和酵种的比例应为2:1。 • 如果10天后不再有泡沫，可能需要重新制作新的酵种。

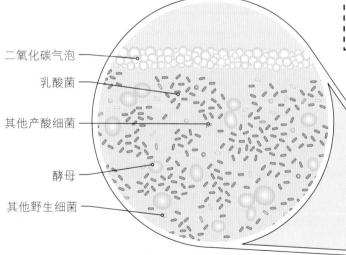

二氧化碳气泡

乳酸菌

其他产酸细菌

酵母

其他野生细菌

▲ 显微镜下的酸面团面包

天然酵母培养物中含有多种微生物，这些微生物对面包的味道和质地都有影响。化肥和杀虫剂对面粉中细菌和酵母的数量有很大的影响，所以应尽量使用有机面粉或野生小麦粉（如果能找到的话）。

如果不经常烘焙面包，可以将酵种放入冰箱中保存长达2周（其间无须喂养）。在制作面包前，应提前24小时将酵种取出，喂养，并置于温暖环境中。

优质面包面团的基础是什么？

只需对麸质的形成稍作了解，便可轻易掌握简单的面包面团制法。

制作面包向来没有一定之规，世界上有多少位面包师，可能就有多少种制作方法。最简单的面团只有面粉和水。

面团的制作

面粉和水经过混合，形成由蛋白质、淀粉和水分子结合而成的面团。面粉中所含的两种主要蛋白质——麦谷蛋白和麦醇溶蛋白——融合在一起，形成一种长且富有弹性的蛋白质，即麸质。混合和揉捏的过程十分关键，因为这些操作可以帮助蛋白质结合成强大的麸质网络（见下方图文）。在加热过程中，麸质网络捕捉空气形成气泡，然后凝固，为面包提供质地和结构（见第220—221页）。

27℃
是酵母工作的理想温度。如果温度过高，面包尝起来"酵母味"会过重。

面包发酵要素

酵母、泡打粉或小苏打会将原本质地紧实的面团变成蓬松柔软的发面。这三者在烹饪时都会释放气体，从而使面团膨胀。酵母——一种微小的有机体——是最受欢迎的发酵剂，因为它能够使烤熟的面包带有独特的风味（见下方图文）。

实践

制备面包面团

为了确保成品品质，面包制作的第一步至关重要。酵母必须与水化合，形成强韧的麸质结构，使成品面包富有弹性、柔软美味。下方图文所示为酵母发酵的白面包配方，但可以使用酸面团作为发酵剂（见第216页），也可以选用全麦面粉（见第208—209页）。

#1

为面团加入膨发剂

将750克白面粉放入一个大碗中。加入15克即溶干酵母和2茶匙盐。在发酵过程中，酵母会将面粉中的淀粉转化成糖，并以糖为食，产生二氧化碳和乙醇，从而使面包发酵。盐可以增加面团的风味，增强麸质网络，防止酵母生长过快，产生过重的"酵母"味道。

#2

用温水将酵母化开

在干性原料中间挖一个"井"字形的凹槽，倒入450毫升温水。面粉中的淀粉会吸收水分子，体积增大，并形成质地紧实的面团。面粉中的麦谷蛋白和麦醇溶蛋白遇水后会融合在一起，形成麸质。温热的水会使酵母溶化并达到适宜的温度，从而促进其开始繁殖。

#3

混合形成麸质

将面粉缓缓倒入液体中，用木勺搅拌，直到所有面粉都混合在一起。搅拌会促使更多的蛋白质形成，并开始将链状的麸质融合成网状结构，形成面包的结构和质地。继续用勺子搅拌，直至形成柔软黏稠的面团。

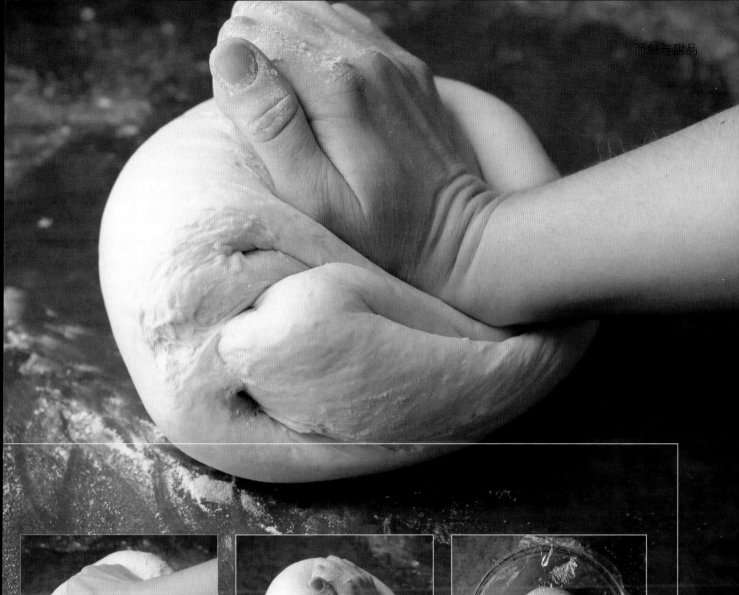

#4

揉制面团以增强麸质

将面团放在撒有少量面粉的工作台上揉：将面团向操作者方向折叠，然后用手掌向下推。将面团翻过来，叠好，再将它推开。如果面团太黏，可以静置1~2钟，让面粉中的淀粉吸收水分并松弛下来。

#5

揉至光滑有弹性

继续揉5~10分钟。长时间的揉制有助于面团中的蛋白质形成富有弹性的麸质网络。烘焙过程中，麸质网络捕捉到酵母释放的气体，形成气泡并凝固，最终形成具有良好质地的面包。继续揉制，直至面团表面光滑有弹性，没有可见的结块。

#6

静置面团

将揉好的面团整形成球形，放在一个涂抹薄油的大碗中。盖上保鲜膜，室温静置1~2小时（见第220页）。随着时间的推移，酶会分解面粉中的碳水化合物并产生糖。酵母以这些糖为食，释放乙醇和二氧化碳，使面团发生膨胀。

为什么烘焙面包之前需要松弛面团？

预留出时间松弛面团对于面包的风味和质地是有好处的。

酵母是一种单细胞真菌，可使面包发酵，长时间的发酵对其有益。酵母不仅会产生二氧化碳气泡，增加面团的高度和体积，还会释放出化学物质，产生复杂的风味。

二次发酵

经过最耗时的初始发酵后（见第218—219页），接下来最重要的是帮助已经膨发的面团排气——将膨胀的面团中的空气挤出，便于其进行第二次发酵，亦称为"静置松弛"。将酵母产生的气泡排出面团，会使面团再次变得平整光滑。通过分解淀粉并消化面粉中的糖，微小的酵母细胞不断生长并释放出乙醇和其他化学物质，这些化学物质共同作用，形成面包的结构和风味。

低温发酵过夜

你可以将面团放在冰箱中冷藏过夜，这样可以减缓酵母的作用，以产生更丰富的风味。

在预热的烤箱中烘焙

用商用烤箱烘焙面包时，温度通常设置在260℃以上，从而制作出表皮酥脆、内瓤柔软的面包。在家中烘焙时，务必充分预热烤箱，以确保成功（见下方图文）。

烘焙面包

以简单的发酵白面包配方（见第218—219页）为例，这种方法为发酵留下了充足的时间，并创造出一种美味的、口感丰富的面包。完成第一步之后，你可以将面团分成小份或整形成小卷状。你也可以将面团放入冰箱冷藏过夜，以便发展出更丰富的风味。

实践

#1

重新揉制面团

1~2小时后，由于酵母会产生二氧化碳气体，揉制完成的面团体积会增大一倍。用手指轻戳面团，若没有立刻回弹，说明面团已经制备完成，即麸质已经完全拉伸。将面团转移至撒有面粉的操作台面上，排气，而后再揉制1~2分钟。经过以上操作，面团内部形成的气泡较小较均匀，面团表面平整光滑。

#2

在模具中发酵面团

将面团整形成椭圆形。放入一个1千克规格的模具中。用干净且潮湿的毛巾或纱布覆盖模具，以保持面团中的水分。将模具于温暖的环境中静置1.5~2小时，或直至面团体积增大一倍。二次发酵，或称"静置松弛"的过程，使酵母在发酵过程中释放的化学物质有机会产生更复杂的风味。

#3

烘焙至淀粉和麸质凝固

同时，预热烤箱至230℃（天然气调至8挡）。揭开覆盖模具的布，在面团表面撒粉，然后放入烤箱。面团进入烤箱时，其中的酵母菌也随之升温。产生出更多的气体，而当温度达到约60℃，酵母菌便会在高温下死去。随着乙醇和水迅速蒸发，蒸汽进一步使面包中的气泡扩大，构造出面包柔软蓬松的内瓤。

膨发并上色

面包的最后一次膨胀，或
称为"炉内膨胀"，发生于
烘焙完成前的10分钟，面
包表皮变硬之前。

#4

使面包中的水分均匀分布

烘焙30~40分钟，或直至面包充分膨
胀。当面团中的糖和蛋白质随着美拉德
反应的发生而相互作用，面团的表皮应
该是坚硬的，且色泽金黄。面包出炉
后，将其放在网架上，让热量散去。务
必在切面包之前先让其冷却，这一过程
会使水分均匀分布在整块面包中，并让
淀粉凝固成质地均匀的面包内瓤。

烤箱的工作原理

这是一种相对较慢的烹饪方法，烤箱的加热室主要通过干燥的热空气将热量传递至食物。

干热的空气在烤箱中烹饪食物的速度很慢，烤箱的加热元件通常很小，功率也很低。在经过预热的烤箱中，壁面使空气升温，并将热量直接辐射至食物中，壁面最厚的部分辐射出最多的热射线。相比传统烤箱，风扇式烤箱烹饪食物的速度更快，因为它能更有效地使空气在烤箱内部循环，降低烤箱顶部和底部的温差。当烤箱门打开时，烤箱内的热空气会迅速排出，因此预热至关重要。

如何工作
小型加热元件加热金属壁和烤箱中的空气，两者再将热量传递至食物中。

适用食材
面包、蛋糕、饼干和马铃薯；大块的肉排和鱼排。

注意事项
为了确保烘焙成功，预热烤箱的时间要足够长，以使金属壁达到所需的温度。

额外的热量
为了模拟真正的石头烤箱，将一块烘焙石板放在烤箱内较低的架子上。石板能够保留并向上辐射大量的热量。

湿度控制
在烤箱内喷水或放置冰块可以增加湿度，减少烹饪用时。

定期清理
烤箱内壁和烤箱门上积聚的污垢会降低热量传播的效率。

内部结构
面团中的水和酵母中的酒精经过烘烤会蒸发，由此产生的水蒸气会膨胀成面包中的气泡。这种膨胀被称为"炉内膨胀"。在此过程中，麸质变硬，淀粉会吸收剩余的水分，内部的淀粉-麸质网络凝固，形成内瓤。

图例
包裹着气泡的液体
淀粉麸质矩阵

在气泡周围形成一层液体膜，然后在面包烘焙时逐渐干燥

水蒸气和酵母产生的二氧化碳发生膨胀，气泡也随之扩大

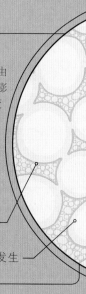

了解区别

烘焙
非固体混合物经过烘烤成为固体。马铃薯等食物经过烘烤会变得干燥。

烹饪温度：面包在高温下烘焙，温度通常全程须保持恒定。

风味和质地：食材的质地会发生显著变化：蛋糕、面包和舒芙蕾经过烘烤会产生气泡，形成轻盈透气的主体。烘焙过程无须将食材浸入油脂或液体。烤好的面包和蛋糕表面可能会有光亮的釉色。

炙烤
炙烤是指加热固体食物，如肉类，至表皮焦黄并熟透。

烹饪温度：肉类若以较低温度烹饪，需较长时间才能使致密的结缔组织熟透。可以在烹饪开始或结束时提高温度，使表层上色。

风味和质地：干燥的炉内空气会令肉类和蔬菜流失大量水分，但食材表层通常有一层油或脂肪，能够增强褐变反应。

设置温度

#1 预热烤箱至所需温度。风扇式烤箱比传统的无风扇烤箱烹饪速度快,因此预热温度可能会稍低。

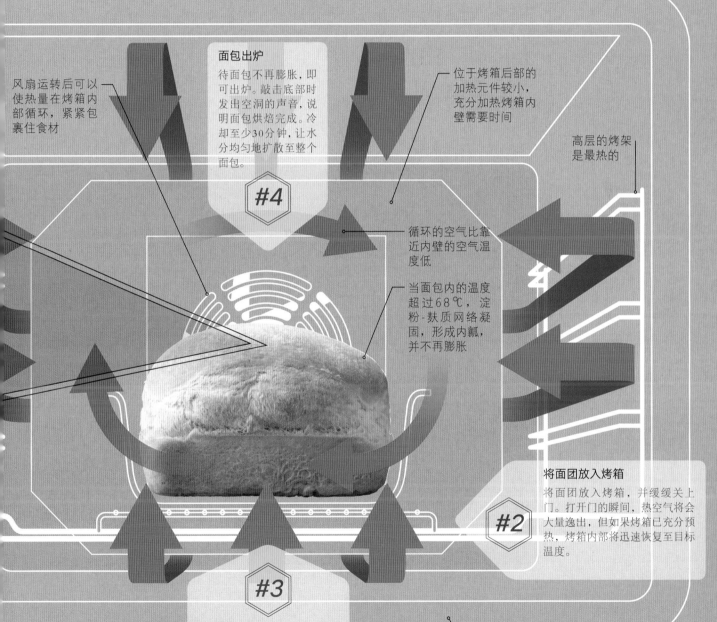

面包出炉

#4 待面包不再膨胀,即可出炉。敲击底部时发出空洞的声音,说明面包烘焙完成。冷却至少30分钟,让水分均匀地扩散至整个面包。

风扇运转后可以使热量在烤箱内部循环,紧紧包裹住食材

位于烤箱后部的加热元件较小,充分加热烤箱内壁需要时间

高层的烤架是最热的

循环的空气比靠近内壁的空气温度低

当面包内的温度超过68℃,淀粉-麸质网络凝固,形成内瓤,并不再膨胀

将面团放入烤箱

#2 将面团放入烤箱,并缓缓关上门。打开门的瞬间,热空气将会大量逸出,但如果烤箱已充分预热,烤箱内部将迅速恢复至目标温度。

热空气循环

#3 热空气上升并形成循环,将热量传递给食物。热金属壁加热空气并将热辐射传递给食物。

烤箱内部最厚的部分散发出最多的热量

为什么无麸质面包
无法充分膨发？

除了使面包体积膨大，麸质还能使淀粉类
成分结合在一起，防止面包变得太脆。

小麦之所以用途广泛，是因为当它与水混合时，两种小麦蛋白质结合在一起形成麸质（见右侧图文），麸质的强度和弹性足以捕捉气泡并使面包膨胀。不含小麦的面粉无法产生麸质，所以制作出的面包往往是扁平的，无法膨发。为了解决这个问题，配方中通常会包含一种黏性增稠剂，如黄原胶。黄原胶与水混合后，会变成黏稠的凝胶状，足以捕捉空气形成气泡。也有些配方使用乳化剂——一种由脂肪和水混合而成的物质，这种物质喜欢聚集在气泡周围。因为没有一种淀粉在营养和结构上与小麦完全相同，所以无麸质面粉通常是由多种淀粉混合而成，以达到类似小麦面粉的质地和营养物质。

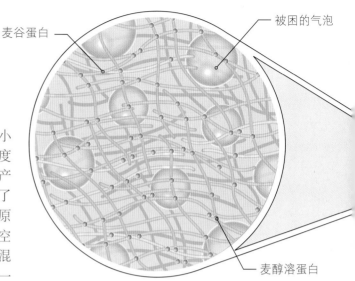

麦谷蛋白　　被困的气泡　　麦醇溶蛋白

↑ 麸质是如何形成并帮助面包膨胀的

众所周知，小麦面团中充满由麦谷蛋白和麦醇溶白混合形成的麸质。麸质捕捉酵母产生气体形成泡，帮助面包膨发。

为什么自制面包
不如买来的轻盈？

现代面包是一种流水线制造的工业产品，整套流程
经过不断调整，以保证成品质地轻盈且规格统一。

所有食物都曾经依赖手工制作，面包也不例外。为了以更低的成本养活不断增长的人口，人们发明了可以替代人力的机器，用以长时间揉制面团，并以前所未有的速度制作出面包。借助工业搅拌机及一些额外添加的成分，人们仅需4小时便可以批量正产出大量工业化面包（见右侧图文）。强力搅拌机搅拌面团至麸质形成阶段的速度非常快，在一些化学物质的帮助下，无须通过醒发或静置松弛使其定型，甚至可以用低蛋白面粉制作。毫无疑问，这非常方便，因此了解市售面包的制作流程还是很有必要的。

额外帮助

醋酸等防腐剂可以市售的面包一周内或更长时间不会发霉。

时间

混合面团、揉面、静置松弛，然后烘焙可能需要6小时或更长时间。

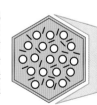

颜色和质地

自制面包的颜色源于所用面粉的颜色；白面包通常呈浅米色，而非纯白。面粉的比例越高，用于增强麸质的时间就越长，从而提升质地和口感。

味道

随着发酵时间的延长，自制面包会出现更浓的"酵母"味。其质地比市售产品更紧实，所以小麦的味道也更明显。

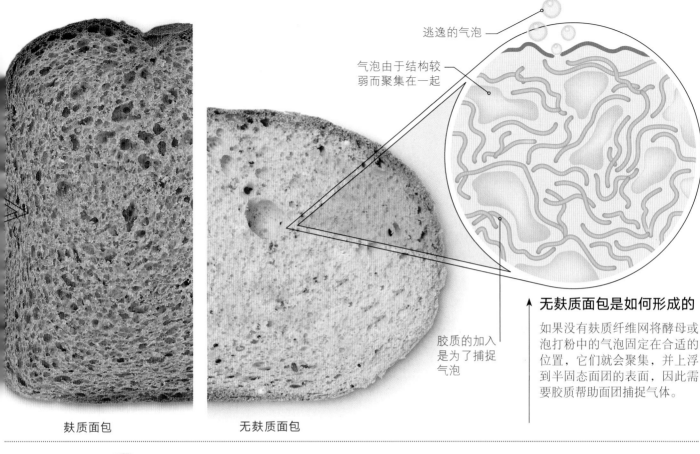

逃逸的气泡

气泡由于结构较弱而聚集在一起

胶质的加入是为了捕捉气泡

麸质面包

无麸质面包

无麸质面包是如何形成的

如果没有麸质纤维网将酵母或泡打粉中的气泡固定在合适的位置，它们就会聚集，并上浮到半固态面团的表面，因此需要胶质帮助面团捕捉气体。

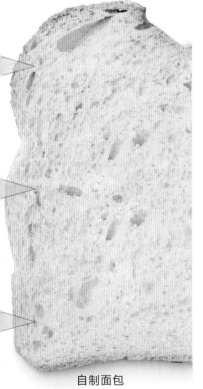

自制面包

添加酶可以帮助酵母产生更多的气体

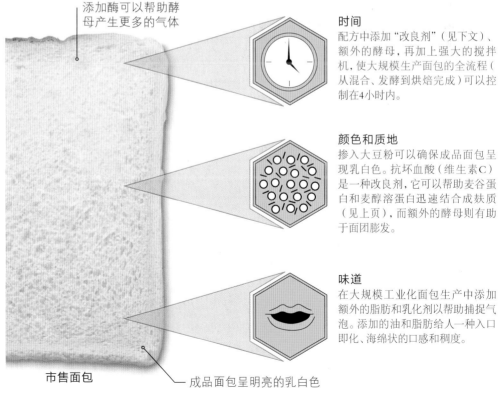

市售面包

成品面包呈明亮的乳白色

时间

配方中添加"改良剂"（见下文）、额外的酵母，再加上强大的搅拌机，使大规模生产面包的全流程（从混合、发酵到烘焙完成）可以控制在4小时内。

颜色和质地

掺入大豆粉可以确保成品面包呈现乳白色。抗坏血酸（维生素C）是一种改良剂，它可以帮助麦谷蛋白和麦醇溶蛋白迅速结合成麸质（见上页），而额外的酵母则有助于面团膨发。

味道

在大规模工业化面包生产中添加额外的脂肪和乳化剂以帮助捕捉气泡。添加的油和脂肪给人一种入口即化、海绵状的口感和稠度。

为何应避免过度揉制糕点面团?

想做出轻盈酥松的糕点,需要先把做面包的那一套忘掉经验。

麸质只有在面粉与水混合时才会形成,所以制作糕点时需要一定量的水以使面团柔软,但水量不能过高,否则过多的麸质会让糕点变得过于有弹性。待冷冻黄油和面粉充分混合后,加入冷水:每100克面粉需要3~4汤匙面粉。至关重要的是,一旦加入水,就应尽可能少地揉捏或擀制面团,以避免形成过多麸质。操作过量的面团在擀制时会出现明显的反弹。如果出现这一情况,加入额外的面粉和脂肪有助于分散麸质纤维。

了解区别

糕点面团
糕点面团需要小心处理,以减少麸质的形成。

质地:目标是制作出轻盈酥松的糕点,强韧且富有弹性的麸质会使糕点变硬。

面包面团
在制作面包的过程中,揉面的目的是制造麸质。

质地:目标是制作出柔软、有弹性的面包面团,大量强韧而有弹性的麸质有助于捕捉气泡,帮助面团在烤箱中充分膨发。

千层酥皮中的黄油
冷冻后的油脂可以使饼皮分层。面团进入热烤箱时,脂肪还呈固态,其中的水分会变成蒸汽,迫使富含麸质的面团分层,并膨胀至原体积的4倍。

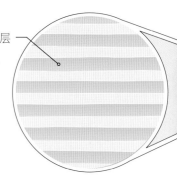
黄油层

法兰酥皮中的黄油
在这种"快速"版本的千层酥皮中,黄油会被成块地涂抹在整个面团上。制作出来的法兰酥皮缺乏层次感,易碎。

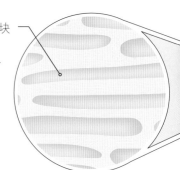
黄油块

油酥皮中的黄油
在油酥糕点中,脂肪包裹着面团颗粒,将其分离。这些小的脂肪团再覆盖上面粉,便可制成酥松的糕点。

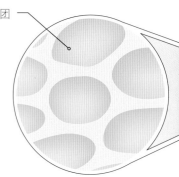
黄油团

千层酥面团
在擀制前需要先冷冻吗?

在冰箱内"静置"面皮,让经过拉伸的麸质恢复至正常形状。

在擀面之前(以及两次擀制之间),应先将面团用保鲜膜或烘焙纸包裹严密,放入冰箱冷冻至少15分钟。这首先可以使面团温度降低,以减缓麸质发育,其次也可以防止固态脂肪融化,进而使水分渗入面团中(黄油的含水量高达20%)。在这段静置时间内,面团内的水分也可以达到均匀分布,拉伸幅度较小的麸质纤维也会收缩回原来的长度,使整形更容易。面团每擀制一次,就需静置10~20分钟,这样面皮便不会在烘焙过程中从烤盘边缘向中心收缩。

木制擀面杖易使干面粉附着,且不会将手中的热量传递出去

锥形无柄的擀面杖方便旋转和倾斜

制作千层酥皮的秘诀是什么?

层层叠叠、薄如蝉翼的酥皮
在口中轻轻碎裂, 美妙异常。

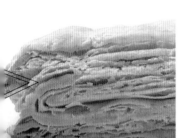

千层酥

法兰酥皮

手工制作千层酥皮非常耗时, 其也因此成为公认的最难掌握的糕点类型之一。先混合一个基础面团并擀平, 放入冰箱冷冻, 而后在表面铺上一层厚厚的冷冻黄油, 用面团将其包裹起来, 再次擀制 (见下方图文)。传统的千层酥面皮需要进行6次折叠, 随着每层的厚度越来越薄, 层数呈指数增长。务必确保所有食材在制备过程中保持低温, 因为如果黄油在擀制时融化, 淀粉会膨胀, 面皮会变得松软, 黄油层会融合在一起。为了达到最佳效果, 应在烘焙前将面皮放入冰箱冷冻1小时。

第1步　　面皮层　　　　　　　　　　　　将与面团重量大致相当的冷却黄油擀平

第2步　　　　　　　　　　　　　　　　　将面皮从两端的¼处分别向中心对折

第3步　　　　　　　　　　　　　　　　　擀平, 然后再次折叠

制作千层酥面皮
千层酥面皮的中间均匀地分布着黄油层。用面皮将黄油包裹起来并封严。折叠共重复6次, 成品可达729层。

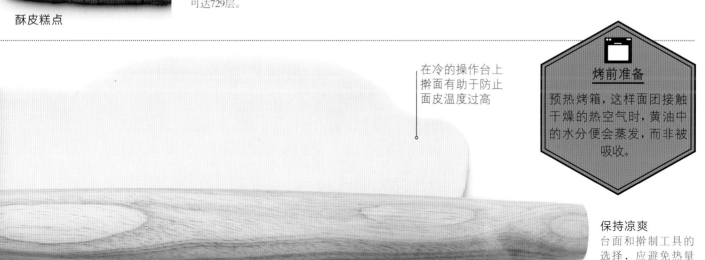

在冷的操作台上擀面有助于防止面皮温度过高

烤前准备
预热烤箱, 这样面团接触干燥的热空气时, 黄油中的水分便会蒸发, 而非被吸收。

保持凉爽
台面和擀制工具的选择, 应避免热量传递至面皮上。凉爽的大理石板和木制擀面杖是最理想的选择。

酥皮糕点

如何避免饼底"湿透"？

将面团转变为外形完整、口感酥松，充满黄油香气的饼底，
滋味绝美的馅饼仿佛就在眼前。

糕点面团是由至少淀粉含量高达50%的面粉制成的，淀粉的吸湿特性使制成的派或馅饼很容易顶部酥脆，饼底湿软黏腻。

在烘焙过程中，微小的淀粉晶体吸收水分，发生"凝胶化"反应，形成光滑、柔软的凝胶；与此同时，弹性麸质会变干，脂肪中的水分以蒸汽的形式蒸发，完全干燥后，麸质表面会变黄，并通过美拉德反应产生如焦糖般香甜的气味。然而在添加馅料后，水分无法蒸发，糕点很可能会从馅料中吸收水分。

脂肪含量高、质地紧实的面团更容易保持外形，因为脂肪能够防止面粉吸收过多水分。然而，即使是富含脂肪的派底，待馅料烹饪完成，饼底仍可能没有熟透。下方的建议可以帮助你避免饼底潮湿，制作出口感酥脆的美味糕点。

金黄的表皮

刷在糕点外皮的蛋液提供了额外的蛋白质，促进褐变反应的同时也能够提升风味。

在填馅前预先烘烤，有助于使饼底更坚固，并且可以避免其吸收过多的液体。在烤饼底之前，先用餐叉等工具在面饼上戳一些孔洞，以帮助蒸汽逸出。而后在饼底上放置重物，并覆盖锡箔纸或烘焙纸，烤箱温度设置为220℃（天然气7挡），烘焙15分钟。

在预烤之前，在饼底上刷一层全蛋液或蛋白，以形成蛋白质防水层。

预烤阶段可将陶瓷烘焙豆、生米、豆类或白糖等重物置于饼底之上，预烤完成后移除即可。

不要选用厚的陶瓷烤盘。这种材质的导热性较差，油脂会缓慢熔化，使饼底吸收过多的水分。

馅料会隔绝饼底与热空气，因此烤盘的材质很重要。深色金属盘可以有效地吸收烤箱的热量，耐热玻璃盘可使热射线直接穿透底部。

如果烤箱的加热元件位于底部，应将饼底放在较低的架子上，以便底部得到快速且均匀的加热。

黄油中含有10%~20%的水，因此应以高温快速烹饪，以使面团中的水分快速蒸发，防止被面粉吸收过多。

选择合适的脂肪对提升糕点的风味，达到完美分层，形成细腻的质地十分重要。被擀至极薄的黄油会在略低于体温（32~35℃）时熔化，形成入口即化的口感。

聚焦 糖

很少有食材像糖一样，为我们带来如此多的快乐——但蛋糕和糖果并非最甜的食物。

如今，用于增加食物甜味的糖几乎提取的白甘蔗或甜菜类甜菜。但是糖不仅是一种甜味剂，还有很多其他的用途。添加到面团和奶制品中，糖可以防止蛋白质紧密结合，从而帮助面包变得柔软，或使卡仕达酱的质感变得柔滑。在冰激凌中，糖通过降低水的冰点和阻止大冰晶的形成，有效避免形成冰粒。糖还可以通过吸收空气中的水分控制烘焙食品的质地，使其在更长时间内保持柔软。经过加热，糖会发生分解，或焦糖化，变成味道浓郁的糖浆，而后冷却，形成新的形状。

"地球上每年人均消耗23千克糖。"

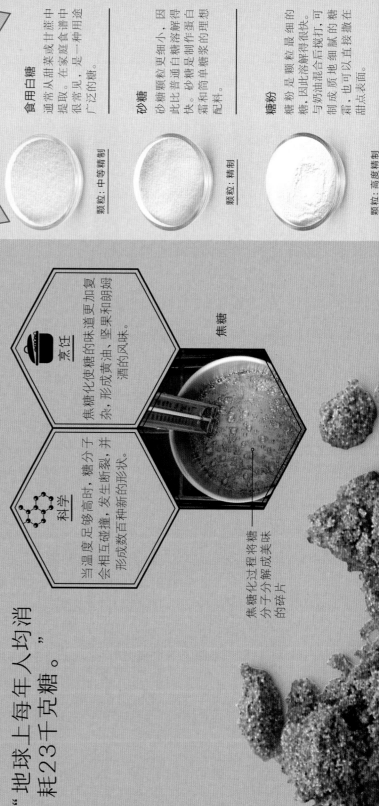

科学

当温度足够高时，糖分子会相互碰撞，发生断裂，并形成数百种新的形状。

烹饪

焦糖化使糖的味道更加复杂，形成黄油、坚果和朗姆酒的风味。

焦糖

焦糖化过程将糖分子分解成美味的碎片

棕糖

红糖

红糖是包裹着糖蜜的蔗糖，呈褐色，略带苦味，适合调味和装饰。

颗粒：从细小至粗大，部分精制

粗糖

黑砂糖（Muscovado）等粗糖保留了甘蔗汁中的液体。由于风味强烈，经常被添加至甜点和饮料中。

颗粒：粗大，最低标准精制

糖浆

糖蜜

一种黏稠的、甜中带苦的糖浆，提取自煮过的甘蔗汁。用于调制烧烤酱、姜饼和沙士。

颗粒：液体部分精炼

玉米糖浆

向玉米淀粉中添加酶，便能制成这种黏稠的甜味糖浆。其是食品工业中常见的甜味剂。

颗粒：液体未精炼

麦芽糖浆

用于生产烘焙食品和啤酒，它是由熟麦芽和未融化的大麦谷物制作而成的，也可以研磨成粉末。

颗粒：液体未精炼

粗糖的褐色来自从甘蔗汁中保留下来的汁水

用于烘焙时，转化糖会产生如糖浆般柔软黏腻的质地

烹饪

糖蜜、红糖和蜂蜜都含有转化糖，所以可以制成柔软、黏稠的烘焙食品。

科学

转化糖兼有葡萄糖和果糖，比蔗糖更甜，吸收水分的能力也更好。

转化糖

20世纪初，人们发现以明火烘烤棉花糖会使棉花糖的表面焦糖化，中心液化，内部变得黏稠，表皮则呈现出焦糖布丁般的口感。

可否自制蓬松的棉花糖？

这些白色的"枕头"状糖果有着悠久的历史。

棉花糖的英文名称为"Marshmallow"，该词语源于一种植物——药用蜀葵。古埃及人最先发现并食用从药蜀葵根部榨取的状如胶水的汁液。这种汁液由不同的糖分子混合而成，因此质地黏稠，非常适合制作质地绵密的糖果。

直至19世纪初，法国厨师向药用蜀葵的黏液中加入糖和生奶油，搅打至充气并形成泡沫，再加入蛋白以增加其强度，逐步调整配方，制成今天我们熟悉的棉花糖。配方中药用蜀葵的黏液最终被廉价的动物明胶所取代。如今，棉花糖的制作方法是将糖煮成浓糖浆，加入明胶粉和（或）蛋清，然后充分搅拌至形成半固态泡沫，冷却后便制成棉花糖。棉花糖熔化的温度低于我们的体温，因此能够使人产生入口即化的满足感。

核心成分

这种甜食由熬煮过的糖、明胶和水混合而成，经过充分搅拌，形成质地如海绵的混合物。

糖的作用

厚实、黏稠的糖浆，使棉花糖泡沫中的气泡壁变得强韧。

在家自制棉花糖的小贴士

当你按照食谱自制棉花糖时，请留意这些小技巧。

避免搅打不足或过度搅打。搅打完成的混合物质地应如蛋白霜般厚实，提起打蛋器时混合物应形成柔软的尖角，由此确保其成品质地如羽毛般轻盈、蓬松。

掌握棉花糖成品黏稠度的关键在于将糖精确加热至121℃，以制作出黏稠的糖浆。

使用混合的甜味剂，如加入蜂蜜和葡萄糖，可以降低糖不会结晶的可能性，避免成品质地粗糙。

搅入的气泡越多，棉花糖的味道就越甜，因为气泡加快了糖分子与舌头接触的速度。

降低糖含量会影响成品的黏稠度，形成像慕斯一样的果冻。

黄金糖浆（转化糖浆）含有多种糖，它的加入可以使棉花糖口感弹牙。

焦糖化的秘诀是什么？

热量将糖分子粉碎，
形成金黄色的，具有黄油香气的焦糖。

很少有烹饪过程比焦糖化更具戏剧效果，仅需简单的加热过程便可将白糖转化成浓郁的焦糖。

糖受热发生何种反应

焦糖化并非单纯的糖受热熔化的过程，而是糖经过"热分解"所产生的全新的物质。当温度足够高时，糖分子就会猛烈地相互碰撞，直至粉碎，然后转化成数千种新的芳香分子，从辛辣、苦味到淡淡的黄油味。制作焦糖有两种方法：湿制法和干制法。如下图所示的湿制法种类繁多，为烹饪提供了多样的选择（见下页表格）。干制法用途并不广泛，但较易完成，因为只需在厚底锅中加热糖即可。熔化的糖仿佛流动的琥珀，逐渐变成棕色，它的分子发生分解，失去了甜味。当呈现出深琥珀色时，焦糖便达到了最佳状态，可以倒在坚果上制成酥脆的琥珀坚果，也可以作为酱汁的基础。

焦糖加热至180~190℃时，便可均匀地倒在坚果上，制作出美味的琥珀坚果

"湿制法"焦糖技术

当水与溶解的糖一起煮沸时，混合物不断浓缩，逐渐提高水的沸点。糖随着温度的升高而焦糖化，颜色也随之变暗。在冷却过程中，晶体融合成固体，根据浓缩程度的不同，固体的质地可以软如凝胶，也可以脆如坚果薄脆糖（见下页表格）。

实践

#1

将糖溶于水

在一个质地较厚重的平底锅中放如150毫升水、330克白糖、120克液体葡萄糖（可选）。用木勺或橡胶刮刀搅拌均匀。以中火加热糖浆。用湿的刷子轻轻擦拭锅的两边，防止糖的颗粒粘在锅壁上，以防止边缘的糖浆过早结晶，这一点在制作软糖时尤为重要。

#2

缓缓搅动，不要搅拌

加热混合物时应时刻监测温度。随着糖浆不断浓缩，沸点逐步升高。在目标阶段停止加热（见下页的温度表）。金黄色的色泽是制作成功的显著标志。缓缓地搅动混合物，一旦糖全部溶解并改变颜色，就无须再搅拌，否则会导致糖浆聚集结块。

#3

正确的温度

仔细观察，因为糖浆会不断浓缩，随着糖浆浓度的提高，温度上升会越来越快。当糖浆呈现出深棕色，一旦冷却，它便会变得硬且脆。加热的糖浆是制作多种糖果、太妃糖和软糖的基础。通过加入牛奶、奶油或黄油，使糖和蛋白质发生褐变反应，形成奶油糖和太妃糖的特殊风味。

"湿制"焦糖的温度

水的沸点和糖的浓度	成品在室温下的特点和外观
112~115℃ 浓度：85%	可团成柔软的球形，可以制成软糖或果仁糖。
116~120℃ 浓度：87%	可团成质地强韧、有延展性的球形，可用于制作焦糖糖果。
121~131℃ 浓度：92%	可团成硬球形，可用于制作牛轧糖和太妃糖。
132~143℃ 浓度：95%	形成坚韧的质地，适合用于制作硬质太妃糖。
165℃以上 浓度：99%	蔗糖焦糖化，琥珀色变成棕色。在205℃停止加热。

#4

停止加热

一旦达到所需的温度，立即停止加热。如果糖浆的颜色太深，将锅的底部坐入冰水中有助于停止加热。要使焦糖质地顺滑，无粗糙感，切记不要搅动混合物。使用混合甜味剂（如加入蔗糖和葡萄糖）也有助于阻止大晶体的形成，从而产生光滑的质地。

如何使果酱凝固？

了解烹饪中各种胶质的工作原理
有助于提高制作果酱的技巧。

简单地看，果酱是水果与糖于水中煮沸制成的。水果中的果胶（见下方图文）是一种神奇的凝固剂或胶结剂，它是一种水状胶体，可使水果糖浆在冷却时凝固。

我们通过煮沸的方式从水果中提取凝固剂，即果胶。由于大多数水果中只有少量的果胶，所以需要通过浓缩使其形成凝胶。准备一个大平底锅，装入不超过一半高度的水，平底锅中的液体表面积足够大，可以促进水的蒸发，让果胶更好地浓缩。将水果放在水中慢慢煮几分钟直至变软，水果中的细胞开始破裂，大部分果胶逸出并溶解到水中。加入糖，其重量与水果的比例为1∶1。糖的作用是使混合物变甜变稠，同时果胶分子吸走水分，迫使果胶链结合。加热5~20分钟会使混合物沸腾。在这段时间中，糖浆会变稠，果胶达到足以凝固成果酱的程度。

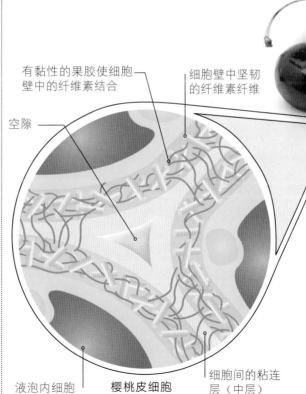

有黏性的果胶使细胞壁中的纤维素结合

细胞壁中坚韧的纤维素纤维

空隙

液泡内细胞

樱桃皮细胞

细胞间的粘连层（中层）

水果中果胶的细胞结构

果胶在水果中的比例不到1%，主要集中在果核和果皮中。它会随着水果的成熟而变质，所以用过熟的水果制成的果酱品质不高。可以选用黑莓等果胶含量很高的水果。而有些水果，如樱桃和梨，果胶含量较低，所以需要在制作果酱的过程中额外添加果胶。

聚焦
巧克力

巧克力是最受欢迎的食物之一，一直受到人们的珍视——阿兹特克人甚至将可可豆作为一种货币，并相信可可树是连接天堂和人间的桥梁。

巧克力产品种类繁多，你可能认为制作巧克力十分简单。事实远非如此。巧克力的制作工艺可以说非常繁复。

刚采摘的可可豆看起来白又黏，包裹在坚硬的木质坚果豆荚中，尝起来一点也不像巧克力。珍贵的可可豆从豆荚中被取出，经过堆积和发酵产生香味，然后晾干，运往巧克力工厂。在工厂中，可可豆经过烘焙，产生了多种泥土和坚果的风味。然后可可豆被打碎，去除外壳，只留下可可粒。这些可可粒被研磨成可可脂和固态的可可碎片。糖和其他调味料会在这个阶段被加入，而后巧克力才会经过加热、调温（见下方图文）和塑形的步骤。然后，可以变成我们在商店中看到的闪亮的巧克力制品。

制作精良的巧克力表面柔滑光亮，表明其经过良好的调温且储存得当。

巧克力在碎裂开时，如果发出清脆的声响，则说明其具有良好的晶体结构。当你食用巧克力时，它会在口中均匀熔化。

了解巧克力

不同种类的巧克力中，可可粉、可可脂（亦称为"可可黄油"）、糖和奶粉的含量各不相同。辅料的添加使其各具特性。各种原料会在制浆阶段混合，然后再进行调温。

含可可固形物的产品

100%可可巧克力

仅以可可豆制成，不含糖。有时还会添加少量的可可脂。100%巧克力味道浓烈，味苦。在炖菜或烤肉时可以少量使用。

可可浆：100%
糖：0%
奶粉：0%

黑巧克力

黑巧克力在制作的最后阶段添加糖，以调节可可苦和湿润的味道。用和口感。可可含量越高，味道越浓郁。蛋糕、慕斯、制成柔滑的甘手制作布朗尼、蛋混合，或与奶油纳许，或巧克力。

可可浆：35%~99%
糖：1%~65%
奶粉：不超过12%

牛奶黑巧克力

牛奶的加入降低了巧克力的熔点，因此口感更柔滑。黑巧克力的风味释放得更快，呈现出微妙、平衡的味道。适合整块食用或磨碎使用。

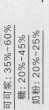

可可浆：35%~60%
糖：20%~45%
奶粉：20%~25%

牛奶巧克力

这种被广泛食用的巧克力通常含有各种调味料，如干果、坚果、香料和乳化剂。低品质的牛奶巧克力会添加植物油而非可可脂。牛奶巧克力片常用于烘焙，原因在于其熔化的温度比黑巧克力低。

可可浆：20%~35%
糖：25%~55%
奶粉：25%~35%

不含可可固形物的产品

白巧克力

白巧克力的主要成分是可可脂，因此缺乏可可固形物所具有的棕色和巧克力的味道。可可脂的味道很淡，所以白巧克力的味道主要来自添加的糖、奶粉和香草精。

可可浆：30%（可可脂）
糖：40%
奶粉：30%

在食谱中使用高可可含量的巧克力会为甜的和咸的菜肴带来苦味

黑巧克力独特的风味来自可可豆的品种和烘焙技巧

科学

调温（见第239页）的目的是将不同尺寸的晶体分解，使其重新形成均匀的结构。

巧克力调温首先要加热巧克力，将温度提升至45℃，然后再小心地降温和回温

烹饪

用精心调温的巧克力制作的糖果，具有很好的光泽和脆度，且入口即化。

调温中

不同国家的巧克力
口味为何如此不同？

巧克力爱好者能够迅速辨别出不同产地巧克力的风味。

在世界各地，巧克力的味道存在着很大的差异。关键原因在于，各国的食品法规对巧克力的要求各有不同，对于一种产品须含有多少可可才能被贴上"巧克力"的标签也有着极为不同的规定。糖果公司利用这一点将利润最大化，因此同一品牌在不同国家的产品口味也可能存在极大差异。

同为巧克力棒，各种产品的可可含量差别很大，所以选购时不能以"黑"或"牛奶"等字眼作为判断依据，一定要查看成分表。避免食用由腻口的廉价植物油制作的巧克力，其品质与用可可脂制作的产品不可同日而语。可可豆的种类和产地也会对口味产生很大影响（见右侧及下方图文）。

可可风味

马达加斯加以出产风味最独特的巧克力而闻名，特点为带有甜味、柑橘味和浆果味。

克里奥罗
(Criollo)

克里奥罗可可有着浓郁的花香和果味

弗拉斯特奥
(Forestero)

产量大，生长迅速，因此没有成熟的味道

特立尼达
(Trinitario)

特立尼达可可豆是一种杂交品种，可以制作出辛辣的、具有泥土风味的巧克力

可可豆的品种
巧克力是由可可豆制成的，而可可豆来自可可树上收获的豆荚。有许多种类的可可豆，风味各有不同。这里介绍的是三个最常用的品种。

科特迪瓦 33%

其他国家 25%

哥伦比亚1.1%

多米尼加共和国 1.4%

墨西哥1.66%

秘鲁1.8%

巴西5.3%

厄瓜多尔5.6%

加纳 17.5%

印尼7.45%

巧克力的起源
世界上最大的可可豆生产商向大公司供应可可豆，这些公司将不同地区出产的可可豆拼配在一起，创造出一致的风味。南美洲的可可豆口味丰富，带有果香和花香。

巧克力会令人上瘾

你知道吗？

巧克力之所以会让人上瘾，是因为可可豆中含有的天然风味、脂肪和化学物质。当然，糖的加入也起到了关键作用。

可可豆中的化学物质

可可含有超过600种不同的芳香物质和脂肪（可可胶），其可以在低于人类口腔温度的环境中融化。巧克力棒将美味的可可浆和糖以完美的比例结合，刺激人类大脑的快乐中枢。可可豆还含有刺激性物质咖啡因和可可碱，这两种物质会使人"兴奋"。

熔化巧克力与调温巧克力的区别是?

想制作出完美的巧克力甜点,
熟练地掌握巧克力调温的技巧是非常有必要的。

熔化的巧克力适用于制作热食的甜品或烘焙食品,生产商能够制造出可以在室温下储存并食用的巧克力,得益于一种被称为"调温"的处理过程。调温包括加热、冷却和再加热,以控制脂肪晶体的形成,并改善固形巧克力的质地(见下方图文)。经过适当的调温,可可脂中的脂肪能够形成稳定的结晶,进而制成富有光泽、入口即化且不油腻的固体巧克力。值得注意的是,可可脂中的脂肪分子可以凝固成六种不同类型的"晶体":Ⅰ型、Ⅱ型、Ⅲ型、Ⅳ型、Ⅴ型和Ⅵ型,每一种都有不同的密度和熔点。如果让熔化的巧克力自然冷却,它就会变成这些晶体类型的混合物(在巧克力凝固几个月后才形成的Ⅵ型除外)。这种巧克力质地柔软,易碎,回味腻口。只有Ⅴ型晶体才能制造出完美的固体巧克力,所以调温的关键是要防止Ⅰ—Ⅳ型晶体的形成,具体操作请参见下方的步骤。

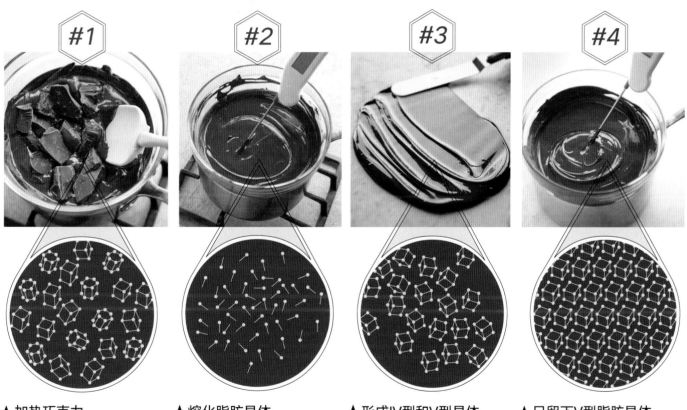

加热巧克力

如果巧克力的调温不成功,会产生各种类型的脂肪结晶。当再次熔化时,需要小心地加热和冷却,使所有的脂肪凝结成Ⅴ型晶体。

熔化脂肪晶体

巧克力在30~32℃便会开始熔化,但必须加热至45℃才能彻底熔化所有脂肪晶体。定期搅拌巧克力,并密切监控温度。

形成Ⅳ型和Ⅴ型晶体

冷却巧克力,直至达到28℃,导致大量的Ⅴ型脂肪晶体和一些Ⅳ型脂肪晶体形成。传统的方式会将巧克力涂抹在大理石台面上冷却,也可以将盛放巧克力的碗放入冰水中。

只留下Ⅴ型脂肪晶体

冷却后,慢慢加热巧克力至31℃,使Ⅳ型脂肪晶体熔化。只留下Ⅴ型晶体,完成巧克力调温。

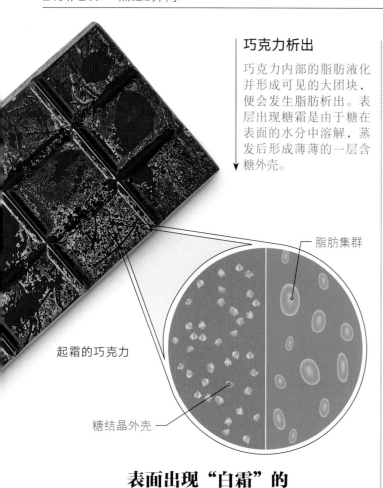

起霜的巧克力

巧克力析出

巧克力内部的脂肪液化并形成可见的大团块，便会发生脂肪析出。表层出现糖霜是由于糖在表面的水分中溶解，蒸发后形成薄薄的一层含糖外壳。

脂肪集群

糖结晶外壳

表面出现"白霜"的
巧克力还可以使用吗？

巧克力中关键成分的失常行为会导致它表面呈现出白斑，好像一层白霜。

包括巧克力棒、巧克力涂层和巧克力糖果在内的各类巧克力都会产生白色斑点，很容易被误认为是霉菌。但无须担心，这样的巧克力无论食用，还是用于烹饪和烘焙都是安全的，有以下两个原因。首先，巧克力的含水量很低，所以即使含糖量较高，微生物还是很难存活和繁殖。其次，可可富含天然抗氧化剂，可以防止脂肪氧化变质。黑巧克力的保质期至少为两年，牛奶巧克力和白巧克力所含的牛奶脂肪比可可脂更容易腐坏，因此保质期只有黑巧克力的一半。未经良好调温的巧克力上出现的粉末状斑点，可能是随时间推移出现的自然变化，也可能是由于储存环境过于温暖潮湿。这种被称为"析出"的尘埃是由巧克力表面的脂肪或糖沉积而导致的（见上方图文）。

如何挽救
熔化后结块的巧克力？

只要对巧克力的成分稍加了解，便可以避免意外的发生。

熔化的巧克力产生结块通常是由于接触了水或蒸汽。熔化的巧克力会迅速结成大大小小的块状，即所谓的"结块"，而糖正是这种转变的罪魁祸首。通常，微小的糖颗粒均匀地悬浮在可可脂中。当水进入时，糖迅速溶解并聚集在水滴周围，凝结成糖浆状。结块的巧克力味道基本没有变化，但质地却不均匀。注意防止熔化的巧克力接触到水或蒸汽，如果发生结块，可以使用以下方法补救（见下方图文）。

小心水

仅需半茶匙（3毫升）的水，便足以使100克巧克力结块。

添加更多的巧克力
如果巧克力中只有少量的水，那么你可以尝试加入更多的巧克力，进一步降低水的含量。

加奶油
奶油会使巧克力变成顺滑的酱汁。这是因为奶油是水和牛奶脂肪的混合物。

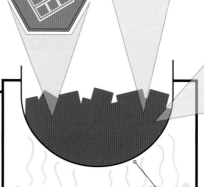

添加更多的水
含水量约达到20%时，酱汁便会发生"逆转"，转化成一种糖浆，其中的可可和脂肪颗粒会成为增稠剂。

隔水加热

如何挽救熔化后结块的巧克力

如何制作巧克力甘纳许？

虽然巧克力甘纳许属于专业甜品范畴，
但其制作技术并不难掌握。

甘纳许是一种非常简单的奶油巧克力混合物，可以作为松露巧克力的馅料、美味的蛋糕淋面或一种令减肥人士产生罪恶感的甜品。

将脂肪和水科学地结合

甘纳许就像一种巧克力味的奶油。奶油是一种由漂浮在水中的乳脂球组成的乳液，我们将巧克力的全部成分加入其中：可可脂、可可颗粒，再加入糖（以及巧克力所

小心谨慎

确保甘纳许加热不超过33℃，超过这一温度可能会发生油水分离。

含中的牛奶固形物或其他油脂）。可可脂液滴与乳脂液滴分散在液体中；糖溶解在水中，使混合物甜度升高，变成一种糖浆；而固体可可颗粒在吸收水分时发生膨胀，分散在液体中。如果加入相同比例的巧克力和高脂奶油，成品质地会更加柔滑，而增加巧克力或可可的含量（见下方图文）能够提升稠度和风味。

制作巧克力甘纳许

简易版的甘纳许很容易掌握，而且变化无穷。你可以用低脂奶油制作，使甘纳许变得更薄，味道也不那么浓郁。也可以添加更多的巧克力，使甘纳许变得更浓稠，更容易揉搓成松露巧克力，或裹上熔化的巧克力。也可以在巧克力中加入各种水果粉末、酒类或油性香料。

实践

#1

"烧焦"的牛奶蛋白质

将200克黑巧克力切成尺寸均匀的小块。用小火加热平底锅中的200毫升高脂奶油，直至其开始冒泡。牛奶中的蛋白质此时便"烤焦"了，并可以为奶油增加层次丰富的风味。切记不可使奶油沸腾：这可能会破坏脂肪球的稳定性，导致混合物分散。

#2

将脂肪和水分子结合

平底锅离火。将切碎的巧克力加入奶油中，静置30秒使其融化。巧克力切得越细，融化得越快。尺寸均匀的巧克力可以以相似的速度融化，降低了结块的可能性。

#3

搅拌至乳化

用刮刀搅拌，将融化的可可油、可可粉和糖颗粒与热奶油混合。这种混合物通过搅拌，会使脂肪和水完美地结合，形成质地柔滑的甘纳许。冷却前可作为酱料使用，或倒入浅碗中，冷却后用于制作糖果或馅饼馅料。

如何制作
冰激凌的巧克力脆皮?

这个技巧背后的科学原理很简单。

　　巧克力调味酱一接触冰激凌就变硬,其神奇之处在于椰子油。与大多数植物油不同,椰子油富含饱和脂肪,所以在室温下呈固态。然而,椰子油中的脂肪比动物油脂中所含的脂肪种类少,所以椰子油的融化和凝固过程都非常短。椰子油的熔点低于室温,因此以椰子油和糖的混合物为基底调煮成的巧克力酱,脂肪分子较难凝固。若自制巧克力脆皮,在碗中放4汤匙精制椰子油,85克切碎的黑巧克力和1小撮盐,微波2~4分钟,搅拌,冷却至室温,然后倒在冰激凌上。

椰子油在室温
下会迅速凝固

额外的好处
椰子油巧克力脆皮将冰激凌与温暖的空气隔离开,因此冰激凌可以在室温下保持更久不融化。

固态油脂
椰子油的凝结速度如此之快,
可以制造出"意外惊喜"。

舒芙蕾如何膨胀

在烘焙过程中,半固态的鸡蛋泡沫中的空气膨胀,水分蒸发成水蒸气,导致气泡进一步膨胀。蛋黄液在蛋白气泡之间形成壁垒。

小气泡膨胀

蛋白质将气泡
固定在适当的
位置

提前计划
随着时间的推移,蛋白泡沫会慢慢膨胀,所以在搅拌前,要准备好模具。

生舒芙蕾面糊

舒芙蕾如何凝固

随着舒芙蕾继续膨胀，蛋白和蛋黄中的蛋白质会凝固，使舒芙蕾内部柔软、黏稠，表面则会发生褐变，并变得酥脆。

如何做出
美味的巧克力舒芙蕾？

无论甜味还是咸味，舒芙蕾的原理是相通的：
蛋白霜由富含油脂的底料小心翻拌而成。

打发的蛋白是所有舒芙蕾的基础。蛋白被打发至提起打蛋器时顶端出现小弯钩，制成蛋白霜。烘烤过程中，泡沫中的气体发生膨胀，使舒芙蕾膨大。舒芙蕾的风味源于由蛋黄制成的富含脂肪的基底，以及可可和糖。然而，混合蛋白霜和蛋黄混合物的过程常常会发生问题：蛋白泡沫中的气泡与脂肪接触时会破裂，所以必须小心混合。蛋白的用量应为蛋黄的两倍，全部食材分2~3次加入，用硅胶刮刀小心翻拌，使其混合。可可和糖会提升混合液的浓度，使气泡壁更加坚固，若蛋黄混合液过于浓稠，膨胀的空气和蒸汽泡便无法撑起气泡壁，使舒芙蕾膨发。

膨胀的气泡将
混合物撑起

蛋白质凝固

> "蛋白霜搅打至提起打蛋器时顶端
> 出现小弯钩，再与蛋黄液混合。"

表皮因发生美拉德
反应而凝固并上色

塌陷的舒芙蕾可以复烤

如果你的舒芙蕾在食用前便塌陷了，并非无法补救。

二次膨发

重新烤制舒芙蕾会使其中的空气再次膨胀，舒芙蕾也会因此恢复至刚出炉时的状态。也可以将制作完成的舒芙蕾放进保鲜袋中，冷藏整晚或者冷冻。再次加热后，经过复烤的舒芙蕾膨胀幅度略小，但口感会更像蛋糕。

你知道吗？

立刻食用

膨发后，舒芙蕾不可避免地会发生塌陷：内部的热空气回缩，低淀粉结构无法提供足够的支撑。

烘焙完成的舒芙蕾

塌陷的
舒芙蕾

索引

作者简介

斯图尔特·法里蒙德(Stuart Farrimond），英国著名食品科学专家，也是活跃于各类电视、广播和网络媒体的科学作家和主持人。法里蒙德是一名对科学和健康科学拥有巨大热情的医生，他利用其在医学和科学方面的经验撰写了多部十分畅销的流行科学著作，包括《烹饪的科学》《香料科学》和有声读物《生活的科学》，并作为食品科学家参与BBC纪录片《造物工厂》（Inside the Factory）的录制。

致谢

作者致谢

Special thanks go to Chris Sannito, Seafood Technology Specialist at the Alaska Sea Grant Marine Advisory Program, who kindly taught me the finer points of salmon fishing, smoking, and storing; and Merrielle Macleod, Program Officer at World Wildlife Fund, who explained the reality of fish aquaculture in the world today, sinking some popular internet scare stories along the way. Thanks go to Mary Vickers, Senior Beef & Sheep Scientist at the UK's Agriculture & Horticulture Development Board for her expertise in cattle breeds across the world and the various factors that affect meat quality; and thanks to Kevin Coles of British Egg Information Service for his freshly laid stats. Louise and Matt Macdonald of New MacDonald Farm, Wiltshire, allowed me to get up close to their flock of egg-laying hens and I am indebted to Geoff Bowles for satisfying my curiosity about the minutia of milk, cream, and butter production and for taking me on a lengthy tour of Ivy House Farm Dairy, a dairy that I later learnt provides milk to royalty. Kevin Jones, butcher at Hartley Farm, Wiltshire, UK, graciously took time away from his cadavers to show me everything I need to know about knives and butchery, while Will Brown taught me how to select and age meat; head chef Gary Says and cookery lecturer Steve Lloyd opened their kitchen doors to me to reveal how the 'pros' practise their art, while

Nathan Olive and Angie Brown, of The Oven Bakery let me poke their sourdough and probe their ovens, answering my queries about the nuances of baking bread. No doubt there are many people whose contributions I have forgotten to mention, but I offer my thanks to Nathan Myhrvold, author of Modernist Cuisine, and Jim Davies, of UCL, London, who let me put various types of chocolate and biscuits in his electron microscope so that I could study them in minute detail (insect parts and all).

I thank Dawn Henderson and the team at DK Books for inviting me to take part in this exciting project. Editors Claire Cross and Bob Bridle have been remarkably patient with my particular attention to scientific details, I am in awe of the beautiful imagery crafted by the artists and designers, while Claire has worked tirelessly to pare my work into a digestible tome. My literary agent Jonathan Pegg has been supportive from start to finish and it would be wholly remiss of me not to offer my heartfelt thanks and love to my wife, family and friends who have supported me and kept me sane, despite the late nights and antisocial hours.

出版方致谢

衷心感谢作者高度专业及热心的指导。

摄影　William Reavell
食物陈设　Kate Turner and Jane Lawrie
设计助理　Helen Garvey
编辑助理　Alice Horne, Laura Bithell
校对　Corinne Masciocchi
索引　Vanessa Bird

衷心感谢以下各位摄影师准许出版方复制其作品
The publisher would like to thank the following for their kind permission to reproduce their photographs:
[缩写说明: a-above (上部) ; b-below/bottom (下部/底部) ; c-centre (中部) ; f-far (最) ; l-left (左) ; r-right (右) ; t-top (顶部)]
22 Dreamstime.com: Alina Yudina (ca); Demarco (ca/Stainless steel); Yurok Aleksandrovich (c). **24 Dreamstime.com:** Demarco (cr); Fotoschab (cr/Copper); James Steidl (crb). **25 Dreamstime.com:** Alina Yudina (cl); Liubomirt (clb). **27 123RF.com:** tobi (bl). **33 123RF.com:** Reinis Bigacs / bigacis (crb); Kyoungil Jeon (cla). **Dreamstime.com:** Erik Lam (c); Kingjon (c/Raw t-bone). **39 123RF.com:** Mr.Smith Chetanachan (br). **117 Alamy Stock Photo:** Huw Jones (tc). **124 Dreamstime.com:** Charlieaja (tl). **140-141 Dreamstime.com:** Coffeemill (cb). **145 Dreamstime.com:** Eyewave (l). **150 Depositphotos Inc:** Maks Narodenko (tr). **154 Dreamstime.com:** Buriy (bl). **188 Dreamstime.com:** Viovita (crb). **212 123RF.com:** foodandmore (bl). **233 123RF.com:** Oleksandr Prokopenko (cb).

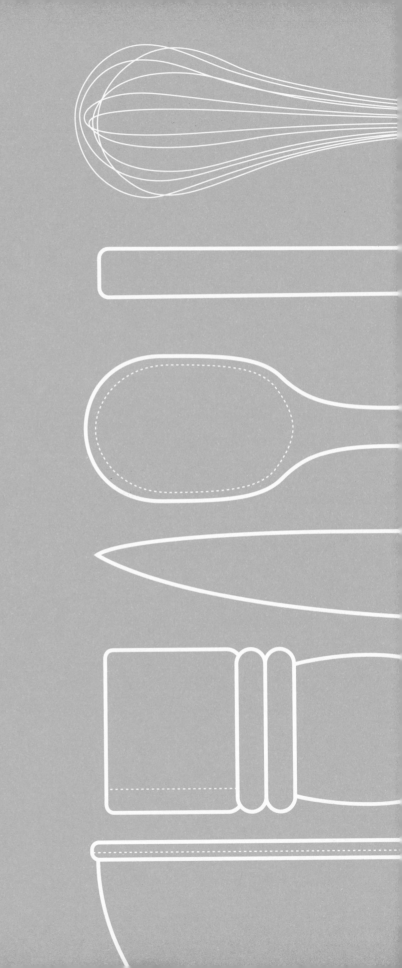